大数据技术精品系列教材

Power BI 数据分析与可视化

第2版 | 微课版

Data Analysis and Visualization with Power BI

陈翠松 张良均 ◉ 主编
潘强 曾确令 张尚佳 ◉ 副主编

人 民 邮 电 出 版 社
北 京

图书在版编目（ＣＩＰ）数据

Power BI数据分析与可视化 ： 微课版 / 陈翠松, 张良均 主编. -- 2版. -- 北京 : 人民邮电出版社, 2024.8
大数据技术精品系列教材
ISBN 978-7-115-64543-2

Ⅰ. ①P… Ⅱ. ①陈… ②张… Ⅲ. ①可视化软件－教材②数据处理－教材 Ⅳ. ①TP31②TP274

中国国家版本馆CIP数据核字(2024)第110656号

内 容 提 要

本书以项目为导向，以任务为驱动，全面地介绍数据分析与可视化的流程，以及 Power BI 数据分析与可视化的应用，并详细讲解利用 Power BI 解决企业实际问题的方法。全书共 7 个项目，项目 1 为初识数据分析与可视化，项目 2～项目 6 分别介绍体育商品销售数据分析案例的数据获取、数据预处理、数据建模、数据可视化、数据分析报表创建与发布的相关内容，项目 7 介绍自动售货机综合案例。此外，项目 1～项目 6 包含课后习题，项目 2～项目 6 包含项目实训，通过课后习题练习和项目实训操作，读者可巩固所学的内容。

本书可以作为“1+X”证书制度试点工作中的大数据应用开发（Python）职业技能等级证书（初级）的参考书，也可以作为高校数据分析相关课程的教材和数据分析爱好者的自学用书。

◆ 主　　编　陈翠松　张良均
副 主 编　潘　强　曾确令　张尚佳
责任编辑　赵　亮
责任印制　王　郁　焦志炜

◆ 人民邮电出版社出版发行　　北京市丰台区成寿寺路 11 号
邮编　100164　　电子邮件　315@ptpress.com.cn
网址　https://www.ptpress.com.cn
三河市君旺印务有限公司印刷

◆ 开本：787×1092　1/16
印张：12.25　　2024 年 8 月第 2 版
字数：279 千字　　2024 年 8 月河北第 1 次印刷

定价：49.80 元

读者服务热线：(010)81055256　印装质量热线：(010)81055316
反盗版热线：(010)81055315
广告经营许可证：京东市监广登字 20170147 号

大数据技术精品系列教材

专家委员会

肖　刚（韩山师范学院）
吴阔华（江西理工大学）
邱炳城（广东理工学院）
何小苑（广东水利电力职业技术学院）
余爱民（广东科学技术职业学院）
沈　洋（大连职业技术学院）
沈凤池（浙江商业职业技术学院）
宋眉眉（天津理工大学）
张　敏（广东泰迪智能科技股份有限公司）
张兴发（广州大学）
张尚佳（广东泰迪智能科技股份有限公司）
张治斌（北京信息职业技术学院）
张积林（福建理工大学）
张雅珍（陕西工商职业学院）
陈　永（江苏海事职业技术学院）
武春岭（重庆电子科技职业大学）
周胜安（广东行政职业学院）
赵　强（山东师范大学）
赵　静（广东机电职业技术学院）
胡支军（贵州大学）
胡国胜（上海电子信息职业技术学院）
施　兴（广东泰迪智能科技股份有限公司）
韩宝国（广东轻工职业技术大学）
曾文权（广东科学技术职业学院）
蒙　飚（柳州职业技术大学）
谭　旭（深圳信息职业技术学院）
谭　忠（厦门大学）
薛　云（华南师范大学）
薛　毅（北京工业大学）

序

随着“大数据时代”的到来，电子商务、云计算、互联网金融、物联网、虚拟现实、人工智能等不断渗透并重塑传统产业。大数据当之无愧地成为新的产业革命核心，产业的迅速发展使教育系统面临新的要求与考验。

职业院校作为人才培养的重要载体，肩负着为社会培育人才的重要使命。职业院校做好大数据人才的培养工作，对职业教育向专业化、特色化类型教育发展具有重要的意义。2016 年，教育部批准职业院校设立大数据技术与应用专业，各职业院校随即做出反应，目前已经有超过 600 所学校开设了大数据技术相关专业。2019 年 1 月 24 日，国务院印发《国家职业教育改革实施方案》，明确提出“经过 5—10 年左右时间，职业教育基本完成由政府举办为主向政府统筹管理、社会多元办学的格局转变”。从 2019 年开始，教育部等四部门在职业院校、应用型本科高校启动“学历证书+若干职业技能等级证书”制度试点（以下简称“1+X”证书制度试点）工作。希望通过试点，深化教师、教材、教法“三教”改革，加快推进职业教育国家“学分银行”和资历框架建设，探索实现“书证融通”。

为响应“1+X”证书制度试点工作，广东泰迪智能科技股份有限公司联合业内知名企业及高校相关专家，共同制订《大数据应用开发（Python）职业技能等级标准》，并于 2020 年 9 月正式获批。大数据应用开发（Python）职业技能等级证书是以 Python 技术为主线，结合企业大数据应用开发场景制定的人才培养等级评价标准。此证书主要面向中等职业院校、高等职业院校和应用型本科院校的大数据、商务数据分析、信息统计、人工智能、软件工程和计算机科学等相关专业，涵盖企业大数据应用中各个环节的关键技术，如数据采集、数据处理、数据分析与挖掘、数据可视化、文本挖掘、深度学习等。

目前，大数据技术相关专业的高校教学体系配置过多地偏向理论教学，课程设置与企业实际应用契合度不高，学生很难把理论转化为实践应用技能。为此，广东泰迪智能科技股份有限公司针对大数据应用开发（Python）职业技能等级证书编写了相关配套教材，希望能有效解决大数据技术相关专业实践型教材紧缺的问题。

本系列教材的第一大特点是注重学生的实践能力培养，针对高校在实践教学中的痛点，首次提出“鱼骨教学法”的概念，携手“泰迪杯”竞赛，以企业真实需求为导向，使学生能紧紧围绕企业实际应用需求来学习技能，将学生需掌握的理论知识通过企业案例的形式与实际应用进行衔接，从而达到知行合一、以用促学的目的。这恰好与大数据应用开发（Python）职业技能等级证书中对人才的考核要求完全契合，可达到“书证融通”“赛证融通”的目的。本系列教材的第二大特点是以大数据技术应用为核心，紧紧围绕大数据技术应用闭环的流程进行教学。本系列教材涵盖企业大数据应用中的各个环节，符合企业大数据应用的真实场景，使学生从宏观上理解大数据技术在企业中的具体应用场景和应用方法。

在深化教师、教材、教法“三教”改革和“书证融通”“赛证融通”的人才培养实践过程中，本系列教材将根据读者的反馈意见和建议及时改进、完善，努力成为大数据时代的新型“编写、使用、反馈”螺旋式上升的系列教材建设样板。

全国工业和信息化职业教育教学指导委员会委员
计算机类专业教学指导委员会副主任委员
“泰迪杯”数据分析职业技能大赛组委会副主任
2020 年 11 月于粤港澳大湾区

第 2 版前言

在数字经济时代，数字资源已经成为互联网企业经营和竞争的生产要素和核心竞争力。随着数字经济的进一步发展，商业生态环境发生了剧烈的变化，商务数据的规模飞速扩大，企业能够收集、获取的数据越多，越可能在行业竞争中具有优势地位。数据分析与可视化技术将帮助企业在合理时间内获取、整理、处理及管理数据，为企业经营决策提供积极的帮助。金融、零售、医疗、互联网、交通物流、制造等行业领域的企业对数据分析人才的需求巨大，有实践经验的数据分析人才更是各企业争夺的热门对象。为建设社会主义文化强国、数字强国，满足企业日益增长的对数据分析人才的需求，很多高校开始尝试开设数据分析与可视化课程。

第 2 版与第 1 版的区别

结合近几年 Power BI 的发展情况和广大读者的反馈意见，本书在保留第 1 版特色的基础上，进行全面的升级。第 2 版修订的主要内容如下。

- 将 Power BI 软件版本更新至 2.109.1021.0，该版本是 2022 年 9 月发布的中文（简体）桌面版。
- 全书由第 1 版的章节任务式修改为项目任务式（项目 1 为导引，项目 2～项目 6 由一个案例贯穿，项目 7 为综合案例）。
- 全书全面融入思政元素。
- 将第 1 版的第 6 章和第 7 章融合为一个项目。
- 在每一个项目中都新增思维导图。
- 在项目 1～项目 6 中添加思考题。
- 更新全书的项目实训和课后习题。

本书特色

- 本书以项目为导向。本书将 Power BI 数据分析与可视化的相关知识与案例相结合，并将案例分为若干个项目，然后对每个项目进行任务分解。其中项目 2～项目 6 由一个案例贯穿，此外，项目 7 为一个综合案例。每个项目由项目背景、项目分析、教学目标、思维导图、项目实施、项目总结等构成。
- 本书全面贯彻党的二十大精神，注重课程思政元素的融入。本书将思政元素有机地融入每一个项目中，提高读者正确认识问题、分析问题和解决问题的能力，引导、教育读者在学习过程中，树立正确的人生观和职业道德观，培养读者求真务实的科学精神和追求突破的工匠精神。

- 本书将企业真实案例与理论知识相结合，案例模仿企业在实际业务中遇到的真实场景与问题。本书对整个案例流程进行详细分析，运用 Power BI 工具实现案例的最终目标，对读者有一定的实践指导作用，同时，可帮助读者理解与掌握 Power BI 数据分析与可视化技术。
- 全书大部分项目均设置有项目实训、课后习题，以帮助读者巩固、理解并应用所学知识。

本书使用对象

- 开设数据分析相关课程的高校的教师和学生。
- 以 Power BI 为生产力工具的数据统计和分析人员。
- 关注数据分析与可视化的人员。
- “1+X”证书制度试点工作中的大数据应用开发（Python）职业技能等级证书（初级）的考生。

资料下载及问题反馈

为了帮助读者更好地使用本书，本书配有原始数据文件、Power BI（.pbix）文件、PPT 课件、教学大纲、教学进度表和教案等教学资源，读者可以登录人邮教育社区（www.ryjiaoyu.com）或泰迪云教材网站免费下载。

由于编者水平有限，书中难免出现不足之处。如果读者有更多的宝贵意见，欢迎在泰迪学社微信公众号（TipDataMining）回复“图书反馈”进行反馈。更多本系列图书的信息，读者可以在泰迪云教材网站查阅。

编　者

2024 年 4 月

泰迪云教材

目 录

项目 1 初识数据分析与可视化

项目背景

智慧公园的智能导览可视化大屏将公园的常用信息，如景点位置、活动信息、园区通知等全部集成，为游客提供导览、导航、导购一体化的游览体验，大大提高了游客的参与感和游园舒适度。为帮助读者了解智能导览可视化大屏的形成过程，即如何从大量的数据中提取出隐藏在数据背后的潜在有用信息，本项目将重点介绍数据分析与可视化的相关流程，以及实现数据分析与可视化的工具 Power BI 的相关内容。

项目要点

（1）在计算机上安装 Power BI Desktop 中文版。

（2）初体验我国部分茶叶出口数据可视化分析。

教学目标

1. 知识目标

（1）掌握数据分析的概念与通用流程。

（2）了解常用的可视化工具及其特点。

（3）了解 Power BI 数据分析流程。

（4）了解 Power BI Desktop 视图与窗格。

（5）掌握 Power BI Desktop 的安装步骤。

2. 素养目标

（1）通过对数据分析与可视化思维导图的梳理，培养总结、转化知识的能力，并提高思维能力和学习效率。

（2）通过学习 Power BI Desktop 的安装，培养软件版权意识。

（3）通过使用 Power BI 对我国部分茶叶出口数据进行可视化分析，培养学以致用的精神。

思维导图

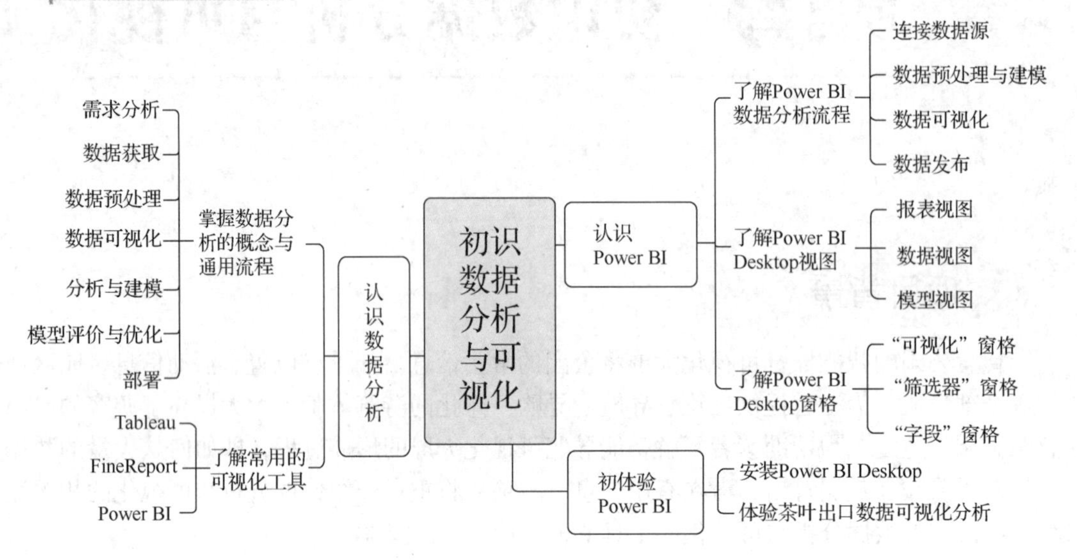

项目实施

任务 1.1　认识数据分析

近年来，随着大数据技术的逐渐发展和成熟，数据分析技能被认为是数据科学领域中数据从业人员需要具备的技能之一。掌握数据分析概念、通用流程等相关知识是学习数据分析的第一步。图表是呈现数据最直观的方法之一，数据可视化能够将数据中的潜在信息客观地展示出来。只有了解常用的可视化工具有哪些，才能根据自身的项目需求，选择合适的工具。

1.1.1　掌握数据分析的概念与通用流程

数据分析是指用适当的分析方法对收集的大量数据进行分析，提取有用信息并形成结论，对数据加以详细研究和概括总结的过程。随着计算机技术的全面发展，企业生产、收集、存储和处理数据的能力大大提高，数据量与日俱增。在现实生活中，数据分析人员需要把这些繁多、复杂的数据通过统计分析进行提炼，以此研究出数据的发展规律，进而帮助决策者进行决策。

广义数据分析包括狭义数据分析和数据挖掘。狭义数据分析是指根据分析目的，采用对比分析、结构分析、相关分析和描述性分析等分析方法，对收集的数据进行处理与分析，提取有价值的信息，发现数据中隐藏的关系，最终得到特征统计量的过程。数据挖掘是指从大量的、不完全的、有噪声的、模糊的、随机的实际应用数据中，通过应用聚类模型、分类模型、预测模型和关联规则等技术，挖掘潜在价值的过程。广义数据分析的概念如图 1-1 所示。

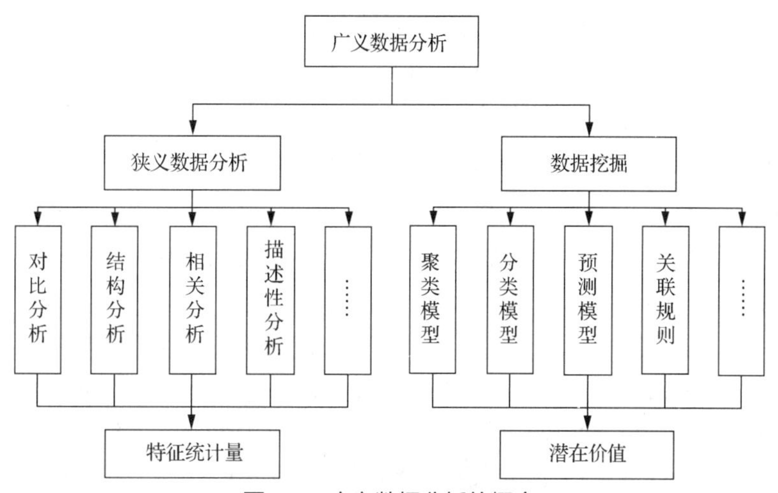

图 1-1 广义数据分析的概念

数据分析已经逐渐演化为一种解决问题的过程，甚至是一种方法论。虽然每个公司都会根据自身需求和目标创建最合适的数据分析流程，但是数据分析的核心流程是一致的。图 1-2 展示了典型的数据分析通用流程。

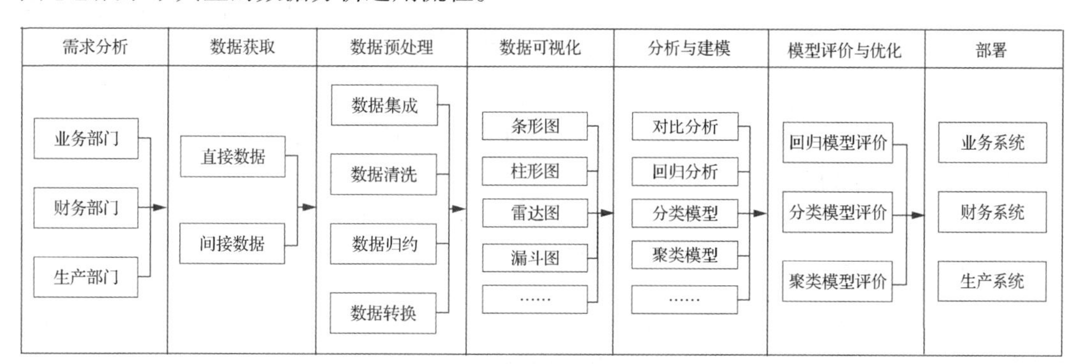

图 1-2 典型的数据分析通用流程

1. 需求分析

“需求分析”一词来源于产品设计，主要是指从客户提出的需求出发，挖掘客户内心的真实意图，并将其转换为产品需求的过程。产品设计的第一步就是需求分析，这也是最关键的一步，因为需求分析决定了产品方向，错误的需求分析可能导致产品在实现过程中走向错误方向，甚至给企业造成损失。

数据分析中的需求分析是数据分析流程的第一步，也是非常重要的一步，决定了后续的分析方向和内容。数据分析中需求分析的主要内容是：根据业务、财务和生产等部门的需要，结合现有的数据情况，提出数据分析需求的整体分析方向、分析内容，最终与需求方达成一致意见。

2. 数据获取

数据获取是数据分析工作的基础，它是指根据数据分析的需求获取相关原始数据的过程。数据获取主要有两种途径：直接来源和间接来源。通过直接来源获取的数据通常指本人获取的第一手数据，包括但不限于业务记录、调查结果和实验结果等。通过间接来源获取的数据通常指他人获取的数据，即第二手数据，这些数据基于他人的调查或实验的结果，通常由一些权威的公司或政府部门提供。数据可能由不同种类的载体提供，包括 Excel 文件、CSV 文件、Web 数据和数据库等。

在数据分析流程中，具体使用哪种数据获取途径，依据需求分析的结果而定。

3. 数据预处理

数据预处理是指对数据进行数据集成（Data Integration）、数据清洗（Data Cleaning）、数据归约（Data Reduction）和数据转换（Data Transformation），并将处理结果直接用于数据可视化或分析与建模的这一过程的总称。其中，数据集成可以将多张互相关联的表格合并为一张；数据清洗可以处理重复、缺失、异常、不一致等数据；数据归约可以用来得到数据集的归约表示，在精简数据量的同时尽可能保持原始数据的完整性；数据转换可以通过离散化、哑变量处理等技术使数据满足后续分析与建模的要求。在数据分析流程中，数据预处理的各个过程互相交叉，并没有明确的先后顺序。

4. 数据可视化

数据可视化是指通过图表直观地展示数据间的量级关系，其目的是将抽象数据转换为具体图形，将隐藏于数据中的规律直观地展示出来。通过数据可视化可进行的数据分析包含对比分析、结构分析、相关分析、描述性分析等。

在数据可视化中可选用的图表种类繁多，常用的图表有条形图、柱形图、雷达图、漏斗图、饼图、环形图、瀑布图、散点图、折线图、箱线图等。根据数据分析类型的不同，所选择图表的展示效果也存在很大的差异。因此，对于不同的数据分析类型需要选择不同的图表进行可视化展示。

5. 分析与建模

分析与建模是指通过对比分析、回归分析、分组分析、交叉分析等分析方法，以及分类模型、聚类模型、关联规则、智能推荐等模型与算法，发现数据中有价值的信息，并得出结论的过程。

分析与建模可采用的方法按照分析目标不同可以分为几大类。如果分析目标是描述客户行为模式，那么可以采用描述型数据分析方法，同时可以考虑关联规则、序列规则和聚类模型等；如果分析目标是量化未来一段时间内某个事件的发生概率，那么可以采用两大预测分析模型，即分类预测模型和回归预测模型。在常见的分类预测模型中，目标特征通常为二元数据，如客户流失与否、客户信用好坏等。在回归预测模型中，目标特征通常为连续型数据，常见的有商品销售额等。

6. 模型评价与优化

模型评价是指对于已经建立的一个或多个模型，根据其类别，使用不同的指标评价模型性能优劣的过程。常用的回归模型评价指标有平均绝对误差、均方误差和中值绝对误差等。常用的分类模型评价指标有准确率（Accuracy）、精确率（Precision）、召回率（Recall）、F1 值（F1 Value）、受试者操作特征（Receiver Operator Characteristic，ROC）和曲线下面积（Area Under the Curve，AUC）等。常用的聚类模型评价指标有调整兰德系数（Adjusted Rand

Index，ARI）、调整互信息（Adjusted Mutual Information，AMI）、V-measure、福尔克斯-马洛系数（Fowlkes-Mallows Index，FMI）和轮廓系数等。

模型优化是指模型性能在经过模型评价后已经达到了要求，但在实际生产环境应用过程中，发现模型性能并不理想，继而对模型进行重构与优化的过程。在多数情况下，模型优化和分析与建模的过程基本一致。

7. 部署

部署（有时也称发布）是指将数据分析结果与结论应用到实际业务系统、财务系统、生产系统中的过程。根据需求的不同，部署可以是一份包含具体情况的数据分析报表，也可以是将分析模型部署在整个系统中的过程。在大多数项目中，数据分析人员提供的是一份数据分析报表或一套解决方案，实际执行与部署方案的是需求方。

1.1.2 了解常用的可视化工具

在大数据与互联网时代，数据可视化能够帮助数据分析人员对数据有更全面的认识。然而，对数据可视化技能的掌握是一个循序渐进的过程，了解常用的可视化工具是掌握数据可视化技能的重要一步。常用的可视化工具主要有 Tableau、FineReport、Power BI。

1. Tableau

Tableau 是桌面系统中最简单的商务智能（Bussiness Intelligence，BI）工具之一，它不强迫用户编写自定义代码，新的控制台可由用户自定义配置。Tableau 的灵活、易用让业务人员能够一同参与报表开发与数据分析流程，通过自助式可视化分析，快速获得商业见解。

Tableau 是基于斯坦福大学突破性技术的软件应用程序。它可以生动地分析实际存在的任何结构化数据，并在几分钟内生成美观的图表、仪表板与报告。利用 Tableau 简便的拖曳操作，用户可以自定义视图、布局、形状、颜色等，以展现个性化数据视角。

同时，Tableau 具有以下特点。

（1）极速高效。Tableau 通过内存数据引擎，不但可以直接查询外部数据库，而且可以动态地从数据仓库中抽取数据，实时更新连接数据，大大提高了数据访问和查询的效率。

（2）简单易用，学习成本低。用户不需要有 IT 背景，也不需要有统计知识，只需通过拖曳、单击或选择的方式即可创建出智能、精美、直观、交互式的仪表板。

（3）可连接多种数据源，轻松实现数据融合。Tableau 允许从多个数据源访问数据，包括带分隔符的文本文件、Excel 文件、SQL 数据库、Oracle 数据库和多维数据库等。Tableau 也允许用户查看多个数据源，在不同的数据源间切换分析，以及结合使用不同数据源。

（4）高效接口集成，具有良好的可扩展性，提升了数据分析能力。Tableau 提供了多种应用编程接口，包括数据提取接口、页面集成接口和高级数据分析接口。

2. FineReport

FineReport 是一款由纯 Java 编写的、集数据展示（报表）和数据录入（表单）功能于一身的企业级 Web 报表工具，它具有“专业、简洁、灵活”的特点和无码理念，仅需简单的拖曳操作便可以设计复杂的报表，搭建数据决策分析系统。

企业、事业单位等最终用户可以简单地将 FineReport 应用于多业务系统数据，并将数据集中于一张报表，让更多数据应用于经营分析和业务管控。通过 FineReport，用户可以搭建报表中心，实现对报表的统一访问和管理，实现对财务、销售、客户、库存等各种业务的主题分析、数据填报等。

同时，FineReport 具有以下特点。

（1）功能全面且专业。FineReport 支持关系数据库、BI 多维数据库等多种数据源，支持对复杂报表的处理，支持离线填报、多级上报、数据填报，支持 HTML5 图表，支持移动端报表，支持数据钻取、图表联动、多维度分析等交互分析模式，支持数据的导入、导出和输出，有着安全、完善的权限控制方案，等等。

（2）设计报表简单、高效，学习成本低。FineReport 具有类似 Excel 的界面，使用户无须任何额外的学习成本。用户使用 FineReport 能零编码开发报表，通过轻松地拖曳数据，一两分钟内就能完成报表制作。

（3）行业积累丰富。FineReport 对各个行业都有着自己独到的见解，可以为用户提供丰富、实用的信息化建设意见。

3. Power BI

Power BI 是一套自助商务智能分析工具，可对数据进行可视化、在组织中共享见解，或将见解嵌入应用或网站中。它可以连接数百个数据源，并使用实时仪表板和报表让数据变得生动。同时，它提供了报表的发布功能，可在 Web 和移动设备上使用；每个人都可以创建个性化仪表板，获取针对其业务的全方位独特见解。

Power BI 整合了 Power Query、Power Pivot、Power View、Power Map 等一系列工具，使用过 Excel 做报表和 BI 分析的从业人员可以快速上手，甚至可以直接使用以前的模型。本书将重点介绍使用 Power BI 进行数据分析与可视化。

同时，Power BI 具有以下特点。

（1）在一个窗格中查看所有信息。Power BI 将用户所有的本地信息和云信息集中在一起，让用户可以随时随地进行访问，还可以使用预封装的内容包和内置连接器快速从解决方案（如 Salesforce 等）中导入用户的数据。

（2）让细节更生动。Power BI 通过可视化效果和交互式仪表板，提供企业级的合并实时视图。Power BI 提供不限形式的画布供用户拖曳数据进行浏览，并提供大量可视化效果，以及简单报表创建和快速发布到 Power BI 服务的库等功能。

（3）将数据转换为决策。借助 Power BI，用户可以使用简单的拖曳操作轻松与数据进行交互，以发现数据的趋势信息，并可使用自然语言进行查询，快速获得答案。

（4）共享最新信息。Power BI 让用户无论身在何处，都可与任何人共享仪表板和报表。通过适用于 Windows、iOS 和 Android 等操作系统的 Power BI 应用，用户可始终掌握最新信息。

（5）在网站上分享见解。使用 Power BI 可以快速将可视化效果嵌入网站，在网站上展现数据内容，从而让数百万的用户可以在任何地点、任何设备上进行访问。

任务 1.2 认识 Power BI

Power BI 包括多个协同工作的元素，基本元素有 3 个：Power BI Desktop（Windows 桌面应用程序），Power BI 服务（联机服务型软件），Power BI 移动应用（适用于 Windows、iOS 和 Android 设备）。想要运用 Power BI 进行数据分析与可视化，在初识 Power BI 之后，还需要了解 Power BI 数据分析流程、Power BI Desktop 视图及窗格，这对后续深入掌握 Power BI 数据分析与可视化技能具有重要意义。

Power BI Desktop 的界面由顶部导航栏、报表画布和报表编辑器 3 个部分组成，如图 1-3 所示。

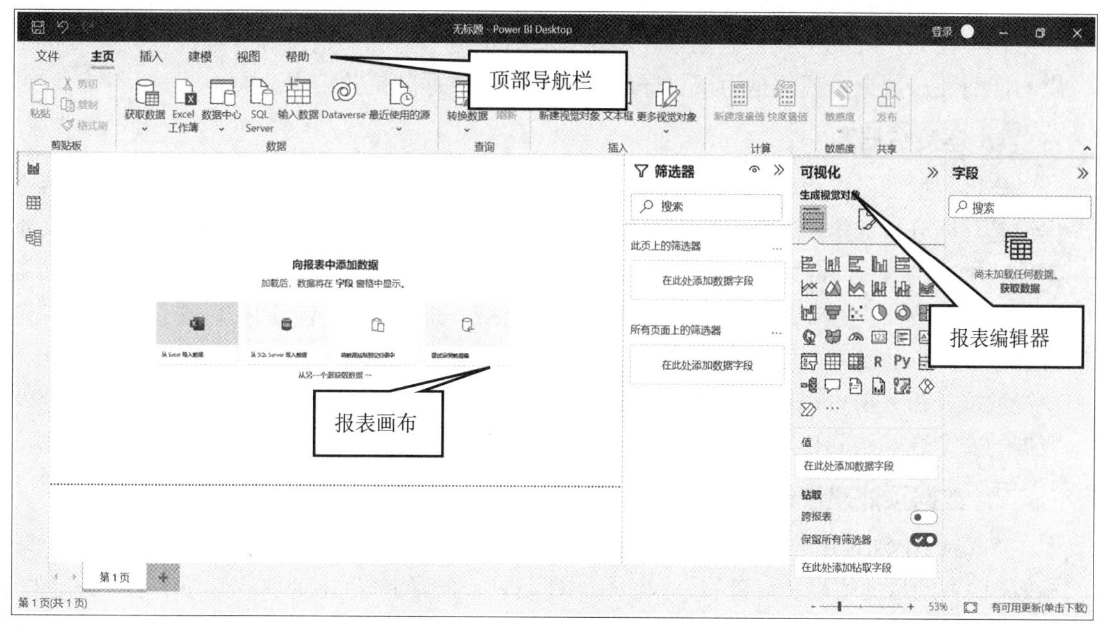

图 1-3 Power BI Desktop 界面

（1）顶部导航栏：主要包括“文件”“主页”“插入”“建模”等标签，用于数据可视化操作。例如，“主页”标签对应的选项卡包含“剪贴板”组、“数据”组、“查询”组等，“剪贴板”组中包含“粘贴”按钮、“剪切”按钮、“复制”按钮、“格式刷”按钮，单击按钮可执行相关操作。

（2）报表画布：显示工作内容的区域，创建可视化效果时，在报表画布中会生成和显示这些可视化效果。

（3）报表编辑器：由“筛选器”“可视化”“字段”3 个窗格组成。在“筛选器”和“可视化”窗格中可以控制可视化效果的外观，包括类型、字体、筛选、格式设置等；在“字段”窗格中可以编辑和管理用于可视化效果的基础数据。

微课 1-1 Power BI 数据分析流程

1.2.1 了解 Power BI 数据分析流程

1.1.1 小节中的数据分析通用流程是一种更加通用的数据分析方法论，适用于各种数据分析工具（如 Excel、Power BI 等）和编程语言（如 Python、R 等），该流程更加灵活、可定制化，适合专业数据分析人员或研究人员使用。读者可根据实际需求选择合适的数据分析工具和编程语言，在数据分析流程中使用现有的数据分析包和函数或自行编写代码来完成分析任务。

其中，Power BI 是一种专门用于数据分析与可视化的工具，它提供了一套可视化界面和功能，方便用户通过拖曳、设置参数等方式对数据进行处理和分析，Power BI 数据分析流程更加注重可视化和用户友好性，适合非专业数据分析人员或业务人员使用。Power BI 数据分析流程主要包括连接数据源、数据预处理与建模、数据可视化和数据发布等。

比较数据分析通用流程和 Power BI 数据分析流程可以发现，两者的不同之处主要在于使用的工具不同、数据预处理方法不同等。但两者的目标是一致的，均是致力于发现数据中的模式、趋势和关联性，以便从数据中获得价值。同时，数据预处理和数据可视化均是各流程中较为重要的步骤，数据预处理是指将数据进行适当的清洗和处理，以提高分析结果的准确性；数据可视化是为了更好地理解和传达数据分析的结果。

1. 连接数据源

连接数据源是指将数据源与 Power BI 进行连接，以便进行数据分析与可视化。连接数据源是数据分析的第一步。数据源有各种类型，如数据库、Excel 文件、CSV 文件、文本文件、JSON 文件、在线服务等。无论是内部的企业数据源还是外部的数据源，连接数据源可以将数据集中在一个地方，方便相关人员进行统一的数据分析。同时，通过与数据源进行连接，Power BI 可以直接从数据源中获取最新的数据，实现数据的实时分析和可视化，使得数据分析人员可以随时跟踪和监控数据的变化。但在连接外部数据源时，可能会涉及数据的安全性和访问权限的问题，此时需要确保数据源连接和使用过程中的数据安全性。

2. 数据预处理与建模

Power BI 数据分析流程中的数据预处理与 1.1.1 小节数据分析通用流程中的数据预处理相似，两者的目的均是从大量的、杂乱无章的、难以理解的数据中抽取并推导出某些特定的、有价值的、有意义的数据。数据预处理可以通过一定的方法，使原始数据转换为可直接应用数据分析工具进行数据分析和挖掘的数据。这些方法包括但不限于数据集成、数据清洗、数据转换和数据归约。其中，数据集成可以将多张互相关联的表格合并为一张；数据清洗用于修正数据中的异常数据等；数据转换可以通过数据规范化、数据二值化等技术处理数据，将数据转换为适用于分析的形式；数据归约通过字段归约、记录归约、数据压缩，在尽可能保持数据原貌的前提下，最大限度地精简数据，使数据满足后续数据建模与可视化的要求。

Power BI 数据分析流程中的建模与 1.1.1 小节数据分析通用流程中的建模存在一定的差别，在 Power BI 数据分析流程中，建模是指建立数据间的逻辑关系和进行数据操作的过程；而在数据分析通用流程中，建模通常是指对数据进行处理和组织，构建能够更好地理解和分析数据的模型的过程。在 Power BI 中，建模通过建立表间关系处理多个数据表的连接关系。建模中基于数据源计算得出的数据通常存储在列、表与度量值中，其中，新产生的“新建列”“新建表”为直接引用其他列数据或其他表数据的运算结果；度量值是存放在一定的筛选条件下，对数据源进行聚合运算而得到的单个数据。

3. 数据可视化

Power BI 数据分析流程中的数据可视化与 1.1.1 小节数据分析通用流程中的数据可视

化相似，均使用图表来表示数据，即将一些复杂的、抽象的、不易理解的数据转换为图形、表格等简单、直观的视觉对象后呈现给数据分析人员，以便分析人员对数据进行深入的处理和分析。注意：数据可视化并不是简单地将数据转换成图表，它不仅能够直观地呈现数据，还可以通过视觉效果将数据的规律呈现出来。

在 Power BI 中，用于数据可视化的视觉对象可分为预安装的视觉对象、从应用商店导入的视觉对象、从文件导入的视觉对象。每一个视觉对象均有各自的属性，当一个视觉对象被添加到报表并选中后，可分别单击“可视化”窗格下方的“将数据添加到视觉对象”“设置视觉对象格式”“向视觉对象添加进一步分析”图标为其设定相关属性。

4. 数据发布

在 Power BI 数据分析流程中，数据发布是指将通过 Power BI 开发的数据模型、报表和仪表板发布到 Power BI 服务或其他发布目标，使其他人能够访问、查看、与之交互等。数据发布的作用主要是共享和传播数据分析结果，使其他人能够访问和利用数据分析结果。同时，数据发布还可以实现对数据的集中管理、统一访问和实时更新，以促进数据的协作。

1.2.2 了解 Power BI Desktop 视图

Power BI Desktop 中有报表视图、数据视图和模型视图这 3 种视图，如图 1-4 所示。当前显示视图为报表视图，单击左侧导航栏中的图标可在这 3 种视图之间进行切换。

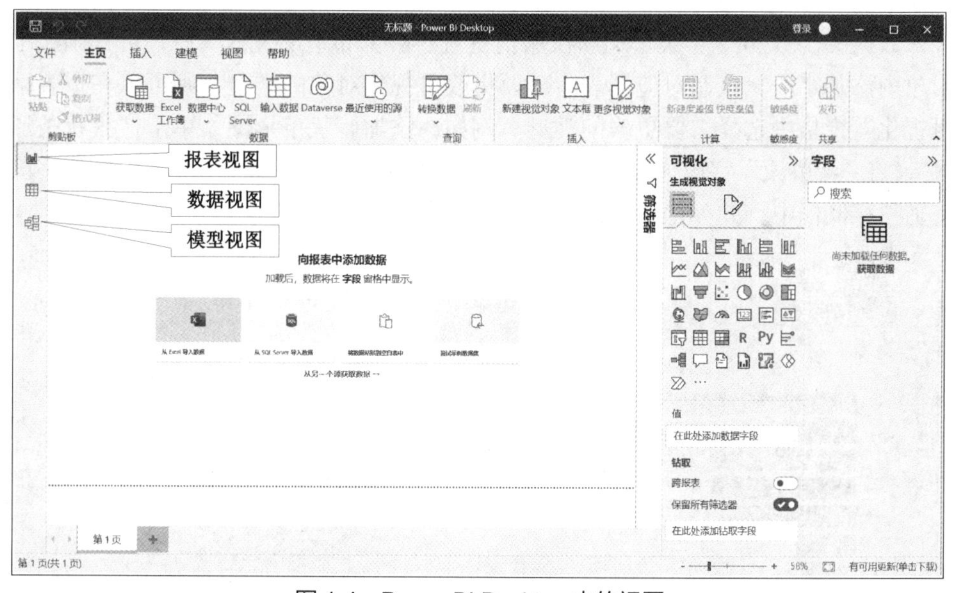

图 1-4 Power BI Desktop 中的视图

1. 报表视图

在 Power BI Desktop 的报表视图中，可以实现 Power BI 数据分析流程中的数据可视化，即可以创建任何数量的具有可视化内容的报表页。可视化内容可以移动，也可以进行复制、粘贴、合并等操作。

首次加载数据时，例如导入“2022 年某公司新汉服消费者年龄分布情况.xlsx”数据文件，Power BI Desktop 将显示具有空白画布的报表视图，如图 1-5 所示。数据文件所展示的

"新汉服"也称为现代汉服，是在保留汉民族传统经典服饰样式的基础上，结合当下大众的多元穿着情境和时尚美学并加以创新的汉服体系。新汉服使人们坚定历史自信、文化自信，同时体现了我国企业、民众对中国传统服饰的尊重、传承，也展现了人们的先锋创新精神。

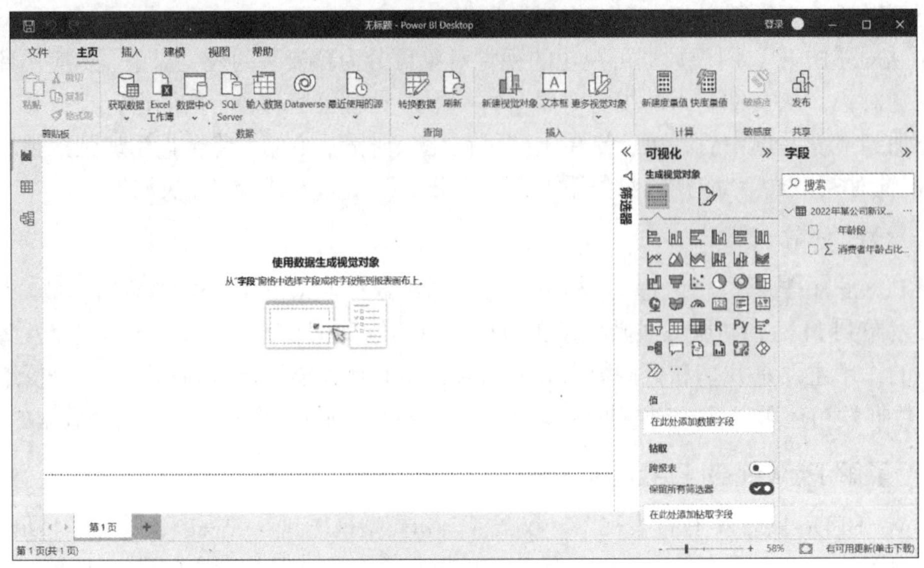

图 1-5　具有空白画布的报表视图

导入数据文件"2022 年某公司新汉服消费者年龄分布情况.xlsx"后，可在画布中的可视化对象内添加字段，绘制对应图表。若要更改可视化对象的类型，则可以在报表编辑器的"可视化"窗格中选择需要更换的类型。例如，添加簇状条形图，单击"簇状条形图"图标，将"年龄段"字段拖曳到"Y 轴"存储桶中，将"消费者年龄占比/%"字段拖曳到"X 轴"存储桶中，并美化图表，结果如图 1-6 所示。

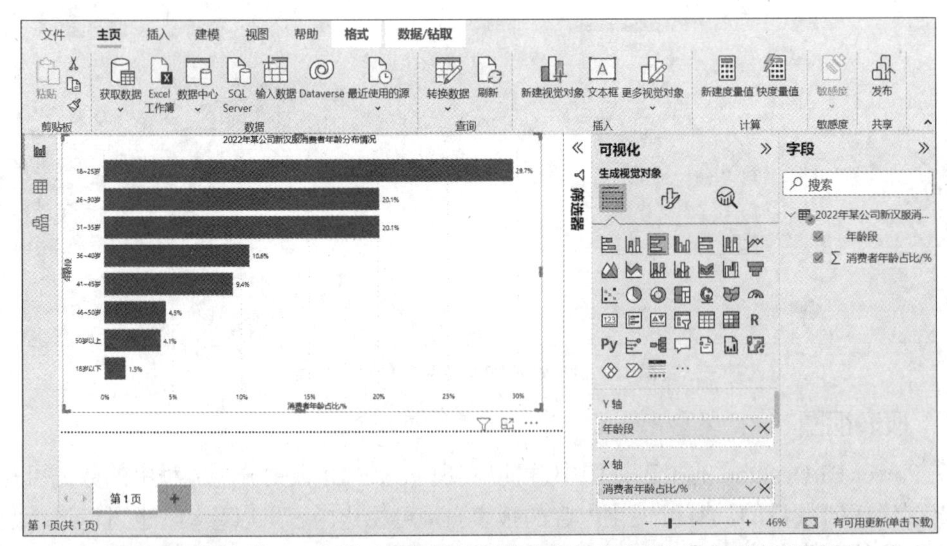

图 1-6　绘制"2022 年某公司新汉服消费者年龄分布情况"的簇状条形图

单击报表视图底部的"新建页"按钮，可在报表视图中添加新的页面。单击报表视图底部的"删除页"按钮，可删除页面，如图 1-7 所示。

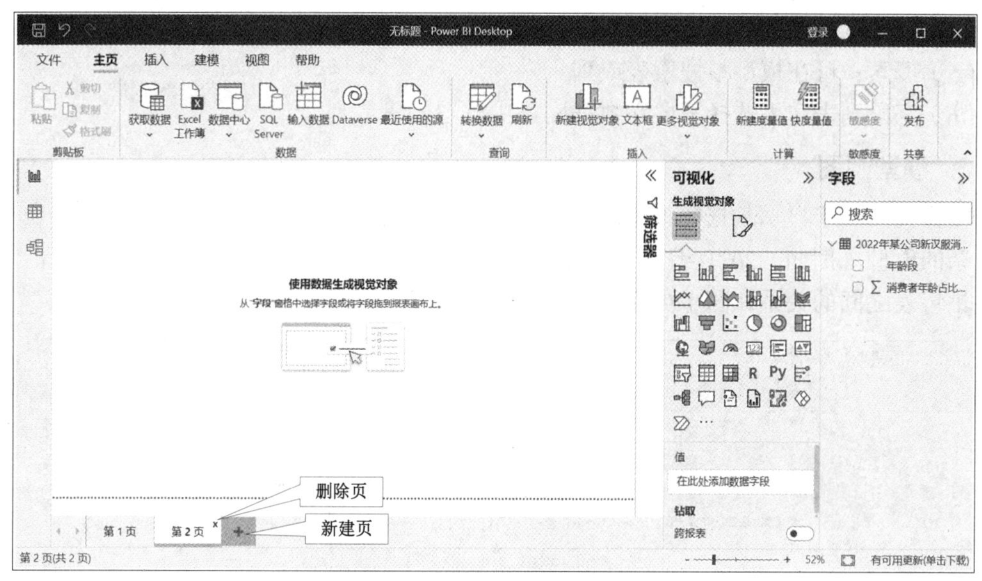

图 1-7 “新建页”“删除页”按钮

2. 数据视图

数据视图中显示的数据是其加载到模型中的样子，数据视图可用于浏览、检查和编辑 Power BI Desktop 模型中的数据。在需要进行新建度量值、新建列、新建表、识别数据类型、数据排序、数据分组等操作时，数据视图变得尤为重要。

数据视图主要由 6 个部分构成，如图 1-8 所示，各个部分介绍如下。

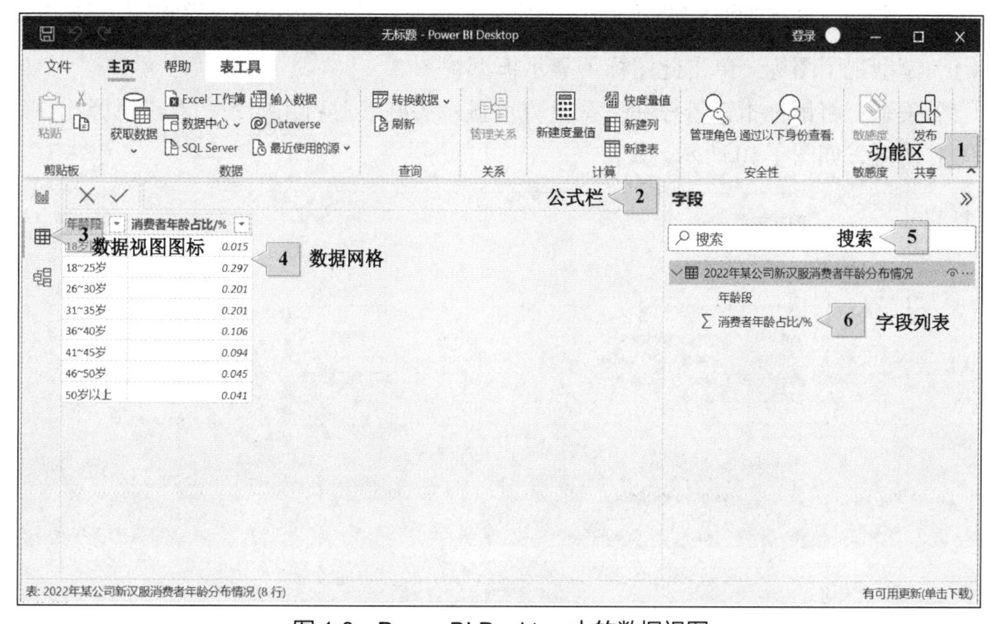

图 1-8 Power BI Desktop 中的数据视图

（1）功能区：用于获取数据、转换数据、创建计算等。

（2）公式栏：用于输入各种表达式。

（3）数据视图图标：单击此图标可显示数据视图。

（4）数据网格：显示选中表的所有行和列，隐藏列显示为灰色。

（5）搜索：可在模型中搜索表或列。

（6）字段列表：可选择需要在数据网格中查看的表或列。

3. 模型视图

模型视图用于显示数据模型中的所有表、列与表间关系，尤其适用于包含许多表且关系复杂的模型。例如，2021 年 1 月某地区棉纺织产品产量表与 2021 年 1 月某地区棉纺织产品销售表之间的关系如图 1-9 所示，其中各部分介绍如下。

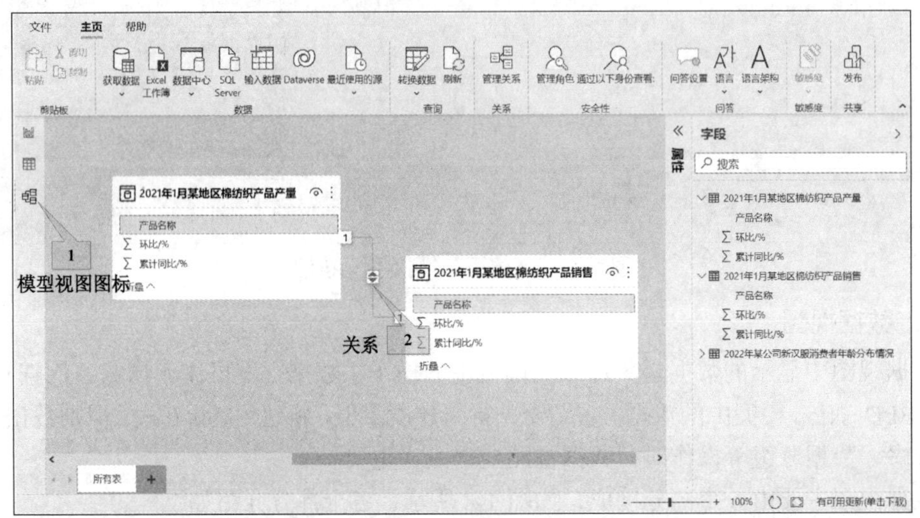

图 1-9　2021 年 1 月某地区棉纺织产品产量表与 2021 年 1 月某地区棉纺织产品销售表之间的关系

（1）模型视图图标：单击此图标可显示模型视图。

（2）关系：将鼠标指针悬停在关系上方可显示关联表时所用的列，双击可弹出“编辑关系”对话框，如图 1-10 所示。

图 1-10　“编辑关系”对话框

1.2.3 了解 Power BI Desktop 窗格

报表视图中有 3 个窗格："筛选器"窗格、"可视化"窗格和"字段"窗格。导入数据文件"2022 年中国部分茶叶出口数据.xlsx"后，报表视图中的窗格部分如图 1-11 所示。茶叶是我国茶文化的载体，以茶会友除了可增进国际友谊外，还使得中国茶飘香海外。

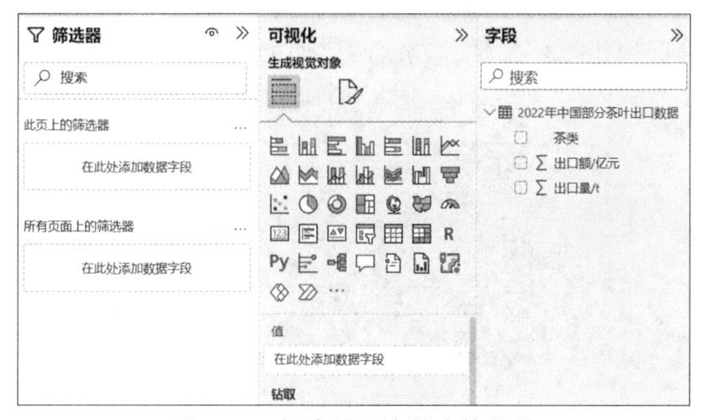

图 1-11 报表视图中的窗格部分

1. "可视化"窗格

在"可视化"窗格中可选择可视化效果，如图 1-12 所示。

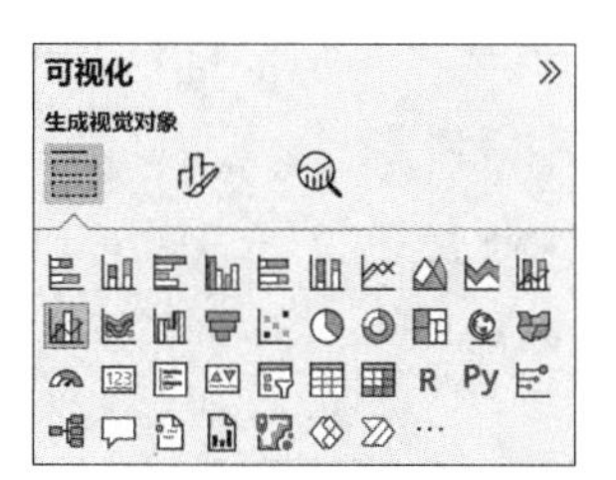

图 1-12 "可视化"窗格中的可视化效果

在"可视化"窗格的下方会显示"将数据添加到视觉对象"图标下的"将数据添加到视觉对象"列表，由于选择的是折线和簇状柱形图，所以会看到"X 轴""列 y 轴""行 y 轴""列图例""小型序列图""工具提示"6 个存储桶，如图 1-13 所示。

图 1-13 "将数据添加到视觉对象"列表

当选择某个字段或将其拖曳到画布中时，Power BI Desktop 会自动将该字段添加到其中一个存储桶中，也可以直接将“字段”窗格中的字段拖曳到存储桶中。注意：某些存储桶只接收特定类型的字段。

单击“设置视觉对象格式”图标，可以显示“设置视觉对象格式”列表，如图 1-14 所示，根据所选择的可视化效果类型，具体选项将会有所差异。由于选择的是折线和簇状柱形图，所以设置选项包括“X 轴”“Y 轴”“辅助 Y 轴”“图例”“网格线”“缩放滑块”“行”等。

图 1-14 “设置视觉对象格式”列表

单击“向视觉对象添加进一步分析”图标，可以显示“分析”列表，如图 1-15 所示，根据所选择的可视化效果类型，具体选项将会有所差异。由于选择的是折线和簇状柱形图，所以设置选项为“误差线”。

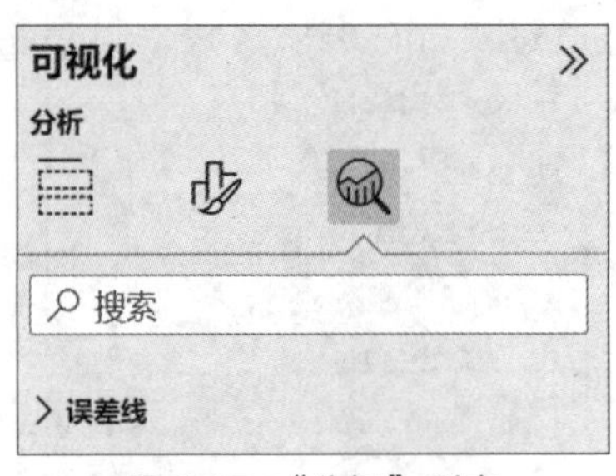

图 1-15 “分析”列表

2. “筛选器”窗格

“筛选器”窗格主要用于查看、设置和修改数据，根据所选择的可视化效果类型，具体选项将会有所差异。由于选择的是折线和簇状柱形图，所以“筛选器”窗格中将包括“此视觉对象上的筛选器”“此页上的筛选器”“所有页面上的筛选器”等，如图 1-16 所示。

图 1-16 “筛选器”窗格

3. “字段”窗格

“字段”窗格显示了数据中的表和字段，用于创建可视化效果，如图 1-17 所示。

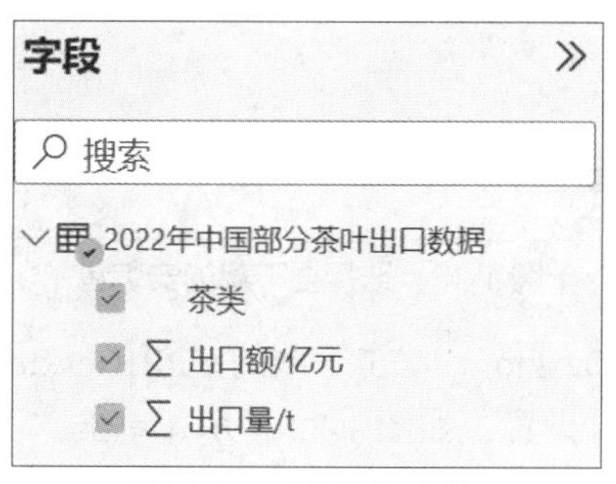

图 1-17 “字段”窗格

任务 1.3 初体验 Power BI

在认识了数据分析的概念及通用流程和 Power BI 后，读者可以安装 Power BI Desktop，进而体验使用 Power BI 进行数据分析与可视化的过程。

1.3.1 安装 Power BI Desktop

进入 Power BI 官方网站，单击“产品”列表下的“Power BI Desktop”按钮，单击“查看下载或语言选项”按钮，打开 Power BI Desktop 的下载页面，如图 1-18 所示。注意：本书所使用的 Power BI Desktop 版本号为 2.109.1021.0。

Power BI Desktop

Microsoft Power BI Desktop 专为分析师设计。它结合了一流的交互式可视化效果和业界领先的内置数据查询和建模功能。创建并将报告发布到 Power BI 中。Power BI Desktop 可以帮助您向他人提供能够随时随地及时使用的关键数据解析。

重要事项！在下方选择语言会自动将整个页面内容更改为该语言。

选择语言 中文(简体) 下载

全部展开 | 全部折叠

> 详细信息

> 系统要求

> 安装说明

图 1-18 Power BI Desktop 的下载页面

单击“下载”按钮，弹出“选择你要下载的程序”对话框，如图 1-19 所示，其中，“PBIDesktopSetup.exe”为 32 位计算机系统的安装包，“PBIDesktopSetup_x64.exe”为 64 位计算机系统的安装包，读者可以根据自己的计算机系统选择合适的安装包。此处勾选“PBIDesktopSetup_x64.exe”，并单击“下载”按钮，即可将安装包下载到本地。

选择你要下载的程序

文件名	大小
PBIDesktopSetup.exe	390.2 MB
PBIDesktopSetup_x64.exe	428.9 MB

下载 总大小：428.9 MB

图 1-19 选择要下载的安装包

下面开始安装 Power BI Desktop，双击下载的“PBIDesktopSetup_x64.exe”安装包，弹出安装向导对话框 1 进行语言设置，如图 1-20 所示，单击“下一步”按钮。

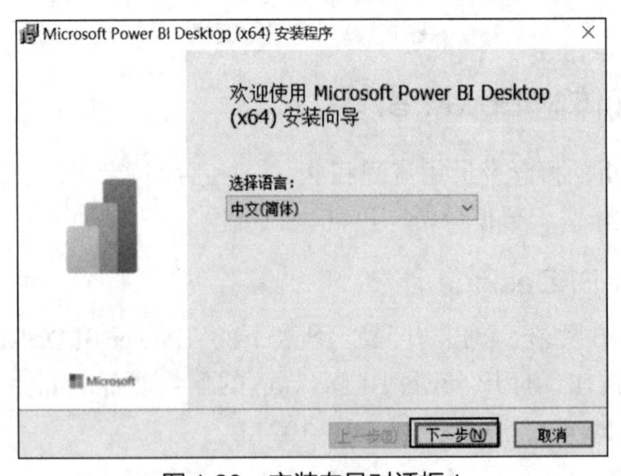

图 1-20 安装向导对话框 1

弹出安装向导对话框2，如图1-21所示，单击“下一步”按钮。

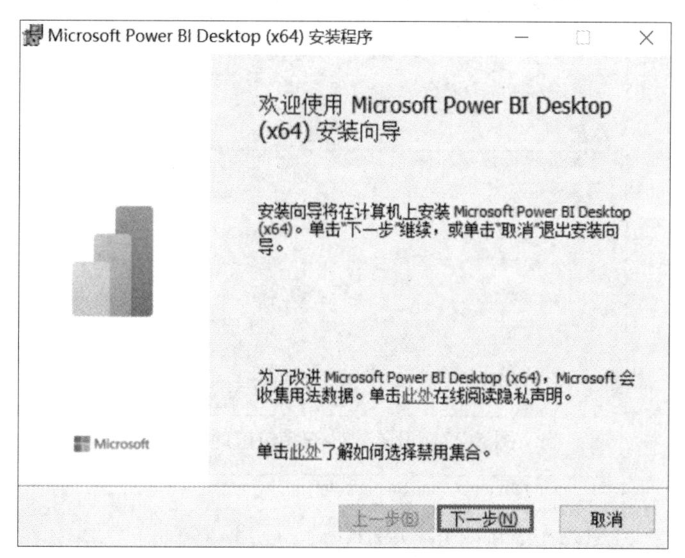

图1-21 安装向导对话框2

跳转至软件许可条款确认对话框，勾选“我接受许可协议中的条款(A)”复选框，如图1-22所示，单击“下一步”按钮。

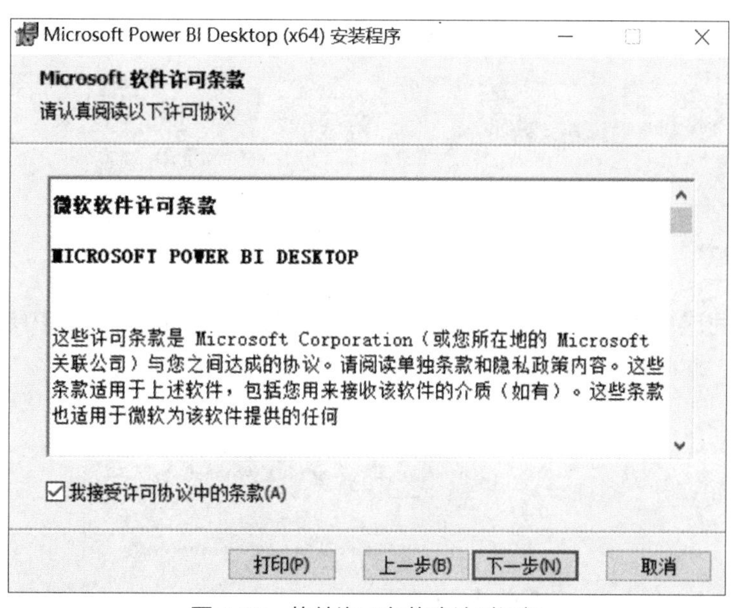

图1-22 软件许可条款确认对话框

弹出设置软件安装位置对话框，如图1-23所示，使用默认安装位置（也可以单击“更改”按钮来指定安装位置），之后单击“下一步”按钮。

在弹出的准备安装对话框中，默认勾选“创建桌面快捷键”复选框，如图1-24所示，单击“安装”按钮，开始安装软件。具体安装时间取决于计算机的配置，安装完成后单击“下一步”按钮。

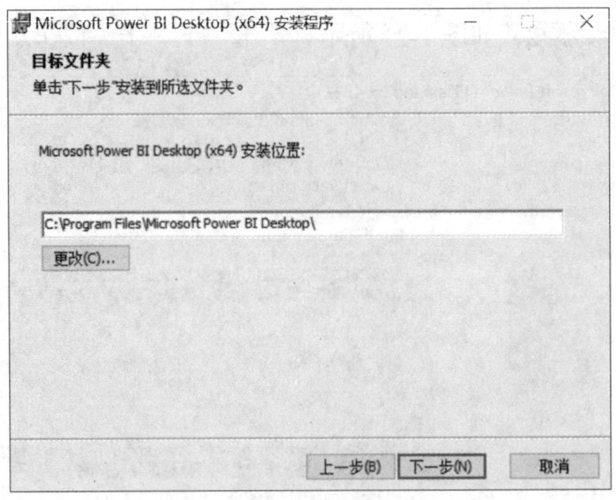

图 1-23　设置软件安装位置对话框

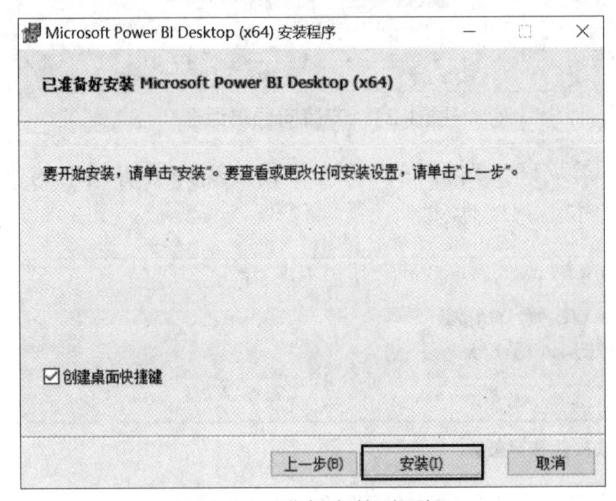

图 1-24　准备安装对话框

弹出安装完成对话框，如图 1-25 所示，单击“完成”按钮，Power BI Desktop 的安装过程至此结束，此时，计算机会自动启动 Power BI Desktop。

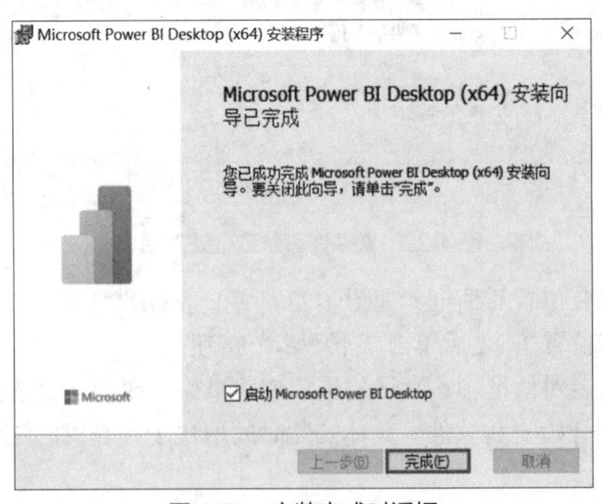

图 1-25　安装完成对话框

1.3.2 体验茶叶出口数据可视化分析

微课 1-2 体验茶叶出口数据可视化分析

“神农尝百草，日遇七十二毒，得荼（茶）而解之。”茶叶一开始被人们当作药物，随着茶饮的不断发展，茶叶逐渐成为很多人的生活必备品。近些年，我国茶艺繁花似锦，茶文化逐渐成为我国的热门话题，各种国内、国际茶文化研讨会接连不断。本节将对 1.2.3 小节提到的 2022 年中国部分茶叶出口数据进行可视化分析，以查看我国的茶叶出口情况，其中，数据如表 1-1 所示。

表 1-1　2022 年中国部分茶叶出口数据

茶类	出口额/亿元	出口量/t
乌龙茶	17.35	19346.38
普洱茶	2.02	1916.29
绿茶	93.76	313895.46
花茶	3.77	6507.00
红茶	22.94	33239.28
黑茶	0.18	350.78

将数据导入 Power BI Desktop 中，并绘制各茶类出口额柱形图，实现步骤如下。

（1）在“主页”选项卡的“数据”组中，单击“Excel 工作簿”按钮（或依次单击“获取数据”→“Excel 工作簿”按钮），如图 1-26 所示，弹出“打开”对话框，获取 Excel 格式数据。

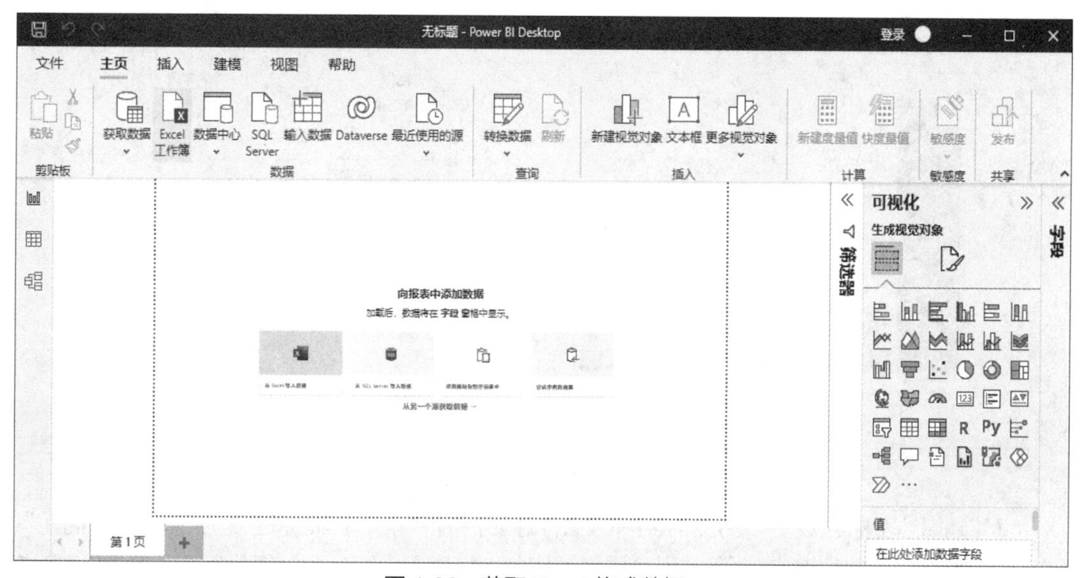

图 1-26　获取 Excel 格式数据

（2）在本机上找到并打开“2022 年中国部分茶叶出口数据.xlsx”文件，在弹出的“导航器”对话框中，勾选“显示选项”下的“2022 年中国部分茶叶出口数据”，如图 1-27 所示，单击“加载”按钮，即可将数据导入 Power BI Desktop 中。

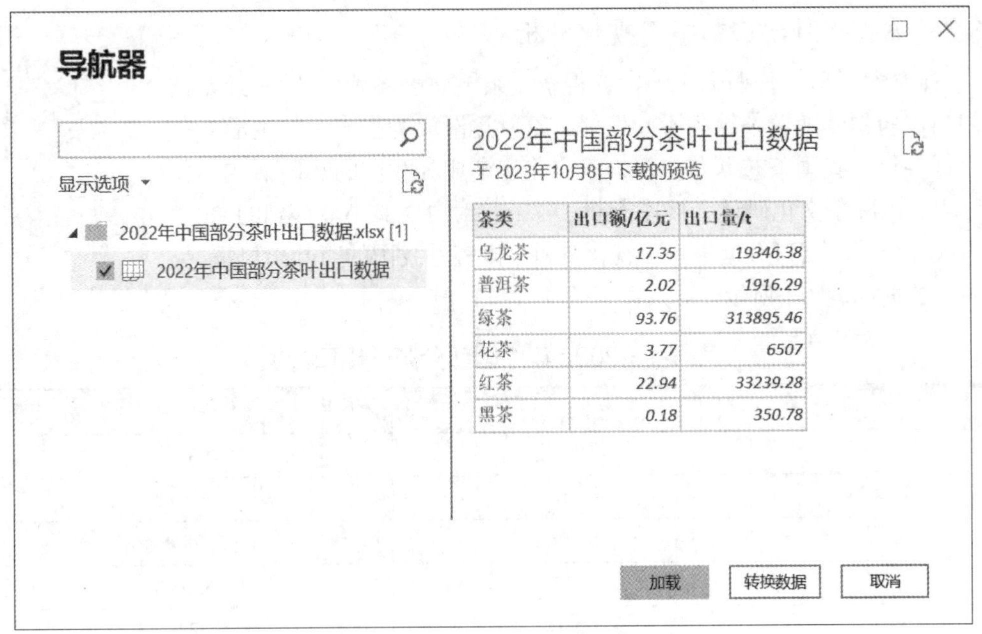

茶类	出口额/亿元	出口量/t
乌龙茶	17.35	19346.38
普洱茶	2.02	1916.29
绿茶	93.76	313895.46
花茶	3.77	6507
红茶	22.94	33239.28
黑茶	0.18	350.78

图 1-27 “导航器”对话框

（3）在报表视图的“可视化”窗格中，单击“簇状柱形图”图标，将“茶类”字段拖曳至“X 轴”存储桶中；将“出口额/亿元”字段拖曳至“Y 轴”存储桶中，结果如图 1-28 所示。

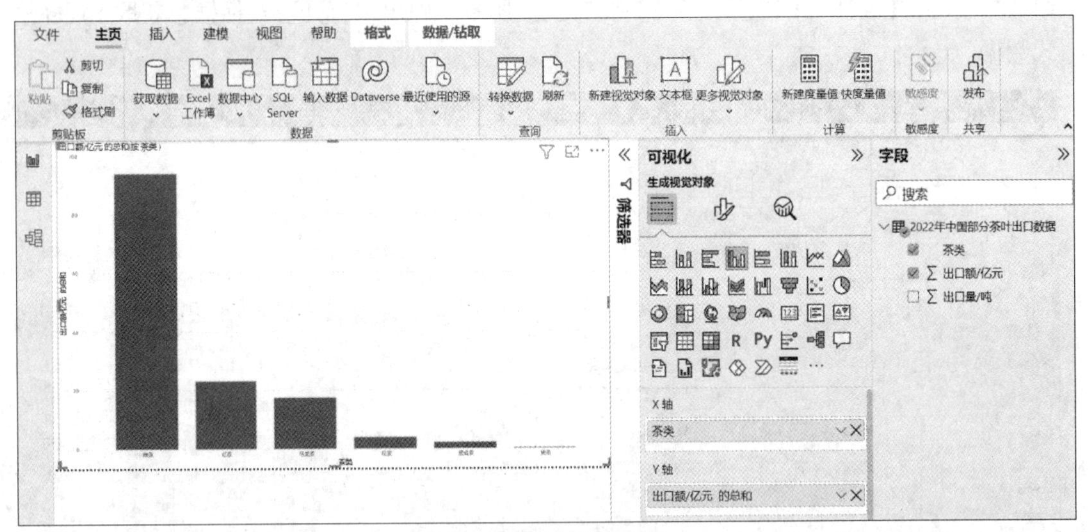

图 1-28 簇状柱形图

（4）将图表标题设为“2022 年各茶类出口额分布情况”，Y 轴标题设为“出口额/亿元”，并对字体大小、字体颜色进行优化，结果如图 1-29 所示，最后将文件保存为“2022 年各茶类出口额分布情况.pbix”。

由图 1-29 可知，在 2022 年各茶类出口额分布情况中，绿茶的出口额最高；其次是红茶、乌龙茶，且两者的出口额相差不大；出口额最低的是黑茶。

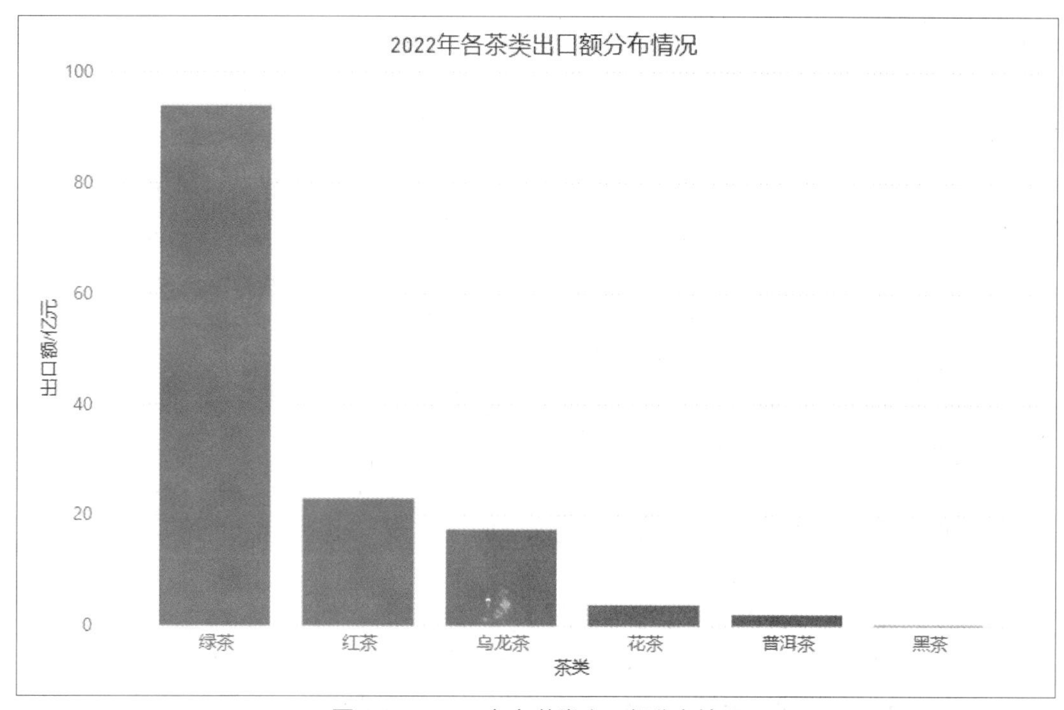

图 1-29 2022 年各茶类出口额分布情况

【项目总结】

本项目主要介绍了数据分析与可视化的相关概念，主要内容有：数据分析的概念与通用流程、常用的可视化工具，以及 Power BI 数据分析流程、界面、视图、窗格与安装步骤。本项目在最后通过一个茶叶出口数据可视化示例带领读者体验了 Power BI Desktop 数据分析与可视化的流程。

通过对本项目的学习，读者可以学习到数据分析与可视化的流程、Power BI 的基本知识，如安装步骤、Power BI Desktop 视图、窗格等；同时，在学习过程中，读者还可以接触到中国传统服饰、中国茶文化，进而加强对我国文化的认识，培养传承精神。

【思考题】

【导读】随着经济的发展，智慧园区已逐渐成为当今社会发展的核心。它可以提高企业的经济效益，改善社会环境，促进社会发展。为更好地发挥智慧园区的作用，有关部门应当采用可视化大屏来反映智慧园区的发展情况，实现可视化管理。

UINO 优锘科技利用 ThingJS-X 零代码数字孪生开发平台打造了智慧园区运营管理系统，基于园区运营、能耗、人流车辆定位及轨迹、安防、消防等专业监控数据，建设园区综合一览可视化大屏、商业布局可视化大屏、智能充电桩可视化大屏等。通过建设智慧园区，相关人员可以实现运营分析决策、综合态势感知、人车安全控制等一体化场景，从而满足指挥决策和宣传参观的需要，促进园区向智慧化、创新化、科技化的方向进化、转变。

【思考】可视化大屏除了可以应用于园区管理，还可以应用于哪些场景？

【课后习题】

选择题

（1）广义数据分析包含狭义数据分析和（　　）。

A. 数据验证　B. 数据挖掘　C. 数据可视化　D. 数据整理

（2）下列关于数据分析说法错误的是（　　）。

A. 数据分析能对收集来的大量数据进行有用信息、价值信息的提取

B. 需求分析是数据分析流程中的第一步，也是非常重要的一步

C. 直接来源和间接来源是数据分析流程中数据获取的两大途径

D. 每一个数据分析项目的分析需求、分析目的、分析流程均相同

（3）下列选项不属于常见的可视化工具的是（　　）。

A. Gephi　B. Tableau　C. FineReport　D. Power BI

（4）下列哪个选项不属于 Power BI Desktop 的视图。（　　）。

A. 报表视图　B. 可视化视图　C. 模型视图　D. 数据视图

（5）下列关于 Power BI 说法正确的是（　　）。

A. Power BI 仅整合了 Power Query、Power Pivot 和 Power View 工具

B. Power BI Desktop 界面由顶部导航栏、报表画布和数据编辑器组成

C. Power BI Desktop 中的数据视图主要用于浏览、检查和编辑数据

D. Power BI Desktop 中的模型视图用于可视化展示数据，即绘制图表

（6）下列属于 Power BI Desktop 窗格的是（　　）。

A. 工具提示　B. 页面级筛选器

C. “可视化”窗格　D. 数据视图

（7）下列说法错误的是（　　）。

A. “可视化”窗格可以设置图形类型、背景、图例、标题、数据颜色等

B. 数据视图主要由功能区、公式栏、数据视图图标、数据网格、搜索、字段列表构成

C. 模型视图主要用于显示模型中的所有表、列与表间关系

D. “筛选器”窗格主要用于显示字段

（8）下列关于 Power BI Desktop 说法错误的是（　　）。

A. Power BI Desktop 是免费的桌面应用程序

B. 可创建高交互可视化报告

C. 与 Power BI 相互独立

D. 能够进行建模操作

项目 2 获取体育商品销售数据

项目背景

每年的 8 月 8 日是我国的“全民健身日”，旨在使人们真正享受到体育带来的健康和快乐，让体育在人的全面发展与和谐社会构建中发挥更加积极的作用。全民健身的理念可以提高国民对体育的认知并深化国民对体育的理解，进而使国民强身健体，促进群众体育和竞技体育全面发展，加快建设体育强国。在全民健身的热潮影响下，某零售公司售卖的商品逐渐向运动背包、跑鞋、运动服装、运动器材等体育商品靠近。而在售卖体育商品的过程中，该公司发现某球类运动的相关商品出现了库存积压、利润增长速度缓慢等问题。为了分析该类体育商品销售利润止步不前的原因，本项目需要将收集到的该类体育商品销售数据导入 Power BI 中，以便相关数据分析人员进行后续的数据处理与分析等工作。

项目要点

（1）使用 Power BI 获取 Excel 格式的订单数据。

（2）使用 Power BI 获取 MySQL 数据库中的商品数据。

教学目标

1. 知识目标

（1）了解直接数据。

（2）了解间接数据。

（3）掌握使用 Power BI 获取 Excel 数据的方法。

（4）掌握使用 Power BI 获取 MySQL 数据库数据的方法。

2. 素养目标

（1）通过认识数据来源，提高对数据的保护意识，认识到不得泄露关键数据信息，不能用数据做违法的事情。

（2）通过了解商品销售相关背景，培养爱岗敬业精神，树立“干一行、爱一行、钻一行”的职业理想。

（3）通过使用 Power BI 获取体育商品销售数据，培养正确的消费观和勤俭节约的意识，避免盲目消费、铺张浪费等。

思维导图

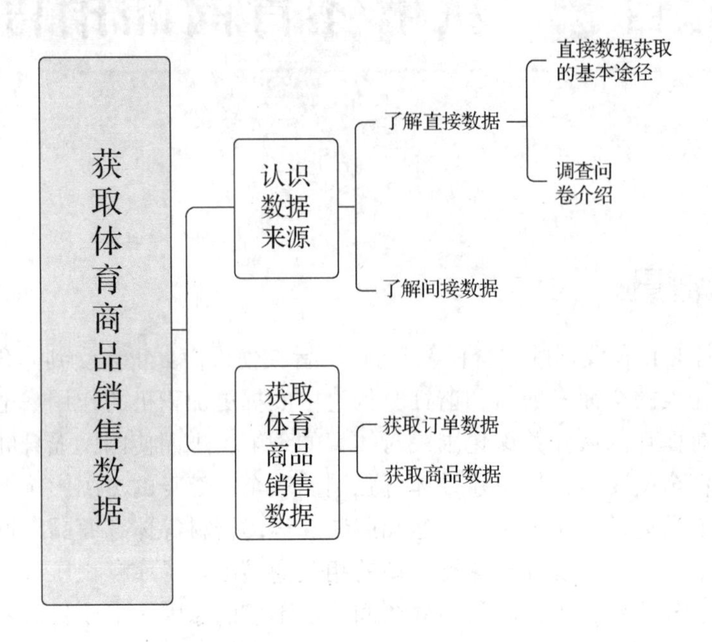

项目实施

任务 2.1 认识数据来源

数据获取主要有两种途径：直接来源与间接来源。通常情况下，在进行数据分析与数据挖掘之前，需要认识数据来源的概念，了解直接来源和间接来源的数据获取方法，这是数据分析的活水之源。

2.1.1 了解直接数据

直接数据有着相关性强、准确度高、时效性强等优点，直接数据获取的基本途径主要有两种：调查法和实验法。其中，调查法是较为常用的一种途径，即通过调查问卷进行数据的获取。

1. 直接数据获取的基本途径

直接数据来源于本人或本公司直接记录、调查或实验的结果，又称为第一手数据。最简单的直接数据是委托调查公司所持有的 Excel 文件或数据库的数据。由于这些数据多数已经按一定的规范进行存放，用户在进行后期处理时会非常简单。

但在某些情况下，直接数据需要数据分析公司使用调查法来获取。数据分析部门主管在接到数据分析任务后，先与市场调查人员（规模较小公司的数据分析人员和市场调查人员通常隶属于同一个部门）明确调查目的、确定调查对象、选择调查方法、确定调查进度和人员需求以及确定调查预算。这种通过调查问卷获取数据的方法又称为抽查法。采用这种方法可省时省力地获取数据，但由于调查局限在一定的范围，未调查部分出现的问题不能反映出来。

2. 调查问卷介绍

20 世纪以来，结构式的调查问卷与调查法相结合，越来越多地被用于定量研究，并成为社会科学研究的主要方式之一。一份完整的调查问卷通常由问卷标题、问卷说明、调查内容、结束语等内容构成。在设计问卷时，调查者需要有精益求精的态度，避免出现抽象或不确定问题、引导式问题、敏感问题等，做到文字简洁、流畅。此外，在非必要情况下，调查问卷内容应避免涉及被调查者的个人信息，如详细联系方式、家庭住址、家庭人员情况等，以保护被调查者的个人信息，同时调查者不得有意泄露被调查者的个人信息以牟利，而应该加强个人信息保护。

调查问卷主要通过以下 3 种调查途径进行数据获取。

（1）网上调查。将调查问卷通过邮件发至被调查者的邮箱，但这种统一发送的调查问卷很多时候会被当成垃圾邮件处理。或通过专业问卷调查网站发布调查问卷，这类专业问卷调查网站一般都有各个领域的调查问卷模板，虽然能大大缩短调查问卷的开发时间，但是也存在一定的缺点，如网站需要获取被调查者的 IP 地址、对于较少上网者的调查效果不理想等。

（2）现场调查。使用无线联网的移动设备和纸张调查问卷相结合的方式，在人流量比较大的地方（如广场、公园、学校等）做现场调查。但现场调查也存在一定的缺点，如需要专业的人员来指导、被调查者的拒绝率较高等。

（3）电话调查。调查者通过电话与被调查者进行沟通，并记录沟通信息。但电话调查存在的缺点为：由于电话调查只有声音这一种交流媒介，而且调查与被调查双方是陌生人，沟通很难通畅，从而导致被调查者容易产生不耐烦的情绪，进而做出最简单的回答而不是最真实的回答。

2.1.2 了解间接数据

间接数据来源于他人调查或实验的数据，又称为第二手数据。由于个人和商业公司的力量有限，一些宏观数据需要由专门的大型调查公司或相关部门提供，这些数据的来源较多，如报纸、书籍、统计年鉴、相关网站及专业调查公司等。如果调查的领域专业性较强，那么需要查阅相关的专业性网站提供的数据，或使用搜索引擎的高级搜索功能完成数据获取。

与此同时，用户在获取间接数据的过程中，需要通过正规的、权威的、专业的书籍、网站等，以确保获取的数据是正确的、有效的、符合需求的。此外，用户不得违反网站规制，不能将数据运用在违法的事情上，应提高自身对数据的保护意识，并加强知识产权保护意识。

任务 2.2 获取体育商品销售数据

进行数据分析前需要获取原始数据，原始数据的来源可能是单一的，也可能是广泛的。Power BI 利用 Power Query 组件既可以连接到单个数据源（如 Excel 工作簿），也可以连接到分散在云中的多个数据库、源或服务。本项目将通过 Power BI 获取 Excel 格式的订单数据和 MySQL 数据库中的商品数据。

微课 2-1 获取订单数据

2.2.1 获取订单数据

目前该零售公司的数据系统中已经积累了大量客户的体育商品订单

数据，抽取 2023 年 1 月—2023 年 6 月的体育商品订单数据，并将数据存放至“订单数据.xlsx”文件中，其数据说明如表 2-1 所示。

表 2-1　体育商品订单数据说明

字段	说明	示例
订单编号	每笔商品订单的编号	43466000001
订单日期	商品订单的下单日期	2023-01-01
年份	商品订单的下单年份	2023
订单数量/个	客户下单购买商品的数量	1
商品编号	所售卖的商品的编号	A-528
客户 ID	所购买该商品的客户 ID	14432BA
交易状态	订单交易状态	1
销售区域 ID	所售卖该商品的销售区域的 ID	4
销售大区	所售卖该商品的销售大区	华东区
国家或地区	该订单下单所在国家或地区	中国
产品成本/元	所售卖的商品的成本	500
利润/元	所售卖的商品产生的利润	1199
单价/元	客户所购买的商品的单价	1699
销售金额/元	客户所购买的商品的销售金额	1699

数据很多时候是以 Excel 格式保存的，如某零售公司的体育商品订单数据。为了便于相关人员通过商务智能工具 Power BI 进行体育商品销售数据分析，需要获取本机上体育商品订单数据，实现步骤如下。

（1）在“主页”选项卡的“数据”组中，单击“Excel 工作簿”按钮（或依次单击“获取数据”→“Excel 工作簿”按钮），如图 2-1 所示，弹出“打开”对话框，获取 Excel 格式数据。

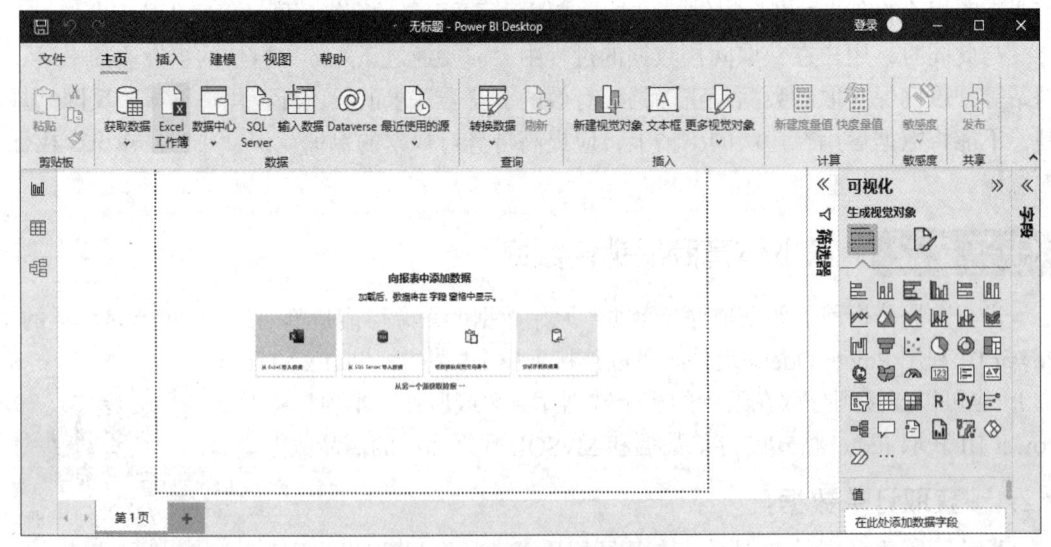

图 2-1　获取 Excel 格式数据

（2）在本机上找到并选中“订单数据.xlsx”文件，如图 2-2 所示，单击“打开”按钮。

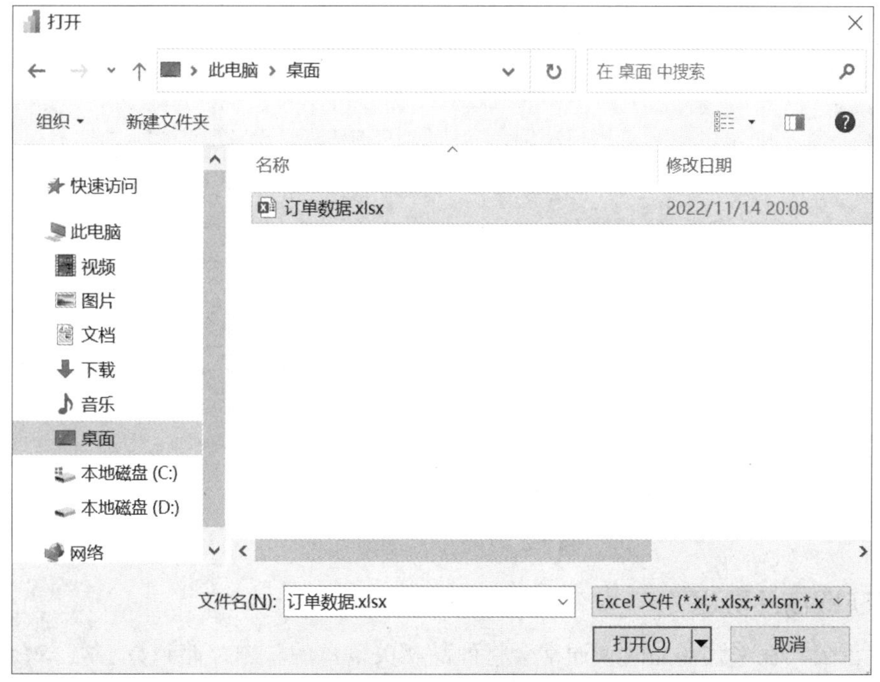

图 2-2　找到并选中“订单数据.xlsx”文件

（3）在弹出的“导航器”对话框中，勾选“显示选项”选项组下的所有选项，如图 2-3 所示，单击“加载”按钮。

订单编号	订单日期	年份	订单数量/...	商品编号	客户ID
43617024316	2023/6/1	2023	1	A-528	13243BA
43617024317	2023/6/1	2023	1	A-528	14001BA
43617024318	2023/6/1	2023	1	A-528	25707BA
43617024319	2023/6/1	2023	1	A-528	13815BA
43617024320	2023/6/1	2023	1	A-480	15246BA
43617024321	2023/6/1	2023	1	null	13815BA
43617024322	2023/6/1	2023	1	A-480	30145BA
43617024323	2023/6/1	2023	1	A-537	13815BA
43617024324	2023/6/1	2023	1	A-537	13243BA
43617024325	2023/6/1	2023	1	A-537	14001BA
43617024326	2023/6/1	2023	1	A-530	30145BA
43617024327	2023/6/1	2023	1	A-535	27375BA

图 2-3　“导航器”对话框

（4）此时回到报表视图，在“字段”窗格中会出现各个月份的订单数据，如图 2-4 所示，最后将该文件另存为“体育商品销售数据分析.pbix”文件。

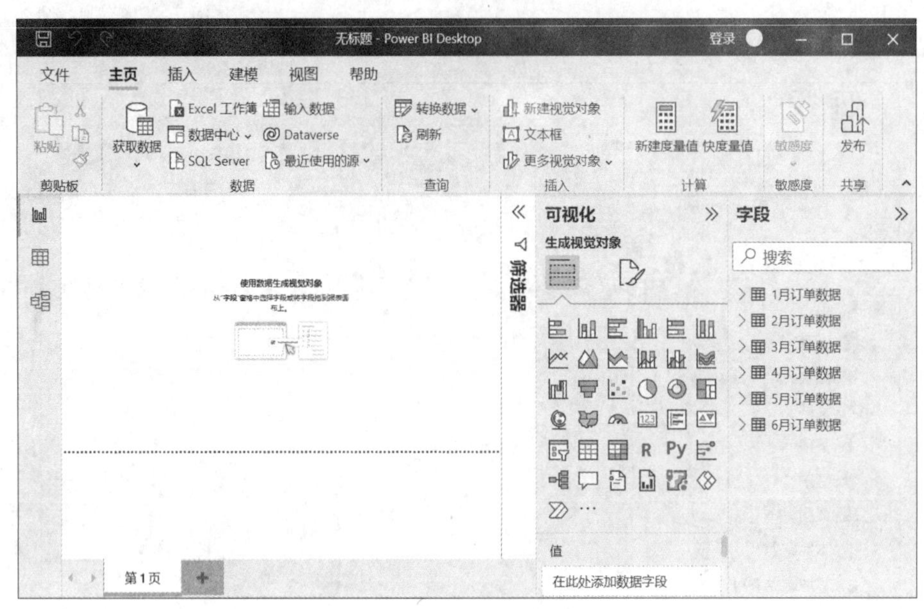

图 2-4　获取订单数据效果

2.2.2　获取商品数据

微课 2-2　获取商品数据

该零售公司在采购商品时，通常会将商品相关信息的数据存储到数据库，即 MySQL 数据库中，以便公司相关人员检查与核对。其中，商品相关信息的字段主要包括产品类别、产品 ID、产品型号和产品名称等，对应数据说明如表 2-2 所示。由于数据库中的表名称、数据字段都是以英文形式展示的，所以商品数据在数据库中的表名称为“goods”，数据对应的中英文字段说明见表 2-2。

表 2-2　体育商品的商品数据说明

字段名	说明	示例
产品类别	商品的所属类别，在数据库中以“Class”形式展示	服装
产品 ID	商品的 ID，在数据库中以“ID”形式展示	463
产品型号	商品的所属型号，在数据库中以“Type”形式展示	Bat Gloves
产品名称	商品的商品名称，在数据库中以“Name”形式展示	格斗手套

获取 MySQL 数据库中体育商品的商品数据，实现步骤如下。

（1）打开“体育商品销售数据分析.pbix”文件，在“主页”选项卡中，依次单击“获取数据”→“更多…”按钮。在弹出的“获取数据”对话框中选择“MySQL 数据库”选项，如图 2-5 所示，单击“连接”按钮，弹出“MySQL 数据库”对话框。

（2）如果单击“连接”按钮后，出现图 2-6 所示的提示，说明 MySQL 没有安装连接 Power BI 的连接组件，那么需要单击对话框中的“了解详细信息”超链接，跳转到 MySQL 数据库的官方下载网站，找到 Connector/NET 组件，下载并安装该组件（注：此处不介绍其安装步骤）。Connector/NET 组件安装完成后，重启 Power BI，重新完成步骤（1）的操作，弹出“MySQL 数据库”对话框。

图 2-5　获取 MySQL 数据库数据

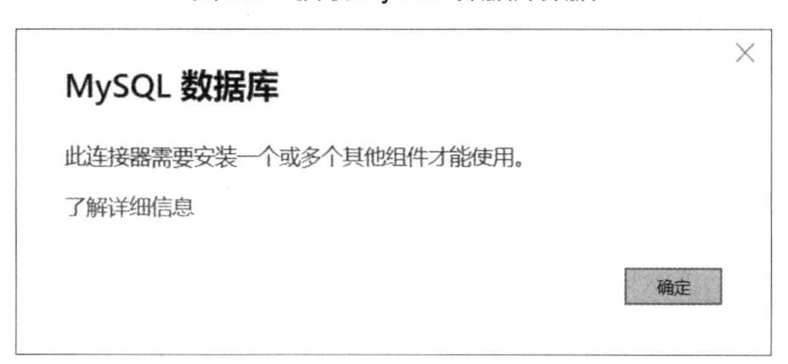

图 2-6　MySQL 数据库组件安装提示

（3）在“MySQL 数据库”对话框中，设置“服务器”为 localhost，“数据库”为 test，如图 2-7 所示，单击“确定”按钮。注意：“服务器”和“数据库”的设置不是唯一的，用户可根据自身数据库信息、商品数据所在位置自行设置。

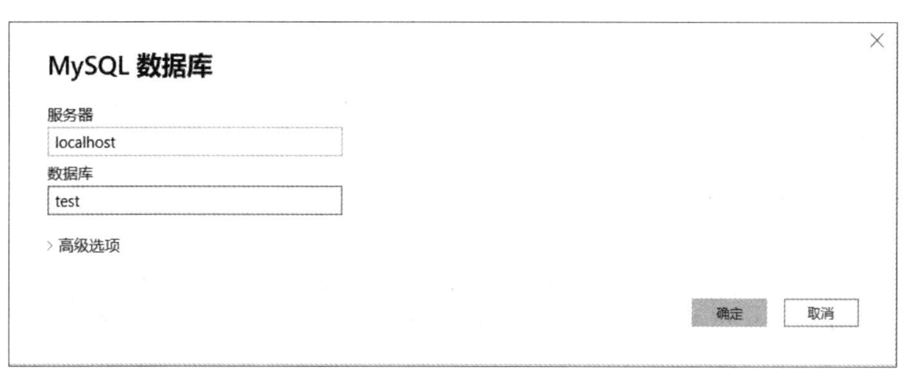

图 2-7　MySQL 数据库连接信息

（4）在新弹出的“MySql 数据库”对话框中，选择左侧的“数据库”选项，输入 MySQL 的用户名和密码（由于数据库对密码有保护作用，所以在输入密码时密码会显示为圆点），如图 2-8 所示，单击“连接”按钮。

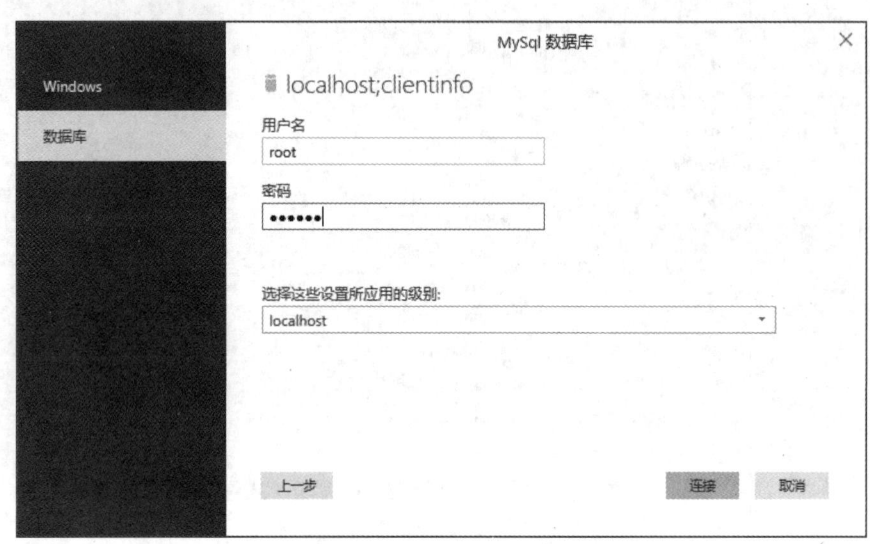

图 2-8　输入 MySQL 数据库的用户名与密码

（5）在弹出的“导航器”对话框中，勾选“显示选项”的“test.goods”，如图 2-9 所示，单击“加载”按钮。

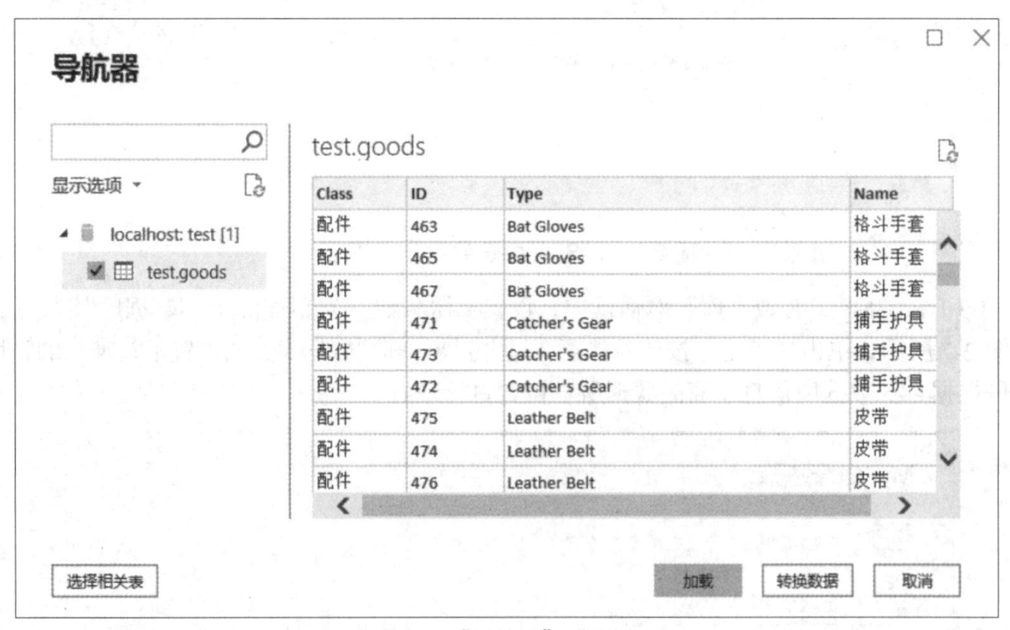

图 2-9　“导航器”对话框

（6）此时回到报表视图，在“字段”窗格中出现“test goods”，如图 2-10 所示。最后将“test goods”重命名为“商品数据”，数据中的英文字段名对应修改为表 2-2 的中文字段名。

图 2-10 获取商品数据效果

知识小拓展

Power BI 除了可获取前面介绍的 Excel 数据（文件数据源类型）、MySQL 数据库数据（数据库数据源类型），还可以获取其他数据源类型数据，如表 2-3 所示。

表 2-3 Power BI 可获取的其他数据源类型数据

数据源类型	数据
文件数据源	文本数据
	CSV 数据
	JSON 数据
	可扩展标记语言（eXtensible Markup Language，XML）数据
	PDF 文档中的数据
数据库数据源	SQL Server 数据库数据
	Oracle 数据库数据
	PostgreSQL 数据库数据
	Access 数据库数据
	Db2 数据库数据
	Sybase 数据库数据
	SAP HANA 数据库数据
	Teradata 数据库数据
其他数据源	Power BI 数据集数据
	Web 数据

【项目总结】

本项目主要介绍了直接数据和间接数据的相关知识，并通过 Power BI 获取某零售公司某类体育商品的订单数据（Excel 格式）、商品数据（MySQL 数据库数据），详细介绍了 Power BI 获取数据的基本步骤。

通过对本项目的学习，读者可以学习到直接数据和间接数据的获取途径、Power BI 获取各类型数据的基本步骤；同时，在学习过程中，读者应树立正确的消费观、价值观等，提高信息的保密意识，并在不断地学习中提高自身的综合能力。

【项目实训】

实训　获取商品订单物流数据

1. 训练要点

掌握获取 Excel 数据的方法。

2. 需求说明

某商家记录了 2021 年 6 月某 3 天牛奶商品的订单物流数据，主要包括商品的订单编号、订单数量/个、运费/元、签收方式等相关信息，数据存放在“商品订单物流数据.xlsx”文件中，其数据字段说明如表 2-4 所示。为了解牛奶商品的订单物流情况，需要将数据导入 Power BI 中，以便相关人员对订单物流数据进行分析，并更好地对商品进行物流监督。

表 2-4　商品订单物流数据字段说明

字段	说明
订单编号	买家下单的订单编号，查询物流信息的重要依据
订单金额/元	买家所订购的商品的价格
订单数量/个	买家所订购的商品的数量
运费/元	买家所支付的运费
发货日期	卖家发货的日期
签收日期	买家收到商品的日期
签收方式	买家收到商品的方式
买家评价	买家对商品、物流服务等的评价

3. 实现思路及步骤

使用 2.2.1 小节的方法将该 Excel 数据导入 Power BI。

【思考题】

【导读】随着全球气温升高，在大多数人减少外出，在空调房内纳凉避暑之时，却有一群可敬的人顶着烈日、冒着酷暑、挥洒着汗水在高温下坚守着岗位，在热浪中采集数据，他们是高温下的测绘工作人员。2022 年 7 月 13 日，在气温频频冲破 40℃的情况下，某大数据科技有限公司的测绘工作人员依然在烈日下通过全站仪和棱镜的配合进行测绘工作。全站仪主要用于室外作业，常用于测量房屋外轮廓和室外道路、管道井、路灯等设施；棱镜是全站仪的搭档，主要用于测距。

“为了尽可能避开高温时段，我们每天早晨 5 点出门，出门前都要喝一瓶防暑药，作为一名测绘工作人员，室外作业乃是家常便饭。”这是一名测绘工作人员所说的。尽管他们已经汗流浃背，甚至仪器都有些烫手，但他们仍然平稳地测准每一个点、每一条直线、每一组数据，始终坚守在自身岗位上。

【思考】爱岗敬业、忠于职守等良好的职业精神值得人们学习，我们在学习或生活中，哪些行为体现了爱岗敬业、忠于职守的职业精神呢？

【课后习题】

1. 选择题

（1）下列选项中，关于直接数据说法错误的是（　　）。

A. 直接数据又称第一手数据

B. 直接数据通常通过调查法和实验法获取

C. 直接数据主要通过书籍和报纸等获取

D. 准确性高、时效性强属于直接数据的优势

（2）下列选项中，不属于调查问卷获取数据主要途径的是（　　）。

A. 市场调查　B. 现场调查　C. 电话调查　D. 网上调查

（3）下列选项中，Power BI 不能获取的数据是（　　）。

A. Excel 数据　B. CSV 数据　C. 数据库数据　D. 视频数据

（4）【多选题】Power BI 提供多种数据库类型的连接方式，包括（　　）。

A. SQL Server　B. MySQL　C. Oracle　D. Sybase

（5）下列关于间接数据说法错误的是（　　）。

A. 间接数据又称第二手数据

B. 来源于书籍、报纸、统计年鉴的数据属于间接数据

C. 间接数据主要是由他人调查或实验得出的数据

D. 间接数据的准确度更高

2. 操作题

（1）信息时代的来临使得公司的营销焦点从以产品为中心转变成以客户为中心。以客户为中心是指对不同的客户通过特性分析制定优化的个性化服务方案，采取不同的营销策略，以提高公司收益。某公司为了分解本公司客户信息数据，需要将“客户信息表.xlsx”文件中的数据导入 Power BI 中，其客户信息数据如表 2-5 所示。

表 2-5　客户信息数据

姓名	出生年份	拼音名
陈一一	1988	Chen Yiyi
黄二二	1989	Huang Erer

续表

姓名	出生年份	拼音名
张三	1994	Zhang San
李四	1993	Li Si
王五	1998	Wang Wu

（2）所谓“民以食为天”，食品是人们日常生活中不可或缺的重要组成部分。随着我国人口基数增大，食品结构不断变化，人们的食品消费量也在不断增加。在这种情况下，人们应该杜绝食物浪费，树立节约资源的意识，养成勤俭节约的习惯。某公司为了分析 2017—2022 年农村居民的食品消费量，需要将存储在 MySQL 数据库中的 2017—2022 年农村居民人均主要食品消费量数据导入 Power BI 中，其部分数据如表 2-6 所示。该数据的食品消费量单位为：kg。

表 2-6　2017—2022 年农村居民人均主要食品消费量部分数据

单位：kg

食品种类	2022 年	2021 年	2020 年	2019 年	2018 年	2017 年
粮食	164.6	170.8	168.4	154.8	148.5	154.6
食用油	10.8	11.7	11.0	9.8	9.9	10.1
蔬菜及食用菌	104.6	107.0	95.8	89.5	87.5	90.2
肉类	33.7	30.9	21.4	24.7	27.5	23.6
禽类	11.4	12.4	12.4	10.0	8.0	7.9
水产品	10.7	10.9	10.3	9.6	7.8	7.4
蛋类	13.1	13.0	11.8	9.6	8.4	8.9
奶类	8.4	9.3	7.4	7.3	6.9	6.9
干鲜瓜果类	46.7	52.4	43.8	43.3	39.9	38.4

项目3 预处理体育商品销售数据

项目背景

为加强青少年体育工作，促进学生全面发展，全国各高校积极举办各项校园体育比赛活动。校园体育比赛活动不仅丰富了学生的校园生活，而且促进了师生间、同学间的交流，充分体现了“以体育人、以体育德”的教育新格局。在体育强国建设全面推进的局面下，某零售公司为提高竞争力、增加收益，实现数据分析的精确化、视觉化，需要对原始数据进行预处理操作。本项目将重点介绍如何对该公司某类体育商品销售数据进行预处理，包括对订单数据的集成、清洗、转换和归约等，以保证后续体育商品销售数据分析结果的准确性和可靠性。

项目要点

（1）使用 Power Query 组件对各月份订单数据进行数据集成。

（2）使用 Power Query 组件对订单数据进行数据清洗。

（3）使用 Power Query 组件对订单数据进行数据转换。

（4）使用 Power Query 组件对订单数据进行数据归约。

教学目标

1. 知识目标

（1）了解数据集成的基本内容。

（2）了解 Power Query 组件的基础知识。

（3）掌握数据集成的方法。

（4）了解数据清洗的基本内容，并掌握数据清洗的方法。

（5）了解数据转换的基本内容，并掌握数据转换的方法。

（6）了解数据归约的基本内容，并掌握数据归约的方法。

2. 素养目标

（1）通过采用不同的技巧和方法对数据进行清洗，从中找出数据的本质信息，培养学习思维和提高解决问题的能力。

（2）通过对体育商品销售数据预处理的实战操作，加强自我实践能力，提高处理数据的效率和准确性。

（3）通过学习和掌握数据预处理的技能，提高对数据的“敏感”程度，以及对数据的理解和利用能力。

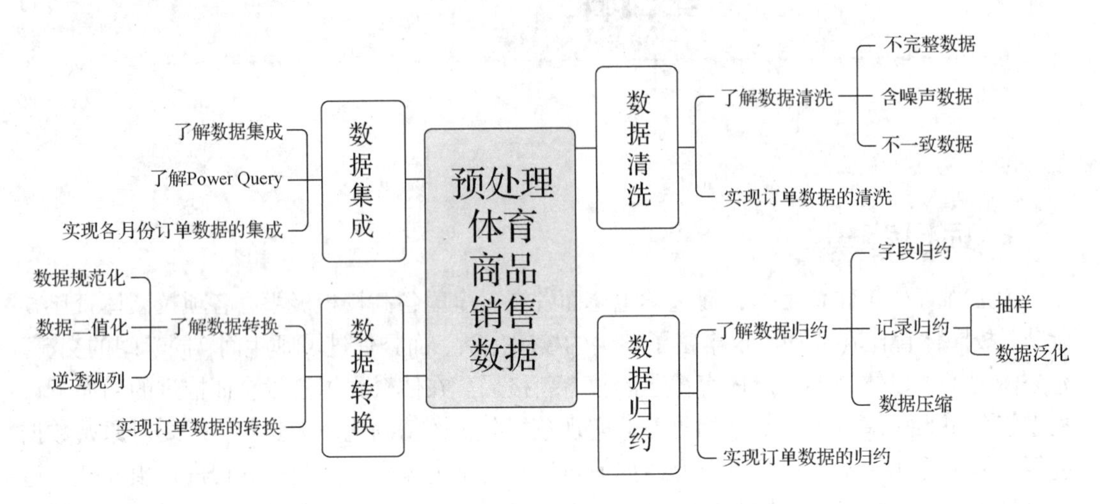

项目实施

任务 3.1 数据集成

数据集成是指将多个数据源中的数据结合起来存放在一个统一的数据存储（如数据仓库）中。这些数据源可能包括多个数据库、数据立方体或一般文件。了解数据集成的概念，学习如何在 Power BI 中进行数据集成的操作，是实现数据预处理的重要一环。

3.1.1 了解数据集成

数据集成通过应用间的数据交换实现集成，主要解决数据的分布性和异构性问题。数据集成可以分为纵向合并、横向合并、主键合并（在 Power BI 中可通过追加查询实现纵向合并，通过合并查询实现横向合并和主键合并）等。其中，纵向合并是指将两个数据表在纵轴方向上进行拼接，其示例如图 3-1 所示。

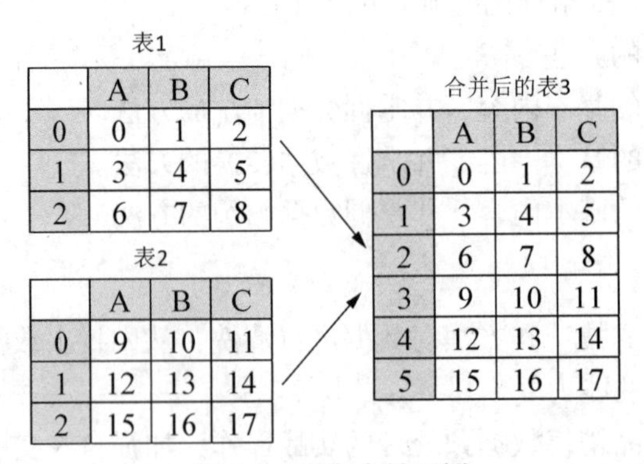
表1

	A	B	C
0	0	1	2
1	3	4	5
2	6	7	8

表2

	A	B	C
0	9	10	11
1	12	13	14
2	15	16	17

合并后的表3

	A	B	C
0	0	1	2
1	3	4	5
2	6	7	8
3	9	10	11
4	12	13	14
5	15	16	17

图 3-1 纵向合并示例

横向合并即将两个数据表在横轴方向上进行拼接，其示例如图 3-2 所示。

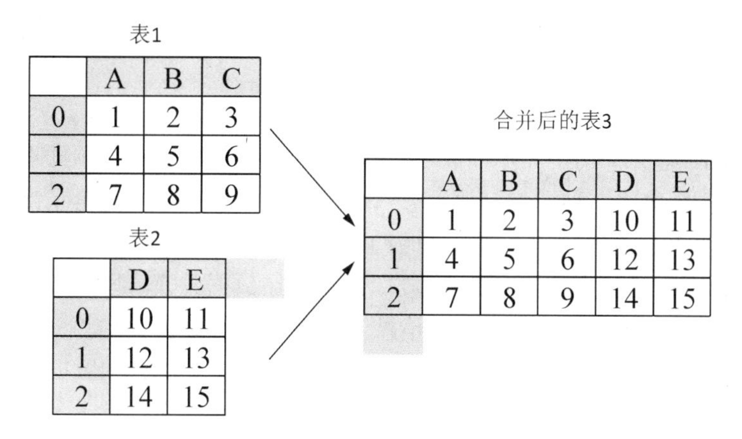

图 3-2 横向合并示例

主键合并即通过一个或多个键将两个数据表的行拼接起来。针对两个包含不同特征的数据表，主键合并将根据某几个键将数据表一一对应拼接起来，合并后的数据列数为两个原数据表的列数之和减去主键的数量，其示例如图 3-3 所示。

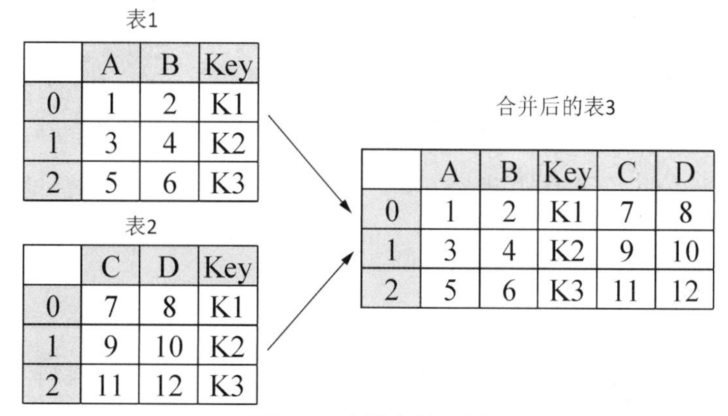

图 3-3 主键合并示例

在数据集成时，有许多问题需要考虑，常见的问题如下。

（1）实体识别问题。例如，某个数据表有“姓名”字段，另一个数据表有“名字”字段，它们指的是否为同一个实体？通常情况下，数据库或数据仓库会存在与实体识别问题相关字段含义的描述，以避免数据集成时发生错误，这些相关的描述称为元数据（Meta Data）。元数据是数据及信息资源的描述性信息。

（2）数据冗余问题。如果一个字段可以由其他一个或多个字段得到，那么这个字段就是冗余字段。例如，“销售额”字段可以由每条记录的销售商品单价乘数量，再求和而得到。两个数据源分别收集了同一条数据，在数据集成后，需要检测与处理重复的数据，这种检测与处理的操作称为“去重”操作。

（3）数据值冲突的检测与处理问题。对于现实世界的同一实体，不同数据源的字段可能不同。例如，调查人员的拼音名可能是姓在前，也可能是名在前；有些拼音名可能是首字母大写，也可能是全部大写或全部小写。又如，重量可能以千克为单位，也可能以斤为单位，甚至以磅为单位。另外，各国的货币价值也不一致。检测与处理这种数据值冲突，是数据集成的重要工作。

3.1.2 了解 Power Query

Power Query 是一种用于数据抽取、数据转换和数据加载的数据预处理工具。数据抽取、数据转换和数据加载这 3 种操作在数据分析中可以简称为 ETL。通常情况下，在整个数据分析项目中，ETL 会占据约三分之一的时间。在数据抽取阶段，数据分析人员经常会处理不同数据源的数据，此时需要完成集成数据任务。在数据转换阶段，数据分析人员需要对抽取出来的数据进行预处理，完成数据清洗、数据转换和数据归约等任务，同时将数据转换成方便后期分析的格式。最后，这些预处理好的数据会被加载到数据仓库中。ETL 的最终目的是实现数据分析，因此，各任务并没有固定的先后顺序。

Power Query 适用于 Excel 2010 及以上版本，在 Excel 2010 和 Excel 2013 中需要下载插件，并在安装加载后才能使用 Power Query。在 Excel 2016 中，Power Query 被内置在“数据”选项卡的“新建查询”按钮中（Power Query 在 Excel 2016 中被称为“获取和转换”）。在 Excel 2019 中，Power Query 被内置在“数据”选项卡的“获取数据”按钮中，如图 3-4 所示。

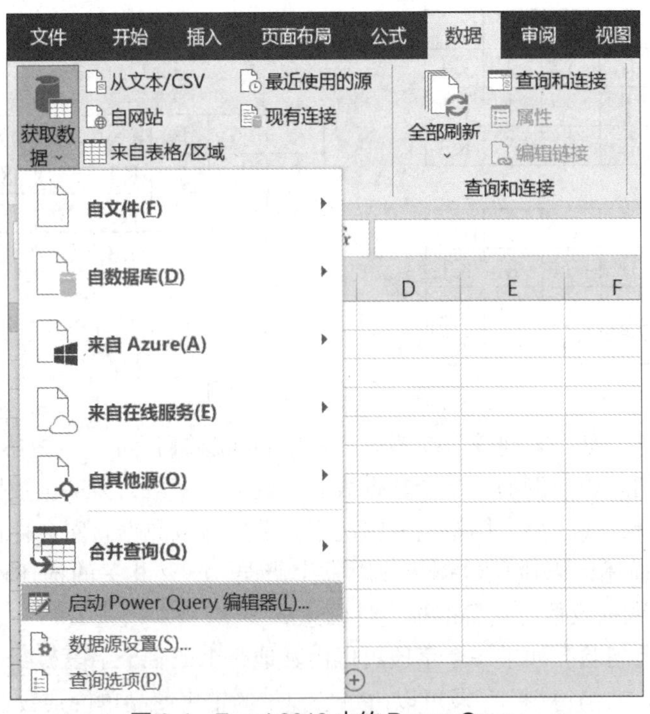

图 3-4　Excel 2019 中的 Power Query

在 Power BI 中，可以通过在“主页”选项卡的“查询”组中单击“转换数据”按钮，打开 Power Query 编辑器，实现 Power Query 的所有功能，Power Query 编辑器界面如图 3-5 所示。

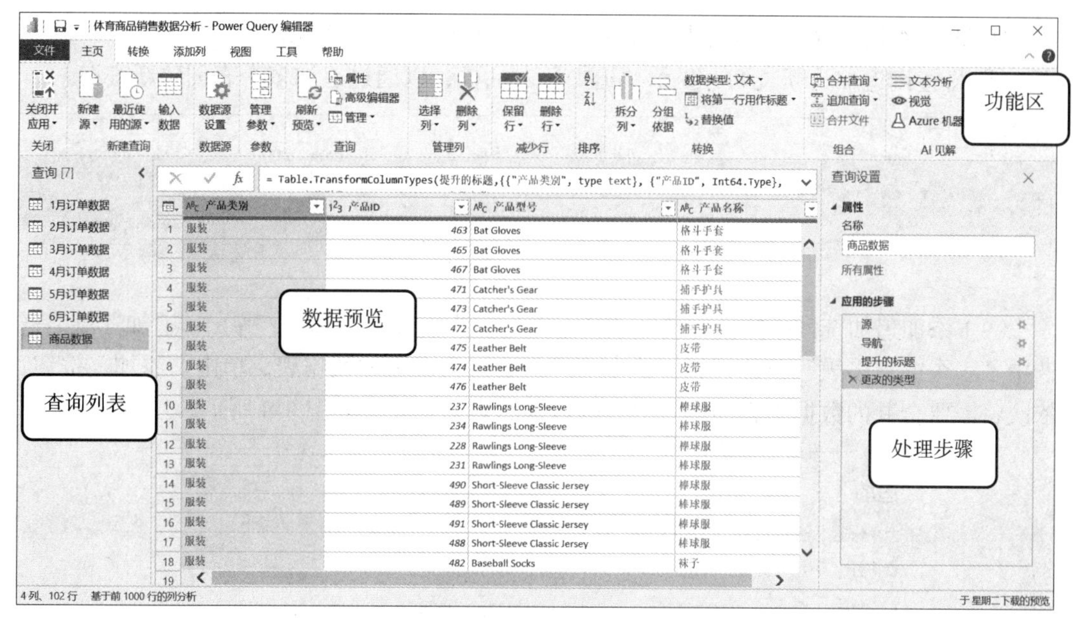

图 3-5　Power BI 中的 Power Query 编辑器界面

通过 Power Query 编辑器进行数据处理时，数据量不再受限于数据的行数，而是由内存决定。使用者在使用 Power Query 时，既可以快速关联并整合多种来自不同数据源的数据，又可以像数据库管理操作一样对表结构及其中的数据进行加工整理。

3.1.3　实现各月份订单数据的集成

追加查询通过将一个或多个表的内容添加到另一个表来创建单个表，并聚合表中的列标题，即纵向合并，以便为新表创建架构。某零售公司为了提高对数据表的分析效率，加强对数据的统一管理，需要将不同来源、不同格式和不同结构的数据集成到一起，以便相关人员进行综合分析和洞察。本项目的订单数据有 6 份，分别是 1～6 月的订单数据，需要利用 Power Query 编辑器将其集成到一个表中，实现步骤如下。

微课 3-1　合并订单数据

（1）打开项目 2 中获取数据后的“体育商品销售数据分析.pbix”文件，单击“主页”选项卡中“查询”组的“转换数据”按钮，如图 3-6 所示，打开 Power Query 编辑器。

文件　主页　插入　建模　视图　帮助
粘贴　剪切　复制　格式刷　获取数据　Excel 工作簿　数据中心　SQL Server　输入数据　Dataverse　最近使用的源　转换数据　刷新
剪贴板　数据　查询

图 3-6　单击“转换数据”按钮打开 Power Query 编辑器

（2）追加查询。在 Power Query 编辑器界面中，选择需要集成的第一个数据表“1 月订单数据”，单击“主页”选项卡中“组合”组的“追加查询”旁边的下拉按钮，可以看到有“追加查询”和“将查询追加为新查询”两种模式，如图 3-7 所示。对这两种模式的基本解释如下。

① 追加查询：显示“追加”对话框，以向当前查询添加其他表。

② 将查询追加为新查询：显示“追加”对话框，以通过追加多个表创建新查询。

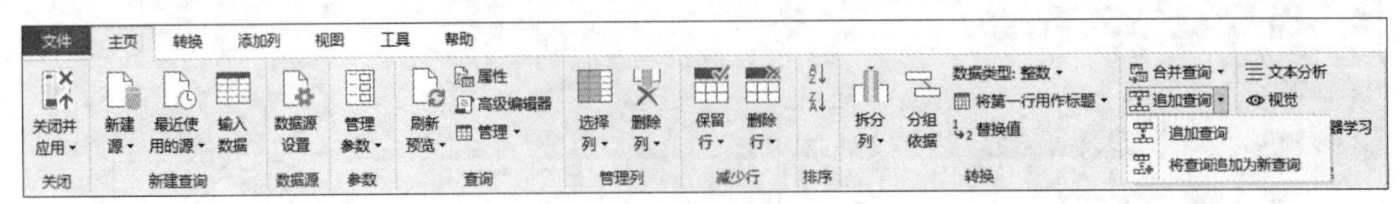

图 3-7　追加查询模式

（3）添加追加查询的数据。选择“将查询追加为新查询”选项，弹出“追加”对话框，选中“三个或更多表”单选按钮，选中“可用表”列表里的数据表，单击“添加”按钮，依次将需要合并的数据表添加到右边“要追加的表”列表，如图 3-8 所示。

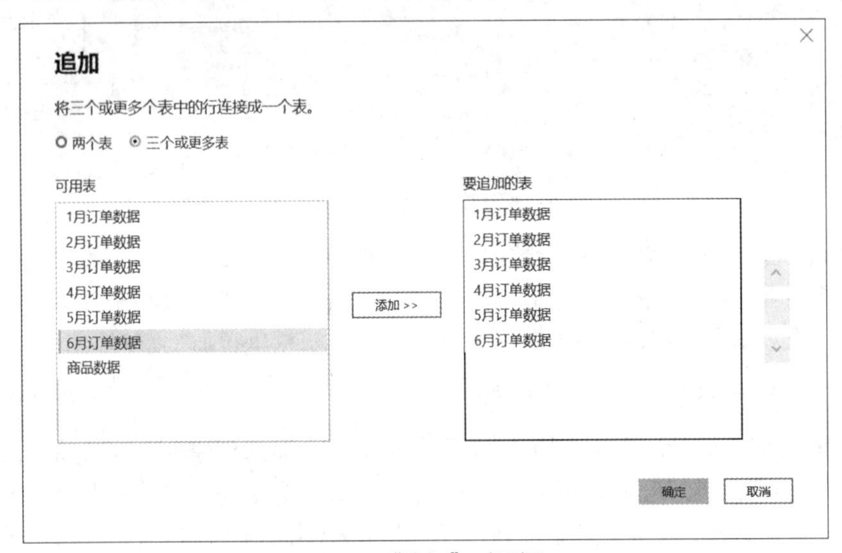

图 3-8　“追加”对话框

（4）单击“确定”按钮后，双击“查询”列表的“追加 1”数据表，即可重命名追加后的新数据表，如图 3-9 所示。

图 3-9　重命名追加后的新数据表

（5）将表重命名为“1~6 月订单数据”，重命名完成后，追加后的新数据表就出现在“查询”列表中，如图 3-10 所示。

图 3-10 追加后的新数据表

实践没有止境，理论创新也没有止境。除了使用追加查询方法实现数据集成，还存在另一种方法，即对数据源进行转换，以实现数据集成，实现步骤如下。

（1）打开 Power BI，单击“主页”选项卡中“数据”组的“Excel 工作簿”按钮，如图 3-11 所示。

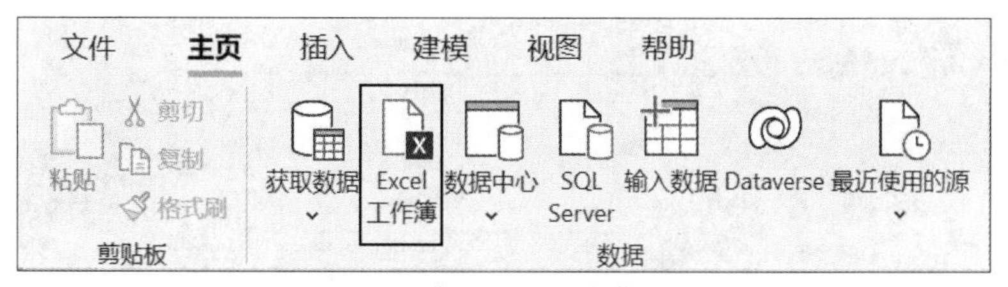

图 3-11 “Excel 工作簿”按钮

（2）转换数据。进入“导航器”对话框，勾选“显示选项”选项组下的所有订单数据，单击对话框右下角的“转换数据”按钮，如图 3-12 所示；或者将鼠标指针移到需要导入的数据上并右击，在弹出的菜单栏中选择“转换数据”选项，如图 3-13 所示。

订单编号	订单日期	年份	订单数量/...	商品编号	客户ID
43617024316	2023/6/1	2023	1	A-528	13243BA
43617024317	2023/6/1	2023	1	A-528	14001BA
43617024318	2023/6/1	2023	1	A-528	25707BA
43617024319	2023/6/1	2023	1	A-528	13815BA
43617024320	2023/6/1	2023	1	A-480	15246BA
43617024321	2023/6/1	2023	1	null	13815BA
43617024322	2023/6/1	2023	1	A-480	30145BA
43617024323	2023/6/1	2023	1	A-537	13815BA
43617024324	2023/6/1	2023	1	A-537	13243BA
43617024325	2023/6/1	2023	1	A-537	14001BA
43617024326	2023/6/1	2023	1	A-530	30145BA
43617024327	2023/6/1	2023	1	A-535	27375BA

图 3-12 “导航器”对话框

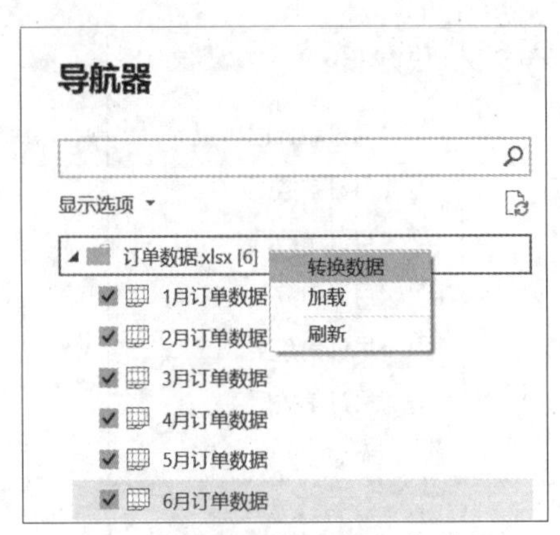

图 3-13　选择“转换数据”选项

（3）打开 Power Query 编辑器，如图 3-14 所示。

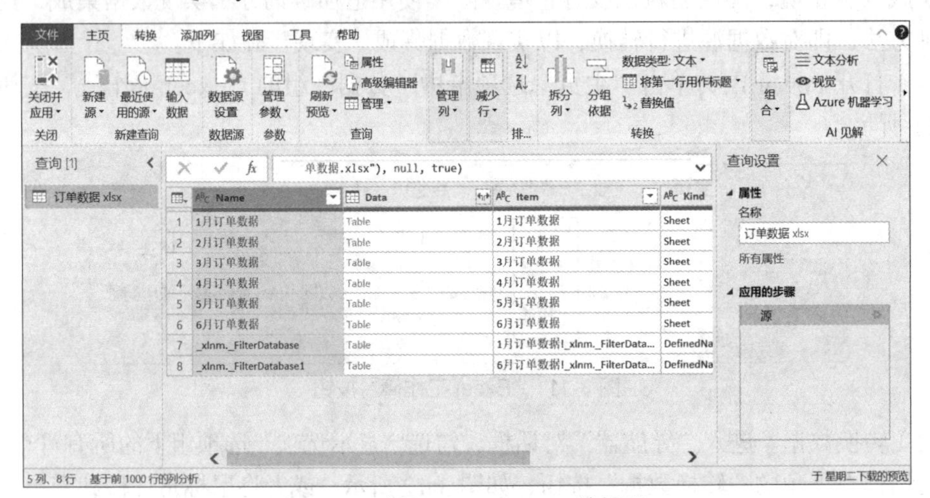

图 3-14　打开 Power Query 编辑器

（4）删除其他列。右击“Data”列，在弹出的菜单栏中，选择“删除其他列”选项，如图 3-15 所示，即可删除数据表中多余的列，得到所需要的数据列。

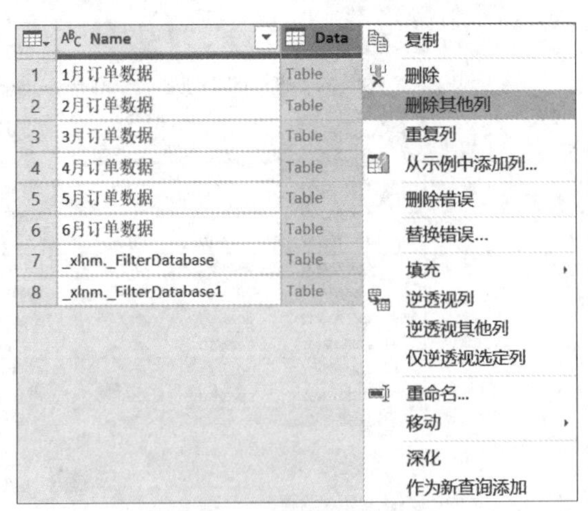

图 3-15　删除其他列

（5）合并表格。单击“Data”列旁边的按钮，在下拉列表中，取消勾选“使用原始列名作为前缀”复选框，如图 3-16 所示，单击“确定”按钮，至此 1～6 月的订单数据已合并完成。

图 3-16 取消勾选“使用原始列名作为前缀”复选框

在确保要合并的数据表中具有相同的列名和数据类型时，可以选择追加查询方法合并数据表。追加查询方法的优点有很多，如数据处理效率高、节省资源、支持大规模数据集、支持增量数据更新等。

任务 3.2 数据清洗

数据清洗是数据预处理过程中的一个重要步骤，其主要目的是处理数据集中存在的错误、缺失、重复、无效数据等问题，从而提高数据准确性、可用性和完整性，以便进行更准确、可靠和有效的数据分析和决策。

3.2.1 了解数据清洗

在数据清洗过程中所遇到的脏数据一般包括 3 类：不完整数据、含噪声数据和不一致数据。这 3 类数据在数据库或数据仓库中广泛存在。

1. 不完整数据

不完整数据是指待分析的字段缺少数值，或仅包含聚集数据而没有具体数据。例如，在公司的企业员工统计表中，每一位员工应对应有 5 个属性，分别为姓名、性别、年龄、学历和籍贯，而某些记录只有 4 个属性或某个属性值为空。又例如，在学生成绩表中，因学生缺考而导致其成绩字段为空，或因学生免考而在该学生对应成绩字段填写“免考”。对于不完整数据主要有以下处理方法。

（1）忽略不完整数据所在的记录。当不完整数据所占的比例较小时，可以考虑使用该方法。但当不完整数据所占的比例较大时，不建议使用该方法。

（2）人工填写空值。该方法很费时，并且当数据集很大、缺少很多值时，该方法可能行不通。

（3）使用一个全局常量填充空值，即将空值用同一个常数来替换。例如，当空值为数值类型时，可使用“0”来替换；当空值为文本类型时，可使用“数据不详”来替换。但通过该方法处理不完整数据，可能会导致空值占据很大的比例，从而影响数据分析结果。因此，尽管该方法操作较为简单，但并不推荐用户使用。

（4）使用对应字段的平均值填充空值。例如，假设某商场会员的平均消费金额为 20000 元，则使用该数值填充“消费金额”字段的空值。

（5）使用与给定字段同一类的所有样本的平均值填充空值。例如，某商场“白金”级别会员的年度平均消费额为 30000 元，则使用该数值填充“白金”级别会员“总消费额”字段的空值。

（6）使用最可能的值填充空值。可以使用回归算法、贝叶斯算法或判定树算法等来确定最可能的值。

2. 含噪声数据

含噪声数据指数据中存在错误或异常（偏离期望值）的数据。例如，某公司客户的年收入是 20 万元，但在输入时意外地输入为 200 万元，与其他人的数据相比，其为异常数据。又例如，学生的考试分数本应该是 0～100 分，但出现了 110 分的情况，这种情况明显是不可能的，该数据远远偏离正常数据。在处理含噪声数据时，需要平滑数据，常用的数据平滑技术如下。

（1）分箱（Binning）。假设有一组路程数据 7、9、14、16、17、21。如果数据组没有排序，那么需要先排序，并将数据平均分到等高的箱中，箱 1 的数据为 7、9、14，箱 2 的数据为 16、17、21。此时就需要选择相应的平滑技术进行分箱。如果用箱平均值技术分箱，箱中的每一个值都用此箱中的平均值替换，那么替换后的箱 1 数据为 10、10、10，箱 2 数据为 18、18、18。如果用箱边界技术分箱，那么箱中的最小值和最大值被视为箱边界值，中间的每一个值被最近的箱边界值替换。例如，箱 2 中的最小值与最大值分别为 16 和 21，其中间值为 17，可以选最小值 16 来替换。此时，箱 1 的数据为 7、7、14，箱 2 的数据为 16、16、21。

（2）聚类（Clustering）：检测并且去除孤立点。如图 3-17 所示，同一个圆圈内的值称为一个类，落在聚类之外的值称为“孤立点”。

（3）计算机检测和人工检查结合：计算机检测可疑数据，并对数据进行人工检查。

（4）回归（Regression）方程：通过让数据适应一个函数来平滑数据。该技术适用于连续的数字型数据。如图 3-18 所示，数据分布在一个线性函数的附近，可以通过最小二乘法来确定该线性函数的方程式。

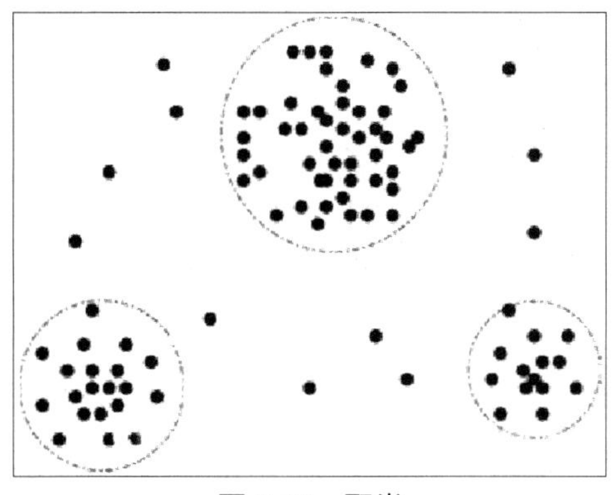

图 3-17　聚类

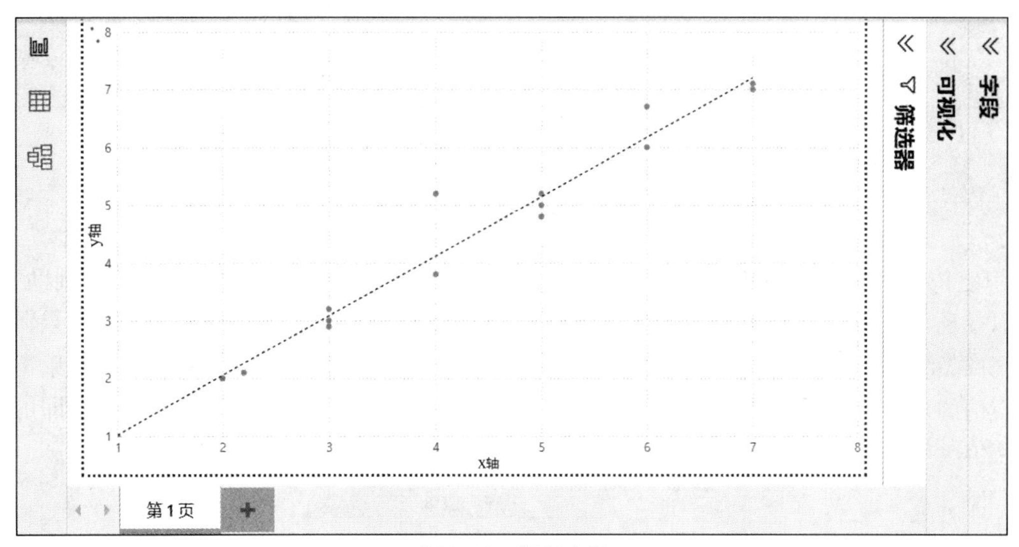

图 3-18　回归方程

3. 不一致数据

不一致数据指同一事物在不同表中的表述不一致，一般是由人为的命名或数据代码不一致造成的。例如，在某学校的学生个人信息表中，性别属性存在“男”“女”“M”“W”这 4 种值，其中“M”代表男性，“W”代表女性。

3.2.2 实现订单数据的清洗

微课 3-2　清洗订单数据

通常情况下，原始数据可能会存在缺失、重复、无效等异常数据，分析没有经过清洗的数据可能会导致结果不准确。通过清洗数据中的缺失、重复、无效等异常数据，可以保证数据的完整性，确保分析结果的准确性和可靠性。经观察发现订单数据中存在部分缺失、重复等异常数据，需要对其进行清洗，实现步骤如下。

（1）查看列质量。订单数据表数据量庞大，在处理数据量庞大的数据时，可以借助 Power Query 编辑器中“视图”选项卡下“数据预览”组的“列质量”工具来进行列筛查，如图 3-19 所示。该工具可以直观地反映出数据表中每一列的有效值占比、错误值占比和空值占比，如图 3-20 所示。

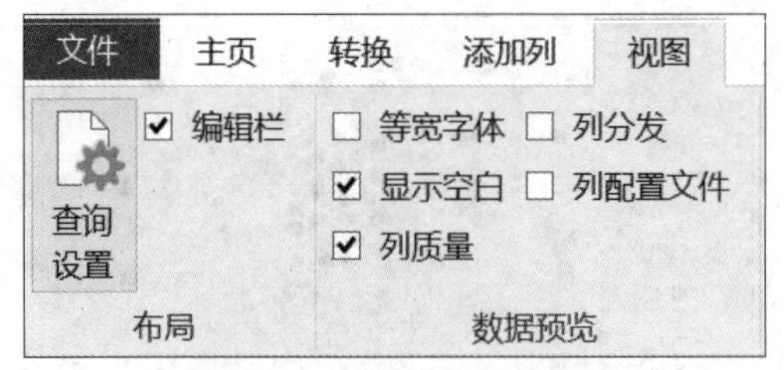

图 3-19 “列质量”工具

	订单编号	订单日期	年份	订单数量/个	商品编号	客户ID
	• 有效 100% • 错误 0% • 空 0%	• 有效 100% • 错误 0% • 空 0%	• 有效 100% • 错误 0% • 空 0%	• 有效 100% • 错误 0% • 空 0%	• 有效 99% • 错误 0% • 空 < 1%	• 有效 99% • 错误 0% • 空 < 1%
1	43466000001	2023/1/1	2023	1	A-528	14432BA
2	43466000002	2023/1/1	2023	1	A-480	13327BA
3	43466000003	2023/1/1	2023	1	A-480	29498BA
4	43466000004	2023/1/1	2023	1	A-537	14432BA
5	43466000005	2023/1/1	2023	1	A-538	29498BA
6	43466000006	2023/1/1	2023	1	C-231	13813BA
7	43466000007	2023/1/1	2023	1	C-471	15185BA
8	43466000008	2023/1/1	2023	1	A-484	19417BA
9	43466000009	2023/1/1	2023	1	B-363	16507BA
10	43466000010	2023/1/1	2023	1	A-485	15185BA

图 3-20 查看订单数据列质量

（2）处理空值。一般处理空值包括替换和删除两种方法。在“列质量”工具的辅助下，可以发现“商品编号”和“客户 ID”列存在空值，为了避免空值影响后续的分析结果，同时“商品编号”和“客户 ID”列的空值占比较小，可以直接使用删除法将其删除。单击存在空值的列（即“商品编号”和“客户 ID”列）的▾按钮，再单击“删除空”选项即可删除空值，如图 3-21 所示。

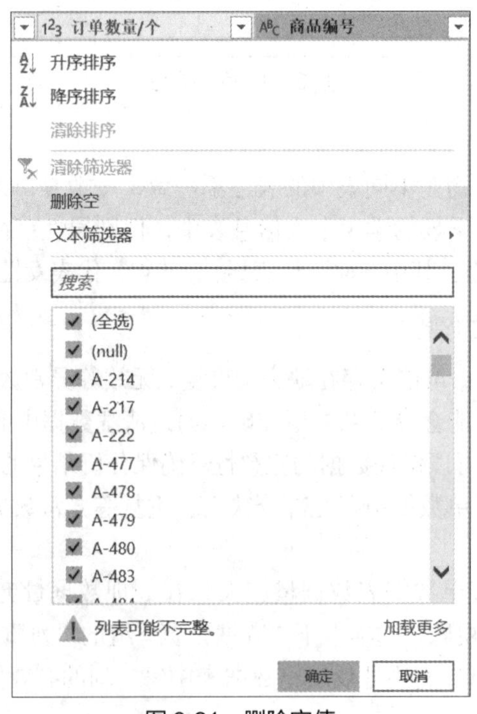

图 3-21 删除空值

观察体育商品销售数据，可以发现除了“商品编号”和“客户 ID”列存在空值，“利润/元”列和“单价/元”列也存在空值，且空值占比较小，如图 3-22 所示。可直接对其进行删除，删除操作与删除“商品编号”和“客户 ID”列空值的操作相似。

	1²3 产品成本/元	1²3 利润/元	1²3 单价/元	1²3 销售金额/元
	● 有效 100% ● 错误 0% ● 空 0%	● 有效 99% ● 错误 0% ● 空 < 1%	● 有效 99% ● 错误 0% ● 空 < 1%	● 有效 100% ● 错误 0% ● 空 0%
1	500	1199	1699	1699
2	1999	1200	3199	3199
3	1999	1200	3199	3199
4	300	349	649	649
5	199	41	240	240
6	350	150	500	500
7	1100	300	1400	1400
8	99	10	109	109
9	27	28	55	55
10	150	49	199	199

图 3-22 查看其余列空值

（3）处理重复值。因为重复值在数据分析的过程中会对输出结果产生重要影响，所以处理重复值有着重要的意义和作用。在 Power BI 中，有两种处理重复值的方法，其基本介绍如下，读者需要根据具体的数据和分析需求来选择适当的方法。

① 方法 1：仅对选中列进行重复值删除。由于订单数据中每一个订单编号均是唯一值，所以选中“1~6 月订单数据”表里的“订单编号”列标题并右击，在弹出的菜单栏中单击“删除重复项”选项，即可完成重复值删除操作，如图 3-23 所示。注意：对“订单编号”列进行重复值删除时，该列重复值所对应的其他字段数据也被删除，即被删除的是该重复值的整行数据。

图 3-23 单击“删除重复项”选项

② 方法 2：对整个“1~6 月订单数据”表中各列进行重复值删除。在数据中任选一个单元格（注意不能选择某一列数据，否则只会针对选中的列进行去重），在“主页”选项卡的“减少行”组中，依次单击“删除行”→“删除重复项”，如图 3-24 所示，Power Query 编辑器将自动筛选出数据表中的重复值并删除相同的记录或行。

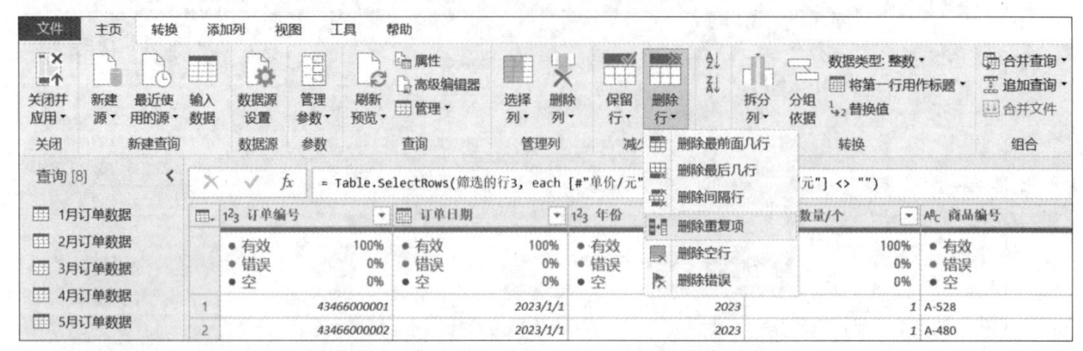

图 3-24　单击“删除行”→“删除重复项”

无论使用哪种重复值处理方法，读者都需要根据数据的实际情况来权衡优缺点，并确保最终得到准确、可靠的分析结果。

任务 3.3　数据转换

数据转换是将数据转换成适用于数据分析的形式的数据预处理过程。通常情况下，原始数据存储形式主要面向存储需求，而数据分析形式主要面向分析结果。数据转换则是两者统一的重要桥梁之一。了解数据转换的相关概念，进而在 Power BI 中进行数据转换操作，是实现数据预处理的重要一环。

3.3.1　了解数据转换

在数据转换中，常见的转换方法有数据规范化、数据二值化、逆透视列。

1. 数据规范化

数据规范化指将字段按比例缩放，使之落入一个特定的区间，如[−1, 1]或[0, 1]。常用的数据规范化有最小值—最大值规范化（也称 min-max 规范化）。如果假定某字段 V 的最小值为 min，最大值为 max，最小值—最大值规范化区间为[new_min, new_max]，那么最小值—最大值规范化下 V 的规范化值 V' 如式（3-1）所示。

$$V'=\frac{V-\min}{\max-\min}\times(\text{new\_max}-\text{new\_min})+\text{new\_min} \tag{3-1}$$

例如，某字段规范化前取值区间为[−20, 20]，规范化后取值区间为[0, 1]，假设该字段某字段值为 12，那么规范化后取值为 0.8，如式（3-2）所示。

$$V'=\frac{12-(-20)}{20-(-20)}\times(1-0)+0=0.8 \tag{3-2}$$

2. 数据二值化

数据二值化的核心在于设定一个阈值，将字段与该阈值进行比较，进而转换为 0 或 1

（只考虑某个字段是否出现，不考虑其出现的次数或程度）。数据二值化的目的是将连续数值细粒度的度量转换为粗粒度的度量。例如，在学生考试成绩中，若成绩高于 60 分，则及格；若成绩低于 60 分，则不及格。再例如，某银行对 5 名客户的征信进行打分，分别为 86、70、94、90、95，相比于征信分，银行更在乎客户征信的好与坏，从而将征信分高于 90 的定义为好，低于 90 的定义为不好。这种“及格与不及格”“好与不好”的关系可以转化为 0-1 变量，这就是数据二值化，其计算公式如式（3-3）所示。

$$x^{'}=\left\{\frac{1,x\geqslant 阈值}{0,x<阈值}\right\} \tag{3-3}$$

3. 逆透视列

由于数据分析的需求，用户通常需要将二维表变为一维表，通过逆透视列可以实现该需求。逆透视列是 Excel 和 Power Query 中处理数据行列转换的一种特有操作。它将来自单行（单个记录）中多个列的值扩展为单个列中具有同样值的多个记录，使得数据能够在适合数据存储与适合数据分析的形式之间自由转换。

例如，为了方便显示数据，可能会出现表 3-1 所示的适合数据分析的某地区蔬菜产量表，这个表的第 1 列的列名是抽象概念的蔬菜品类，第 2、3 列的列名是具体的季度，表中第 3 行第 2 列的数字型数据 360.43 指的是该地区第一季度叶菜类的产量，其他数字型数据以此类推。现在使用逆透视列功能，将适合数据分析的数据表转换成表 3-2 所示的适合数据存储的某地区蔬菜产量表。

表 3-1　适合数据分析的某地区蔬菜产量

某地区蔬菜产量（单位：万吨）		
蔬菜品类	第一季度	第二季度
叶菜类	360.43	282.82
花菜类	176.55	128.23
茎菜类	86.75	65.93
根菜类	73.16	166.93
果菜类	68.78	57.57

表 3-2　适合数据存储的某地区蔬菜产量

蔬菜品类	季度	产量/万吨
叶菜类	第一季度	360.43
花菜类	第一季度	176.55
茎菜类	第一季度	86.75
根菜类	第一季度	73.16
果菜类	第一季度	68.78
叶菜类	第二季度	282.82

续表

蔬菜品类	季度	产量/万吨
花菜类	第二季度	128.23
茎菜类	第二季度	65.93
根菜类	第二季度	166.93
果菜类	第二季度	57.57

3.3.2 实现订单数据的转换

微课 3-3　转换订单数据

数据转换是数据分析过程中不可或缺的一步。它能够提高数据的一致性、丰富性，并使数据更具有分析和可视化的价值。某零售公司为了将订单数据表与商品数据表进行兼容，以便于后续的分析，需要将订单数据中的“商品编号”进行转换，即对“1~6 月订单数据”表中的“商品编号”列和“商品数据”表中的“产品 ID”列进行一一对应，实现步骤如下。

（1）打开项目 2 中已经导入的“商品数据”表，如图 3-25 所示。

查询 [8]：1月订单数据、2月订单数据、3月订单数据、4月订单数据、5月订单数据、6月订单数据、商品数据、1~6月订单数据

= Table.TransformColumnTypes(提升的标题,{{"产品类别", type text},

	产品ID	产品型号	产品名称
1	463	Bat Gloves	格斗手套
2	465	Bat Gloves	格斗手套
3	467	Bat Gloves	格斗手套
4	471	Catcher's Gear	捕手护具
5	473	Catcher's Gear	捕手护具
6	472	Catcher's Gear	捕手护具
7	475	Leather Belt	皮带
8	474	Leather Belt	皮带
9	476	Leather Belt	皮带
10	237	Rawlings Long-Sleeve	棒球服
11	234	Rawlings Long-Sleeve	棒球服

图 3-25　商品数据表

（2）选中“商品数据”表中的“产品 ID”列并右击，依次单击“更改类型”→“文本”选项，如图 3-26 所示，更改数据类型。

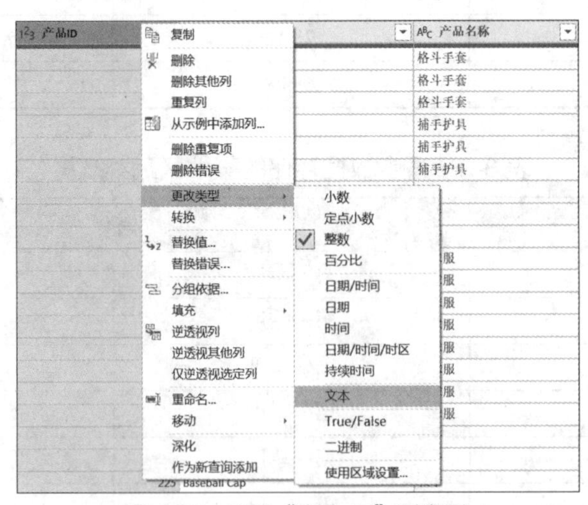

图 3-26　更改“产品 ID”列类型

（3）拆分列。选择“1~6 月订单数据”表中的“商品编号”列并右击，依次单击“拆分列”→“按位置”选项，如图 3-27 所示。从商品编号数据可以看出，由于“A-/”“B-”“/C-”等前缀占据两个字符，所以在弹出的“按位置拆分列”对话框的“位置”文本框中输入“0,2”，表示将原“商品编号”列中的前两个字符拆分成一列，其余字符为另一列，如图 3-28 所示，最后单击“确定”按钮，即可拆分“商品编号”列（拆分后数据表中会出现“商品编号.1”和“商品编号.2”两列）。

图 3-27 按位置拆分列

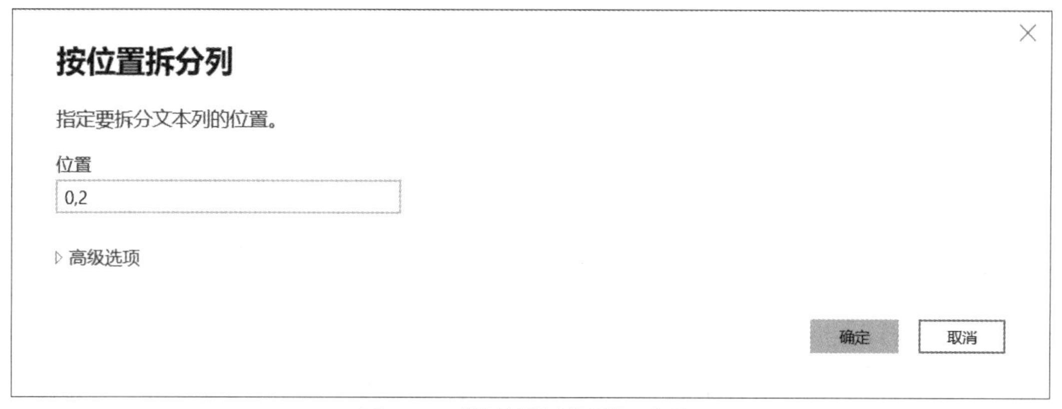

图 3-28 “按位置拆分列”对话框

除了“按位置”拆分列，还可以“按分隔符”拆分列和“按字符数”拆分列。此处将详细介绍“按分隔符”拆分“商品编号”列，读者可自行了解“按字符数”拆分的方法。右击“1~6 月订单数据”表的“商品编号”列，依次单击“拆分列”→“按分隔符”选项，如图 3-29 所示。由于此处默认分隔符为“-”，所以在弹出的对话框中单击“确定”按钮，即可拆分“商品编号”列，如图 3-30 所示。

图 3-29　按分隔符拆分列

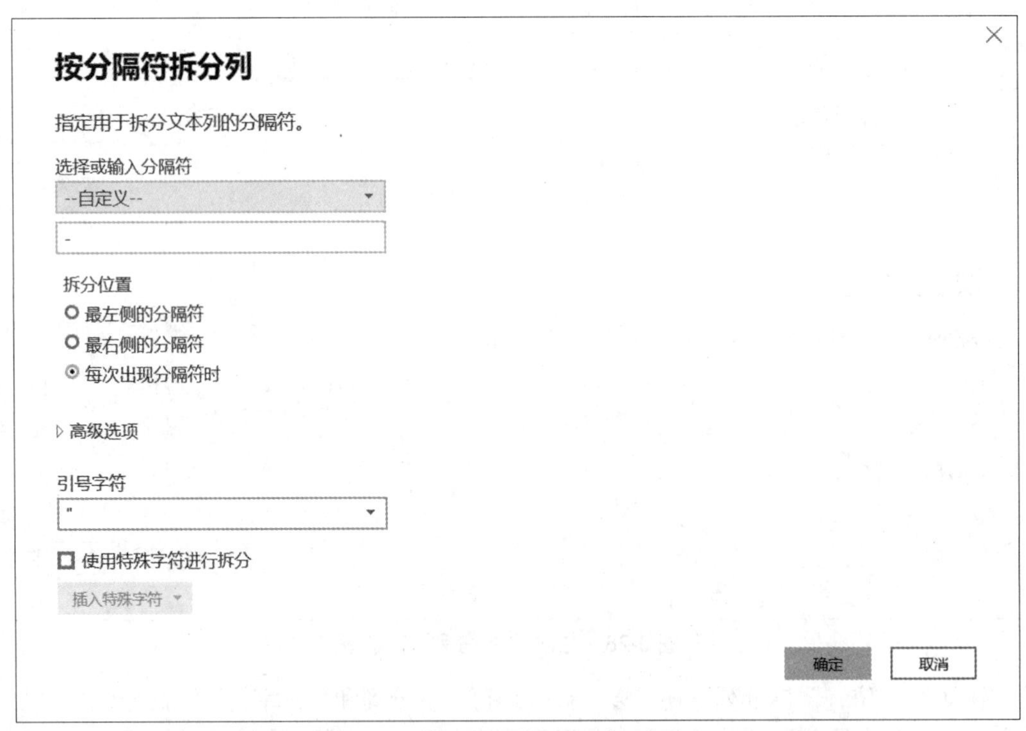

图 3-30　“按分隔符拆分列”对话框

（4）拆分列完成后，右击“商品编号.2”新列，依次单击“更改类型”→“文本”，更改列类型为文本类型，如图 3-31 所示。

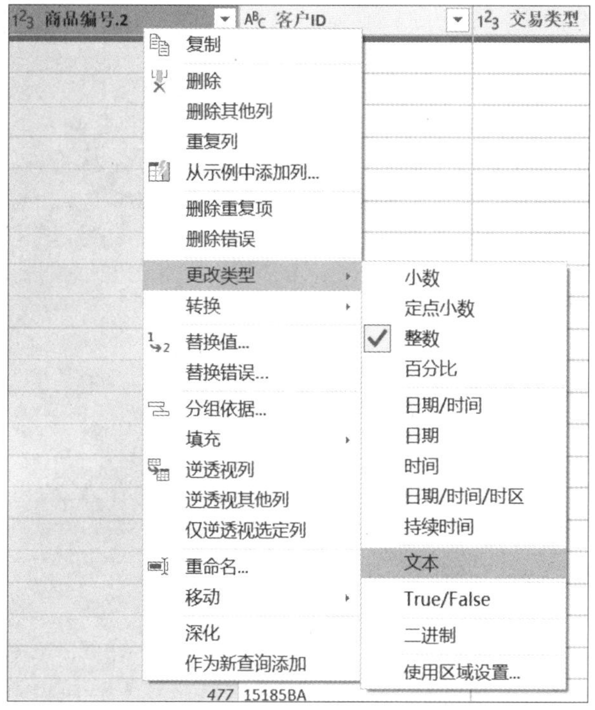

图 3-31 更改“商品编号.2”列类型

（5）选中“商品编号.2”列，单击“主页”选项卡中“组合”组的“合并查询”按钮，如图 3-32 所示。

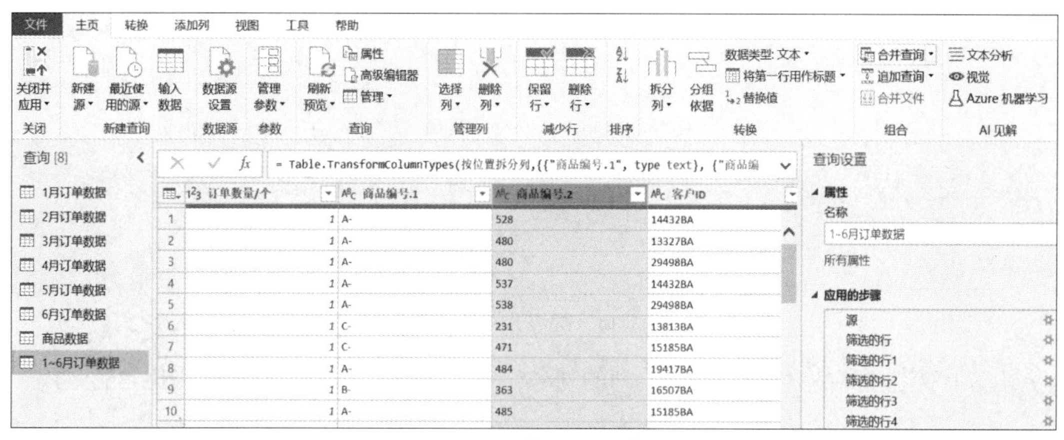

图 3-32 单击“合并查询”按钮

（6）在弹出的“合并”对话框中，选择“1~6 月订单数据”表中的“商品编号.2”列和其下方“商品数据”表中的“产品 ID”列，如图 3-33 所示，单击“确定”按钮。此时，“1~6 月订单数据”表的后面会出现“商品数据”新列名。

（7）合并完成后，单击“1~6 月订单数据”表的“商品数据”列的按钮，仅勾选“产品 ID”复选框，如图 3-34 所示，单击“确定”按钮。此时，“1~6 月订单数据”表中的原“商品数据”列将会自动变成“商品数据.产品 ID”列。

图 3-33 “合并”对话框

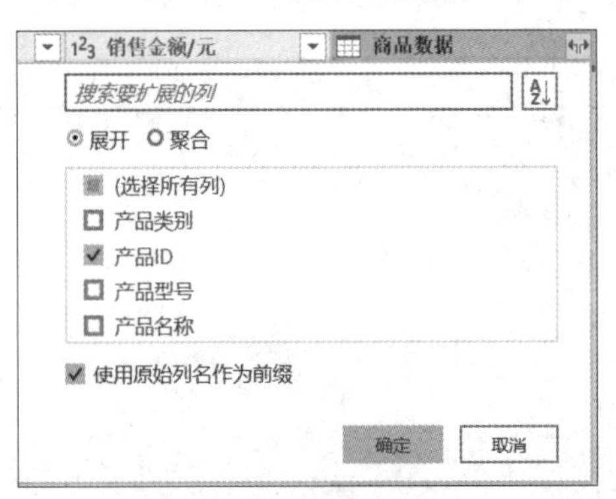

图 3-34 选择“产品 ID”列

（8）双击“商品数据.产品 ID”列的列名，更改列名为“商品 ID”，如图 3-35 所示。

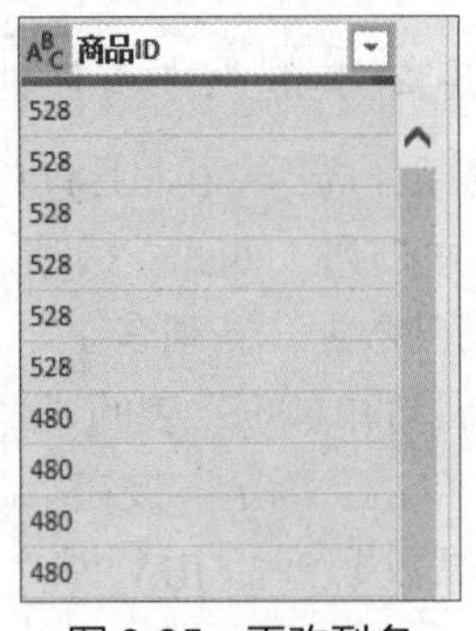

图 3-35 更改列名

至此，订单数据表中的“商品编号”列已和商品数据表中的“产品 ID”列对应起来，读者可以在 Power BI 中使用相关的“商品 ID”列进行分析和可视化操作。商品 ID 确保了商品编号和产品 ID 的值相匹配，并且考虑数据类型的一致性以确保正确的合并和对应关系。

任务 3.4 数据归约

一般情况下，若用户在数据量较大的数据集上进行复杂的数据分析与可视化时，可能需要花费较长的时间，而数据归约可以产生数据量更小但保持原数据完整性的新数据集。在归约后的新数据集上进行分析将更有效率。此外，数据归约可以降低存储数据的成本、大幅缩减数据分析所需的时间，有助于提高分析效率。

3.4.1 了解数据归约

在大数据时代，数据分析的数据集一般都比较大。为了提高数据分析的速度，又不影响数据分析的结果，需要“压缩”数据集。数据归约的目的就是所谓的“压缩”分析目标数据集。常用的数据归约方法包括字段归约、记录归约和数据压缩等。

1. 字段归约

字段归约又称为维归约、属性归约或属性子集选择。它通过删除不相关的字段（维度）来减小数据量。通常，字段归约的方法有小波变换、主成分分析（Principal Component Analysis，PCA）、属性子集选择等。其中，小波变换适用于高维数据，主成分分析适用于稀释数据，属性子集选择通常使用决策树。

2. 记录归约

记录归约又称为数据取样，是指使用少量记录代表或替换原有记录来减小数据集的数据量的数据预处理方法。记录归约的方法有抽样和数据泛化两种。

（1）抽样

抽样（Sampling）是指用数据的较小随机样本表示总体数据。对于含有 N 个记录的数据集 D 的样本，抽样的主要方法如下。

① 简单随机选择 n（$n<N$）个样本，样本抽样后不回放。

② 简单随机选择 n（$n<N$）个样本，样本抽样后回放，可能再次被抽取。

③ 聚类抽样：D 中的元素被分为 M 个互不相交的聚类，可在其中的 m（$m<M$）个聚类上进行简单随机选择。

④ 分层抽样：若 D 被划分成互不相交的部分（称为“层”），则通过对每一层的简单随机选择即可得到 D 的分层抽样。例如，对用户根据年龄进行分层，可分为“青年”“中年”“老年”这 3 层，再从这 3 层中分别随机选择几名用户代表该层的数据，从而进行分析。

（2）数据泛化

数据泛化（Data Generalization）是将数据集从较低的概念层次抽象到较高的概念层次的一个过程。通常情况下，进行数据泛化是因为某些字段的取值很多，不利于数据分析；但不是所有取值很多的字段都需要泛化，若某字段没有概念分层，则该字段不需要泛化，如客户 ID 字段。

概念分层意味着某个概念可以有不同层次的分类，以地址“广东省广州市黄埔区”为例，该地址的省级层次是“广东省”，市级层次是“广州市”，区级层次是“黄埔区”，越往概念层次高（这里的概念层次高指行政级别高）的方向转换，地址的取值范围就越小。但需要注意，不是泛化到越高的概念层次就越好，因为可能由于此时的取值范围太小而不好分析。综上所述，进行数据泛化要符合两个条件：字段取值很多和字段有概念分层。

数据泛化有两个主要作用：将研究对象的细节信息隐藏起来，保护隐私，用于数据脱敏；发现不同概念层次或高层次概念上的规则。

数据字段的泛化程度需要严格控制。有些分析人员习惯让某些字段的泛化停留在较低的概念层次，而有些分析人员习惯将其泛化到较高的概念层次。对字段泛化到多高的概念层次的控制通常是相当主观的，如果将字段的层次泛化得太高，那么可能会导致泛化过度；如果字段没有泛化到足够高的层次，那么可能会因泛化不足，使得得到的规则未包含足够的信息。因此，用户在进行数据泛化操作的时候，应当把握好尺度。

3. 数据压缩

数据压缩是指在不丢失有用信息的前提下，减小数据量以缩小存储空间，提高其传输、存储和处理效率，或按照一定的技术对数据进行重新组织，减少数据冗余和缩小存储空间的一种方法。一般情况下，数据压缩包括无损压缩和有损压缩两种。若原数据可以由压缩数据重新构造而不丢失任何信息，则称为无损压缩；若只能重新构造原数据的近似表示，则称为有损压缩。常用的数据压缩方法有小波分析和主成分分析。

3.4.2 实现订单数据的归约

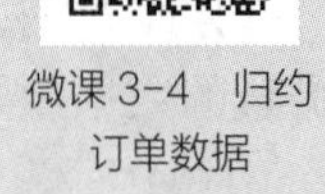

微课 3-4 归约订单数据

在面对大量的数据时，数据中往往会存在与实际项目分析方向无关的数据。观察体育商品销售数据，发现数据中的“商品编号”“国家或地区”等字段与后续的分析方向无关，为此，需要将无关字段进行删除，实现步骤如下。

（1）右击“1~6 月订单数据”表的“商品编号.1”列，单击“删除”选项，如图 3-36 所示，即可完成该列的删除。采用相似操作方法，删除“商品编号.2”列和“国家或地区”列。

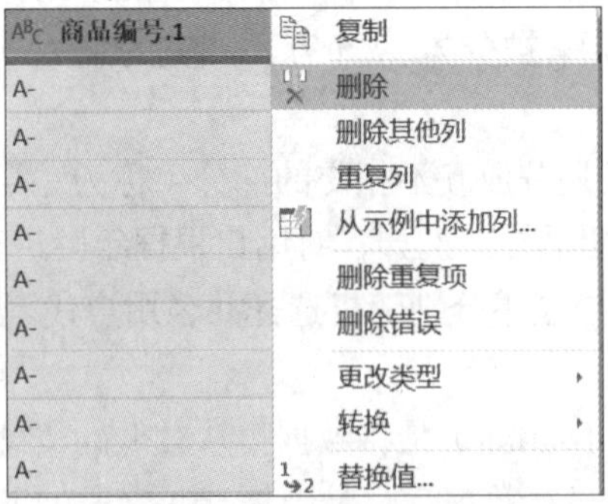

图 3-36 删除无关列

（2）单击“主页”选项卡的“关闭”组的“关闭并应用”按钮，即可保存数据处理，并退出 Power Query 编辑器，如图 3-37 所示，最后保存“体育商品销售数据分析.pbix”文件。

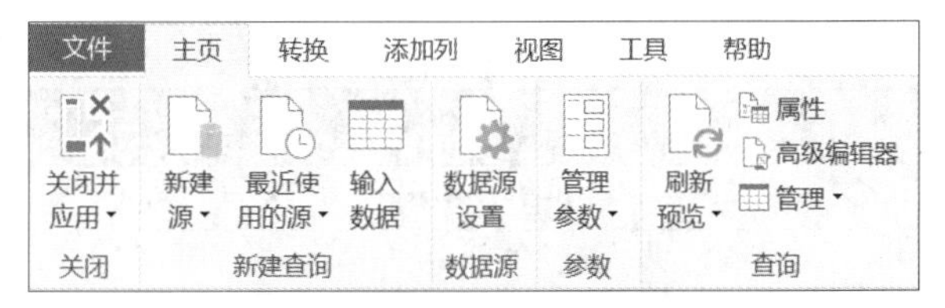

图 3-37 关闭并应用

【项目总结】

本项目主要介绍了数据预处理的数据集成、数据清洗、数据转换和数据归约 4 种操作方法。本项目通过对 Power Query 编辑器中主要功能的运用，如追加查询、删除其他列、重复值处理、空值处理等，对某零售公司某类体育商品的订单数据和商品数据进行预处理。

通过对本项目的学习，读者可以学习到当原始数据中存在脏数据时的处理思路及方法，确保在分析数据时所使用的数据准确、一致和可靠。同时，在学习过程中，读者可提高自身的数据分析能力、多模式思维能力等，为树立良好的价值观、人生观打下坚实的基础。

【项目实训】

实训 1 转换学生期末成绩数据

1. 训练要点

掌握数据转换的方法。

2. 需求说明

期末成绩能检验学生在该学期的学习成果，能够让学生深入了解自身对基础知识的掌握情况和解决问题的综合能力，从而查缺补漏。同时，期末成绩也可作为评三好学生、奖学金的依据之一。某学校为了将学生期末成绩保存到该校数据系统中，需要将表 3-3 所示的适合数据分析的学生期末成绩表转换为表 3-4 所示的适合数据存储的学生期末成绩表。

表 3-3 适合数据分析的学生期末成绩表

学生姓名	语文	数学	英语
陈一	83	77	90
王二	79	91	80
吴三	64	88	67

表 3-4 适合数据存储的学生期末成绩表

学生姓名	课程名称	分数
陈一	语文	83
陈一	数学	77
陈一	英语	90
王二	语文	79
王二	数学	91

续表

学生姓名	课程名称	分数
王二	英语	80
吴三	语文	64
吴三	数学	88
吴三	英语	67

3. 实现思路及步骤

（1）将学生期末成绩数据导入 Power BI 中。

（2）在 Power Query 编辑器中，右击“学生姓名”字段，选择“逆透视其他列”选项。

（3）将逆透视后产生的第 1 列重命名为“课程名称”，第 2 列重命名为“分数”。

实训 2　预处理某综合市场商品销售数据

1. 训练要点

（1）掌握数据集成的方法。

（2）掌握数据清洗的方法。

（3）掌握数据归约的方法。

2. 需求说明

某综合市场记录了 2021 年第四季度 AQ 类商品的销售数据，主要包括销售商品的地区、城市、商品编号、订购日期等相关信息，其数据字段说明如表 3-5 所示。经观察，发现该数据存在缺失情况，且一些数据字段与后续分析需求无关，为进一步了解本季度该类商品的销售情况，需要对数据进行预处理，以便相关人员进行分析，为下一季度的销售方案做出更好的决策。

表 3-5　商品销售数据字段说明

字段	说明
地区	买家所在的地区
城市	买家所在的城市
商品编号	买家订购商品的商品编号
订购日期	买家订购商品的日期
年份	买家订购商品的年份
季度	买家订购商品的季度
数量/件	买家订购商品的数量
单价/元	买家订购商品的单价
销售额/元	卖家所售商品的总价

3. 实现思路及步骤

（1）将商品销售数据导入 Power BI 中。

（2）运用 Power Query 编辑器中的“追加查询”对 10 月、11 月、12 月销售数据表的数据进行集成，并将新建表重命名为“2021 年第四季度 AQ 类商品销售数据”。

（3）运用筛选删除的方法，删除“数量/件”“单价/元”“销售额/元”列的空白行，对数据进行清洗。

（4）删除多余的“年份”“季度”列，对数据进行归约。

【思考题】

【导读】在大数据时代，仅一家公司一天就可能会产生成千上万的数据，然而，如何整理、保存、分析这些数据已成为各大行业、各大公司所面临的难题。在这样的环境影响下，许多数据清洗工具和平台如雨后春笋般涌现出来，旨在帮助公司和数据研究员更快、更准确地进行数据预处理。OpenRefine 就是一个专门用于数据清洗的工具。OpenRefine 项目是由一群有着专业知识技能的开发者发起的，他们通过合作和共享知识，致力于开发一款功能强大、易于使用的数据清洗工具，而且 OpenRefine 团队在开发 OpenRefine 工具的过程中，会重点关注用户需求和反馈，通过用户测试，不断优化工具的功能和用户体验，保持与用户需求和技术进展的同步。此外，OpenRefine 的开源模式吸引了全球范围内的开发者和数据科学家，他们积极参与到工具的发展和改进中。

【思考】正因为 OpenRefine 的开发致力于与用户需求同步，才有其现在的成就。请思考，在今后的工作中如何培养“用户思维”。

【课后习题】

1. 选择题

（1）在数据分析中，ETL 不包含下列哪个操作（　　）。

A. 数据抽取　　B. 数据归约　　C. 数据加载　　D. 数据转换

（2）下列说法错误的是（　　）。

A. 数据抽取阶段通常会处理不同数据源的数据

B. ETL 的最终目标是实现数据分析

C. 在数据分析过程中，ETL 的各个任务有固定的先后顺序

D. 在 Power Query 中，数据量不受限于数据的行数，而由内存决定

（3）下列关于数据集成说法正确的是（　　）。

A. 数据集成主要解决数据的分布性和异构性问题

B. 数据集成是指将所有数据集中起来

C. 在数据集成中，不需要考虑实体识别问题、数据冗余问题

D. 元数据是指字段名不同但含义相同的数据

（4）脏数据一般不包含（　　）。

A. 不完整数据　　B. 含噪声数据　　C. 不一致数据　　D. 重复性数据

（5）【多选题】下列选项中可用于处理含噪声数据的技术有（　　）。

A. 填充　　B. 聚类　　C. 剔除　　D. 分箱

（6）下列关于数据归约说法错误的是（　　）。

A. 数据归约的目的为“压缩”分析目标数据集

B. 数据归约常用方法有字段归约、记录归约、数据压缩

C. 记录归约通过删除不相关数据来减小数据量

D. 记录归约主要有抽样和数据泛化两种

（7）在 Power BI 中，下列关于 Power Query 说法错误的是（　　）。

A. 是一种 ETL 工具

B. 需要使用编码对数据进行清理和转换

C. 能够对数据进行处理

D. 处理数据时，数据量主要由内存决定

（8）【多选题】下列属于对不完整数据进行清洗的方法有（　　）。

A. 忽略不完整数据所在的记录

B. 人工填写空值

C. 使用一个全局常量填充空值

D. 分箱

2. 操作题

俗话说“读书好，多读书，读好书”，读书是一件对人有益的事，有利于丰富人的精神世界。某平台决定为广大读者推荐一些深受大众好评的图书，平台已整理出推荐比较高的图书信息数据，其数据字段说明如表 3-6 所示。现需将该数据进行缺失值、重复值清洗处理（即删除标题、作者、出版日期、出版社、原价/元和售价/元等字段中的缺失值，删除标题重复值），得到一份完整的图书信息数据，以供读者选择个人喜爱的图书并进行购买。

表 3-6　图书信息数据字段说明

字段	说明
标题	图书名称
推荐比/%	图书的推荐指数
评论数/条	图书的评论数量
作者	图书的作者
出版日期	图书的出版日期
出版社	图书的出版社
原价/元	图书的原价格
售价/元	图书折后的销售价格

项目4 对体育商品销售数据建模

项目背景

2022年北京冬奥会上，中国奥运健儿勇创佳绩，这让国民感到欣慰和自豪，此外，冬奥会的成功举办，有助于增强中华文明的传播力和影响力，推动中华文明同世界各国文明交流互鉴。以北京冬奥会为契机，我国积极推动群众体育和竞技体育全面平衡发展，推进全民健身事业发展，不断提升人民健康水平。某零售公司为了进一步将某类体育商品销售数据转化成能够展示数据潜在信息、全方面信息的数据可视化报表，需要对数据进行建模操作。本项目将重点介绍如何通过数据建模来处理体育商品销售数据，建模操作包括新建列、新建表、新建表间关系、新建度量值等。

项目要点

（1）通过“添加列”或DAX语言新建“月份”列和“季度”列。

（2）通过“输入数据”新建季度销售目标表。

（3）通过“管理关系”新建订单数据表、商品数据表、季度销售目标表之间的关系。

（4）通过“快度量值”和DAX语言新建“第1季度销售金额”度量值。

教学目标

1. 知识目标

（1）了解Power Pivot和DAX语言的基础知识。

（2）了解DAX语言的语法。

（3）掌握新数据列的创建方法。

（4）掌握新数据表的创建方法。

（5）掌握数据表表间关系的创建方法。

（6）掌握度量值的创建方法。

2. 素养目标

（1）通过学习Power BI数据建模的方法，在建模工具中构建有效的模型，加强模型构建能力。

（2）通过学习DAX公式新建度量值的方法，提高公式使用能力、逻辑思考能力。

（3）通过学习新建表间关系的方法，培养对各类型数据的管理意识，提高管理能力。

（4）通过学习新建表的方法，树立目标意识，做到为实现目标而努力。

思维导图

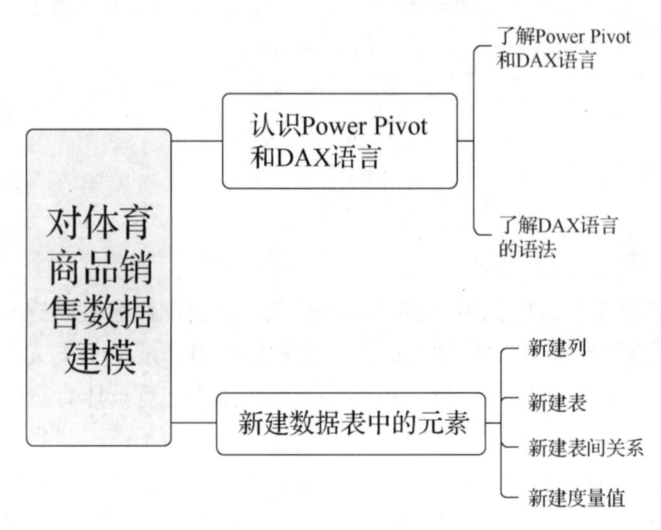

项目实施

任务 4.1 认识 Power Pivot 和 DAX 语言

Power BI 中嵌入了 Power Pivot 组件，Power Pivot 组件使用的是数据分析表达式（Data Analysis Expression，DAX）语言。了解 Power Pivot 组件和 DAX 语言的理论基础，如 Power Pivot 和 DAX 语言简介、DAX 语言的语法等，对后续使用 DAX 语言进行数据分析与建模、数据操作等具有理论指导意义。

4.1.1 了解 Power Pivot 和 DAX 语言

Power Pivot 指的是一组应用程序和服务，为使用 Excel 和 Power BI 创建和共享商务智能提供了端到端的解决方案。使用 Power Pivot 可以快速地在桌面上分析大型数据集。Power Pivot 在 Excel 2016 及之后的版本已内置于 Excel 中，其界面如图 4-1 所示；而在 Power BI 中可以直接使用 Power Pivot 的所有功能。换言之，Power Pivot 的所有功能已经无缝融合在 Power BI 中，不再以插件的形式运行。

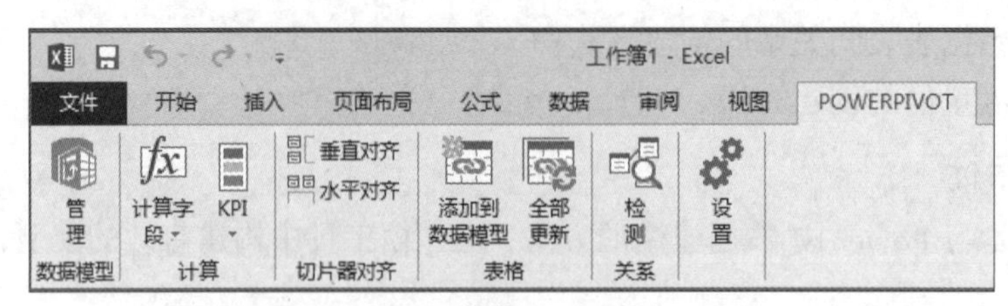

图 4-1 Excel 中的 Power Pivot 界面

Power Pivot 可以用于构建数据模型、创建关系及计算。Power Pivot 操作简单，处理大数据速度快，通过使用其内存中的引擎和高效的压缩算法，能以极高的性能处理大型数据集，处理百万行级别数据和处理几百行级别数据时的性能基本一致。Power Pivot 使用的语言为 DAX 语言。DAX 语言可以处理的数据量由内存容量的上限决定。相比之下，对于操作同样简单的 Excel 软件，当该软件的数据处理量达到百万行级别时，软件就会运行缓慢，并频繁死机，所以 Excel 软件并不适合处理大数据。

DAX 是函数、运算符和常量的集合，可在公式或表达式中用于计算并返回一个或多个值。DAX 是一种公式表达式语言，使用方便，允许用户在 Power BI 的“表”“计算列”“度量值”中自定义计算。DAX 语言主要以函数的形式出现，既包含一些在 Excel 公式中使用的函数，又包含其他用于处理关系数据和执行动态聚合的函数。简而言之，DAX 语言可通过模型中已有的数据创建和处理新信息。DAX 语言的函数不同于 Excel 公式中使用的函数的地方在于，DAX 语言的函数使用表和列而非范围，并且函数允许对相关值和相关表进行复杂的查找。

DAX 语言可以使用“新建度量值”的提示功能完成约 80%的计算，但其他不常用的函数仍需要通过手动输入来完成相关计算。读者修改使用 DAX 语言编写的代码后，不用刷新界面或重新编译，直接或间接使用了该代码的度量值、计算列、计算表及可视化图表均会相应地立即变化。结构查询语言（Structure Query Language，SQL）与 DAX 语言的关系类似于产业链上下游的关系。SQL 的作用在于存储和检索数据，DAX 语言专门进行数据建模。在 Power BI 的“建模”选项卡中有 6 个组，分别是“关系”“计算”“页面刷新”“在以下情况下会怎么样”“安全性”和“问答”，如图 4-2 所示。

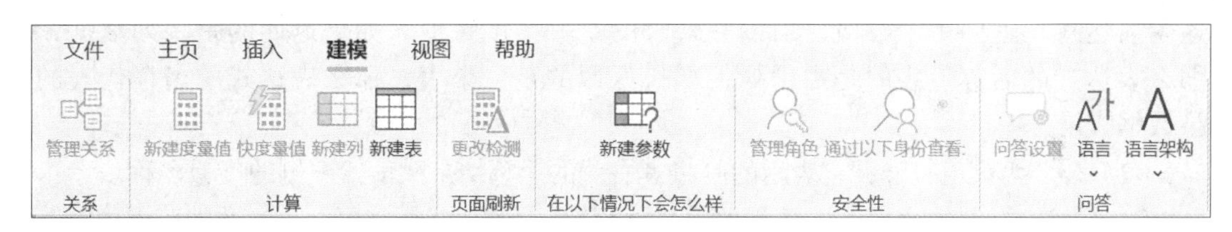

图 4-2 “建模”选项卡

此外，DAX 语言主要包含 3 个部分：语法（Syntax）、函数（Function）和上下文（Context）。其中，语法的详细内容会在 4.1.2 小节中介绍。使用函数可以对数据模型的表格中的数据执行各种操作。DAX 语言有 200 多个函数，如日期时间函数、逻辑函数、统计函数、文本函数等，各类型函数的具体语法可以在 Microsoft 的开发文档中查询。上下文简单地理解就是（程序或函数运行时的）环境。Power BI 常见的上下文有行上下文和筛选上下文两种，其中行上下文对应字段（可以是多个字段）的横向操作产生新列集合；筛选上下文对应表数据集的纵向操作产生新子表集合。

4.1.2 了解 DAX 语言的语法

微课 4-1 了解 DAX 语言的语法

DAX 语言的表达式由 3 个部分构成，从左到右分别为表达式的名称、赋值符号（=）和表达式的内容。表达式的内容一般以函数为主体，或带有常量、数值、运算符（如+、-、*、/、>=、&&等），运算符可以是算术运算符、比较运算符、文本串联运算符、逻辑运算符等。

DAX 语言的大多数函数需要一个或多个参数，这些参数可以是表、列、表达式和值。但有一些函数不需要任何参数，不过始终需要使用半角的圆括号来表示空参数。例如，PI 函数在使用的时候为“PI()”，而不为“PI”。此外，DAX 语言中，还可以在其他函数中嵌套函数。DAX 语言的函数返回的结果可能是单个数据、单列或一个表。

例如，表 4-1 所示为某天某科技公司的部分产品销售统计数据。基于表 4-1，求总销售额的表达式如下。

```
总销售额/元 = SUMX('销售统计表', [零售价/元] * [销售数量/个])
```

表 4-1　销售统计数据

产品名称	零售价/元	销售数量/个
手机壳	26	58
耳机	109	42
数据线	19	75
智能手表	199	32
智能手环	249	27
VR 眼镜	899	9

在求总销售额的表达式中，需要注意以下几点。

（1）“总销售额/元”为表达式的名称。表达式的名称可能是度量或列的名称。由于这个表达式只返回单个数值，所以它代表的是一个度量值。如果返回的是一列数据，那么表达式的名称代表的是数据列；如果返回的是一个表，那么表达式的名称代表的是数据表。

（2）“=”为赋值符号，它表示的是将其右侧的运算结果赋值给左侧的度量名称。

（3）表达式“=”右侧的内容是 SUMX 函数。它的功能是在第一个参数的范围内对第二个参数的计算公式先进行每行的运算，再进行求和运算。如果出现空白、逻辑值和文本等数据类型的值，那么这些值均不参与求和。其中，SUMX 是函数的名称，后面有半角的圆括号，圆括号内可以存放参数，若括号内为空，则表示无参数。如果表达式中有两个或两个以上的参数，那么它们中间必须用半角的逗号隔开。

（4）在求总销售额的表达式的 SUMX 函数中，第一个参数是数据表的名称，表示运算都是在该数据表中进行的，它的名称需要使用半角的单引号标识；第二个参数是计算公式，其中数据的列名需要使用半角的方括号标识，如“[零售价/元]”“[销售数量/个]”，“*”表示乘法运算。

注意：表达式只有语法正确才能运行。若语法不正确，则系统返回错误。例如，在图 4-3 所示的错误提示中，求总销售额的表达式中逗号是全角的，在表达式的下方会提示语法错误的具体信息。

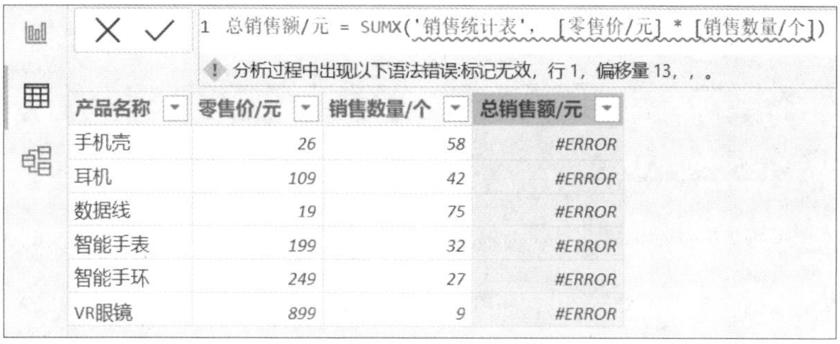

1 总销售额/元 = SUMX('销售统计表', [零售价/元] * [销售数量/个])

分析过程中出现以下语法错误:标记已无效，行 1，偏移量 13，，。

产品名称	零售价/元	销售数量/个	总销售额/元
手机壳	26	58	#ERROR
耳机	109	42	#ERROR
数据线	19	75	#ERROR
智能手表	199	32	#ERROR
智能手环	249	27	#ERROR
VR眼镜	899	9	#ERROR

图 4-3 错误提示

此外，在语法正确但语义错误的情况下，系统不会报错，但返回的值可能不是期望的值。例如，在图 4-4 中，期望的正确总销售额为 28693 元，在编写语义错误的求总销售额的表达式后，系统不会报错，却会得到错误的结果 1501 元，因为此时的总销售额仅仅是“零售价/元”字段的求和。

1 总销售额/元 = SUMX('销售统计表', [零售价/元])

产品名称	零售价/元	销售数量/个	总销售额/元
手机壳	26	58	1501
耳机	109	42	1501
数据线	19	75	1501
智能手表	199	32	1501
智能手环	249	27	1501
VR眼镜	899	9	1501

图 4-4 语义错误的计算结果

任务 4.2 新建数据表中的元素

新建列、表、表间关系和度量值（即新建数据表中的元素）是 DAX 语言数据建模的核心内容。使用 DAX 语言新建的列是根据其他列的值而自动计算得出的新列。DAX 语言可以执行各种数学运算、逻辑判断和字符串操作，以生成衍生的指标或计算结果。新建表间关系可以定义不同数据表之间的连接方式。通过将列之间的关联定义为一对一、一对多或多对多关系，可以实现数据表之间的连接查询和数据整合。

4.2.1 新建列

在数据建模中，新建列可以使相关人员对数据源做更进一步的处理与分析，Power BI 中的新建列操作可以在“添加列”选项卡下进行。

微课 4-2 新建列

在体育商品销售数据建模中，新建“月份”列和“季度”列，有助于分析人员对时间相关数据进行分析与可视化，同时，通过“月份”“季度”等列将订单数据表与其他数据表进行关联，从而支持更深入的数据分析和交叉分析。新建“月份”列和“季度”列的实现步骤如下。

（1）选中“订单日期”列。打开项目 3 预处理后的“体育商品销售数据分析.pbix”文件，并打开 Power Query 编辑器，选中左侧“查询”列表中的“1~6 月订单数据”表，选中“订单日期”列，如图 4-5 所示。

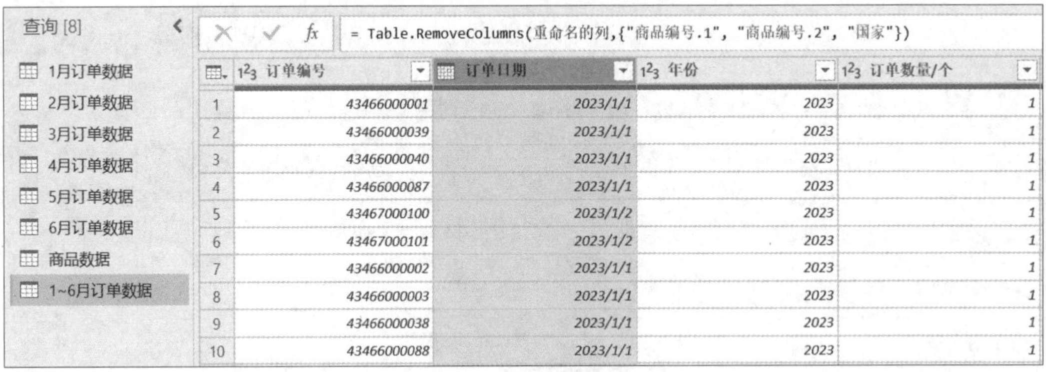

= Table.RemoveColumns(重命名的列,{"商品编号.1", "商品编号.2", "国家"})

	订单编号	订单日期	年份	订单数量/个
1	43466000001	2023/1/1	2023	1
2	43466000039	2023/1/1	2023	1
3	43466000040	2023/1/1	2023	1
4	43466000087	2023/1/1	2023	1
5	43467000100	2023/1/2	2023	1
6	43467000101	2023/1/2	2023	1
7	43466000002	2023/1/1	2023	1
8	43466000003	2023/1/1	2023	1
9	43466000038	2023/1/1	2023	1
10	43466000088	2023/1/1	2023	1

图 4-5 选中“订单日期”列

（2）单击“添加列”选项卡中“从日期和时间”组的“日期”按钮，并在弹出的下拉列表中，依次选择“月”→“月”选项，如图 4-6 所示。

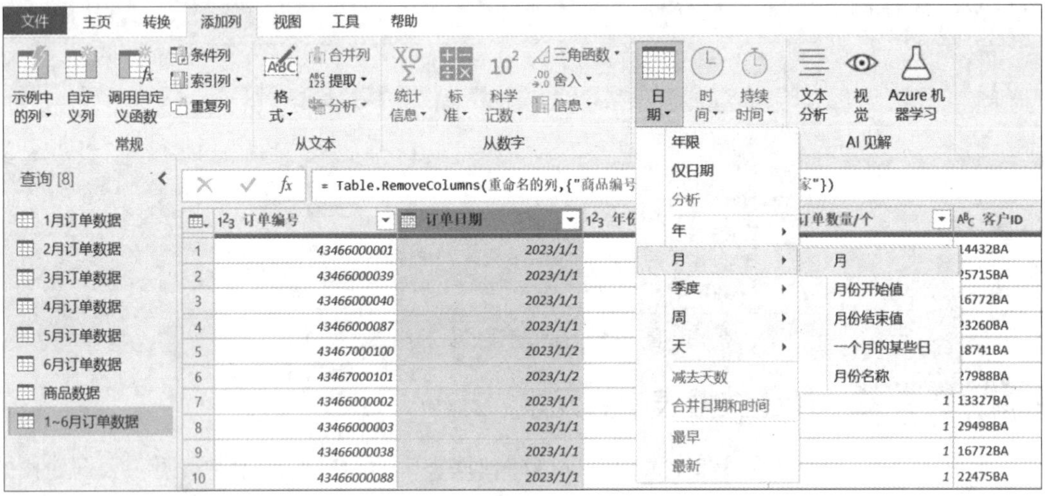

图 4-6 选择“月”选项

（3）选择“月”选项后，在“1~6 月订单数据”表中新建了“月份”列，如图 4-7 所示。

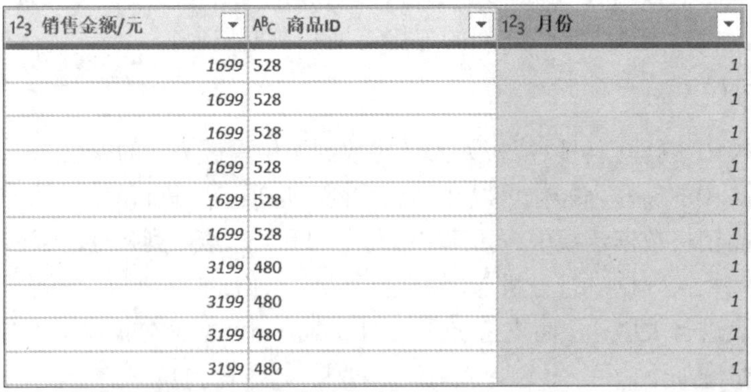

销售金额/元	商品ID	月份
1699	528	1
1699	528	1
1699	528	1
1699	528	1
1699	528	1
1699	528	1
3199	480	1
3199	480	1
3199	480	1
3199	480	1

图 4-7 新建“月份”列

“月份”列是由“订单日期”列衍生出来的新列。此时，“月份”列已新建完成，由于数据量较大，其他月份就不一一进行展示了。

此外，将数据按季度进行汇总和分析，有助于分析季度间的差异和趋势，同时可以比较不同季度的销售额和销售利润等指标，以了解业务在不同季度的销售表现。为此，需要新建“季度”列，实现步骤如下。

（1）选择“一年的某一季度”选项。选中“查询”列表中的“1~6 月订单数据”表中的“订单日期”列，单击“添加列”选项卡中“从日期和时间”组的“日期”按钮，并在弹出的下拉列表中，依次选择“季度”→“一年的某一季度”选项，如图 4-8 所示。

图 4-8 选择“一年的某一季度”选项

（2）选择“一年的某一季度”选项后，在“1~6 月订单数据”表中新建了“季度”列，如图 4-9 所示。

ABC 商品ID	123 月份	123 季度
528	1	1
528	1	1
528	1	1
528	1	1
528	1	1
528	1	1
480	1	1
480	1	1
480	1	1
480	1	1

图 4-9 新建“季度”列

除了通过“添加列”选项卡新建列，还可以使用 DAX 语言新建列，实现步骤如下。

（1）在 Power BI 界面下，选中“查询”列表中的“1~6 月订单数据”表，单击“主页”选项卡中“计算”组的“新建列”按钮，如图 4-10 所示。

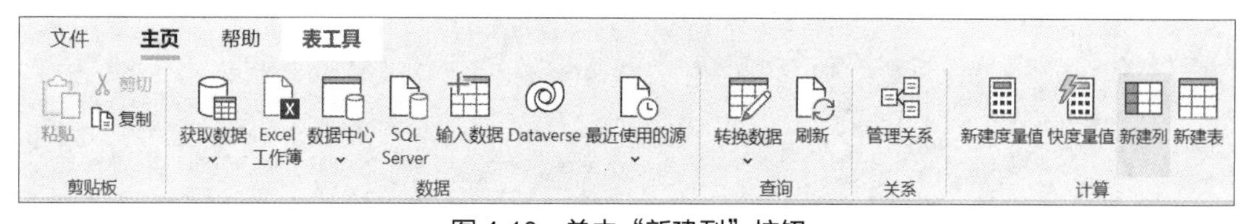

图 4-10 单击“新建列”按钮

（2）在公式栏输入公式“月份=MONTH('1~6 月订单数据'[订单日期].[Date])”，并单击左侧的✓按钮即可新建“月份”列，如图 4-11 所示。

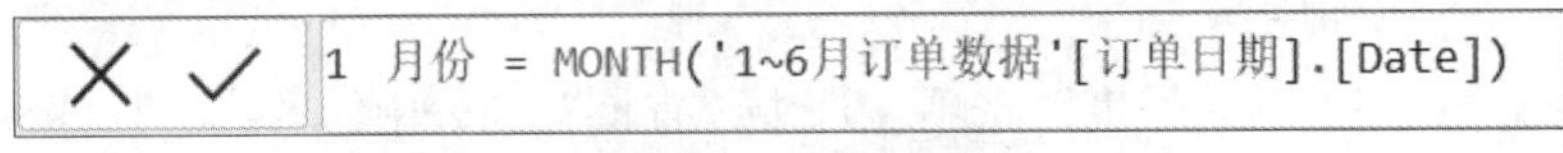

图 4-11 使用 DAX 语言新建“月份”列

（3）新建“季度”列和新建“月份”列的操作相似，不同的是 DAX 公式为“季度 = QUARTER('1~6 月订单数据'[订单日期].[Date])”，如图 4-12 所示。

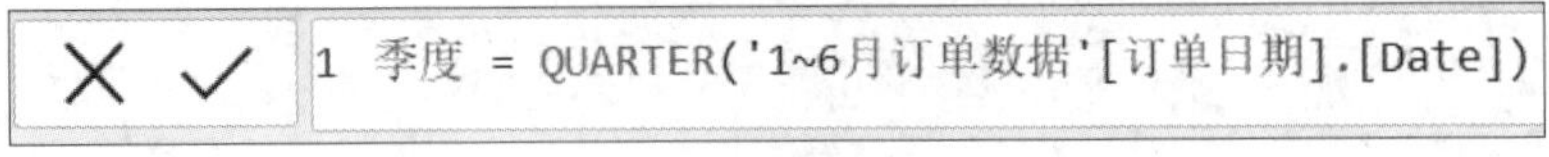

图 4-12 使用 DAX 语言新建“季度”列

操作至此，本小节已完成对“月份”列和“季度”列的新建。通过新建列，相关人员可以对数据进行更灵活和个性化的处理，以满足具体的分析和报表需求。

微课 4-3 新建表

4.2.2 新建表

销售目标通常是由销售团队或管理层设定的，销售目标数据与实际销售数据来源不同，为了避免混淆和保持数据隔离，人们通常会将销售目标数据存储在单独的表中。某零售公司为了直观地查看实际销售额是否达到公司预设的季度销售目标额，强化目标导向，需要对季度销售目标额和实际销售额进行可视化分析，以便为业务分析和决策提供有价值的支持。为此，分析人员需要在 Power BI 中新建季度销售目标表，实现步骤如下。注意：本项目季度销售目标额为 7000000 元。

（1）关闭 Power Query 编辑器，在 Power BI 界面下，单击“主页”选项卡中“数据”组的“输入数据”按钮，如图 4-13 所示，弹出“创建表”对话框，如图 4-14 所示。

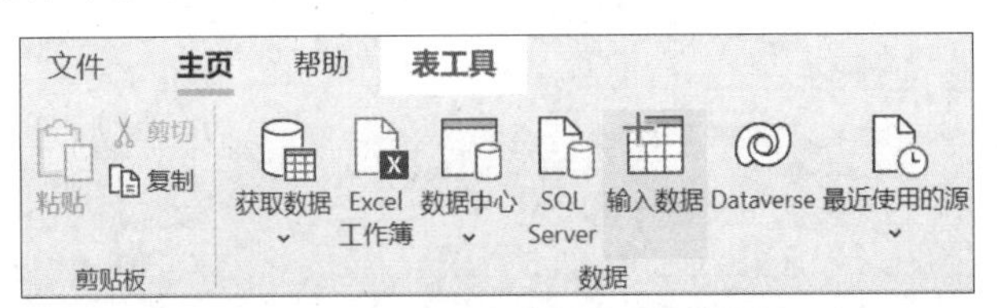

图 4-13 单击“输入数据”按钮

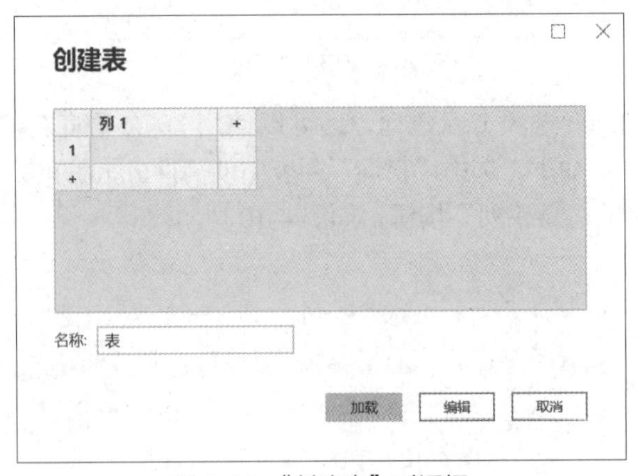

图 4-14 “创建表”对话框

（2）编辑“创建表”对话框。将“列 1”重命名为“季度”，并在下一行输入“1”，单击左下角的 + 按钮，新增第二行（表头不计入行数），并输入“2”；单击右上角的 + 按钮新增列，并将其重命名为“销售目标”，在第一行第二列和第二行第二列输入“7000000”，在对话框左下角“名称”处输入“季度销售目标表”，如图 4-15 所示。

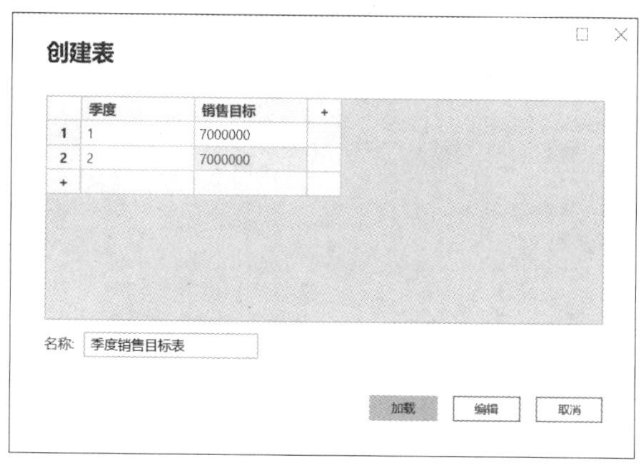

图 4-15　编辑“创建表”对话框

（3）单击“加载”按钮后，选中右侧“字段”窗格的“季度销售目标表”，然后单击左侧列的数据视图，展示“季度销售目标表”数据，如图 4-16 所示。

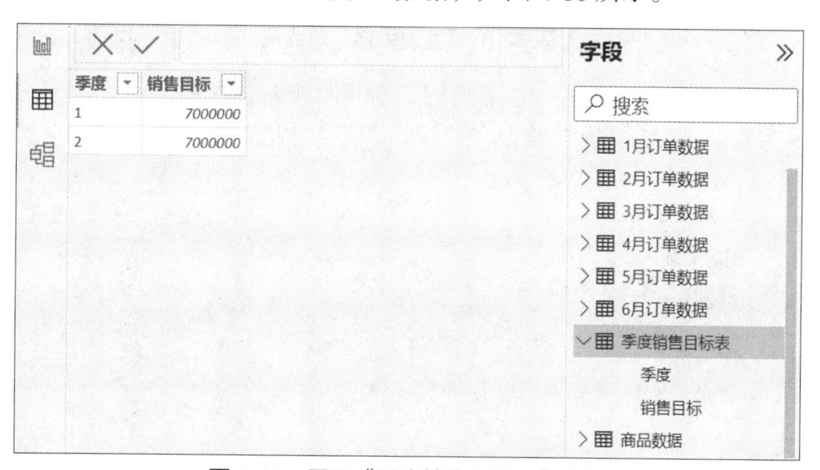

图 4-16　展示“季度销售目标表”数据

4.2.3　新建表间关系

微课 4-4　新建表间关系

在关系数据库中，建立表间关系的意思是建立各数据表间的关系，以方便数据之间的查询，建立表间关系还可以保证数据的参照完整性。某零售公司为了根据订单数据表方便、快速、一次性查询到多个相关数据表，同时对数据进行完整性约束，将建立“1~6 月订单数据”表和“商品数据”表的表间关系，以及“1~6 月订单数据”表和“季度销售目标表”表的表间关系，实现步骤如下。

（1）在 Power BI 界面下，选中“1~6 月订单数据”表，单击“表工具”选项卡中“关系”组的“管理关系”按钮，如图 4-17 所示，弹出“管理关系”对话框，如图 4-18 所示。

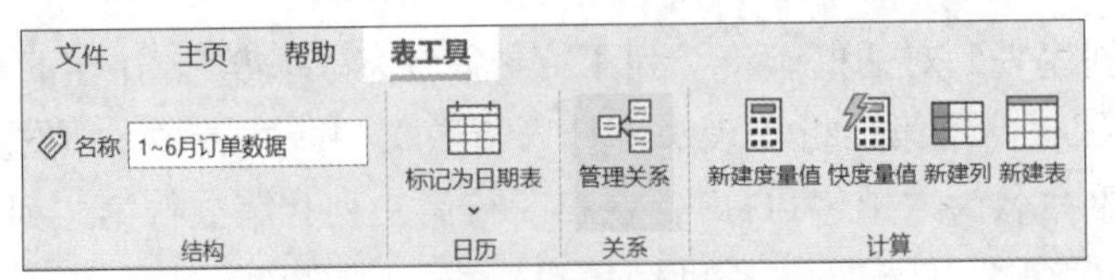

图 4-17　单击“管理关系”按钮

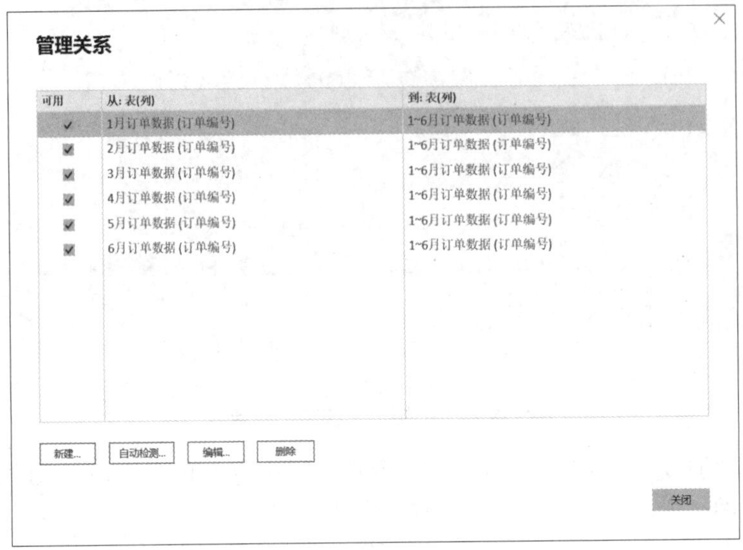

图 4-18　“管理关系”对话框

（2）单击“管理关系”对话框左下角的“新建”按钮，在弹出的“创建关系”对话框中选择“1~6 月订单数据”表的“商品 ID”列、“商品数据”表的“产品 ID”列，如图 4-19 所示。

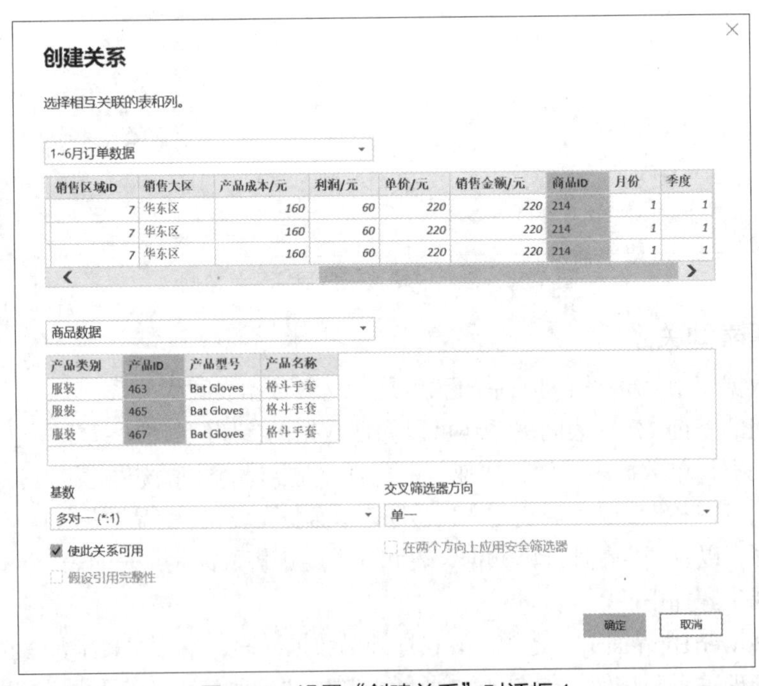

图 4-19　设置“创建关系”对话框 1

（3）单击“确定”按钮后返回“管理关系”对话框，继续单击“新建”按钮，在弹出的“创建关系”对话框中选择“1~6 月订单数据”表的“季度”列、“季度销售目标表”的“季度”列，如图 4-20 所示。

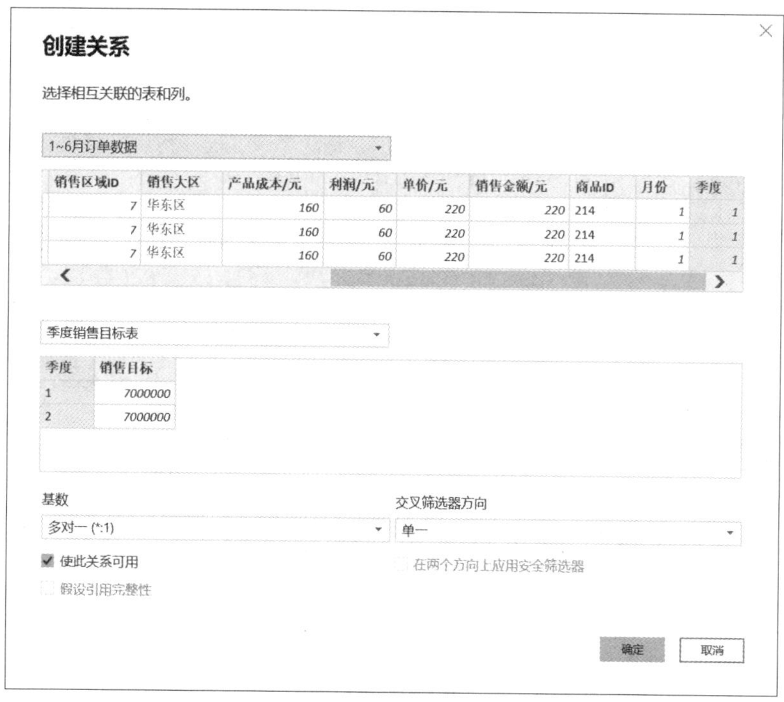

图 4-20　设置“创建关系”对话框 2

（4）单击“创建关系”对话框的“确定”按钮后，单击“管理关系”对话框的“关闭”按钮，并单击左侧的模型视图，各数据表的表间关系如图 4-21 所示。

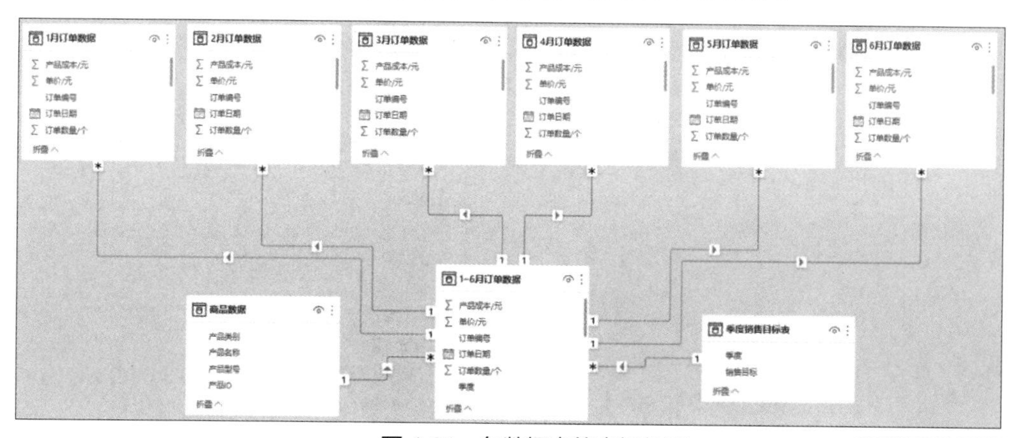

图 4-21　各数据表的表间关系

4.2.4　新建度量值

微课 4-5　新建度量值

在 Power BI 中，度量值是用 DAX 公式创建的一个虚拟字段的数据值。它不改变源数据，也不改变数据模型。在“字段”窗格中，度量值前面均有“计算器”符号。通过新建度量值，可经过运算得出特定的数值，如销售数量、销售金额等。“可视化”窗格中的可视化图表可以对度量值进行可视化展示。度量值主要在聚合运算时使用，运算在查询时才执行，并不占用内存。

销售金额是评估企业经济表现的重要指标之一，可以反映企业的销售情况、市场需求情况，帮助企业了解自身产品或服务的销售情况，为企业经营决策提供重要参考。为此，某零售公司根据订单数据表中的“季度”和“销售金额”列，计算出“第 1 季度销售金额”度量值，实现步骤如下。

（1）选中右侧“字段”窗格中的“1~6 月订单数据”表，并单击数据视图，单击“表工具”选项卡中“计算”组的“快度量值”按钮，如图 4-22 所示。

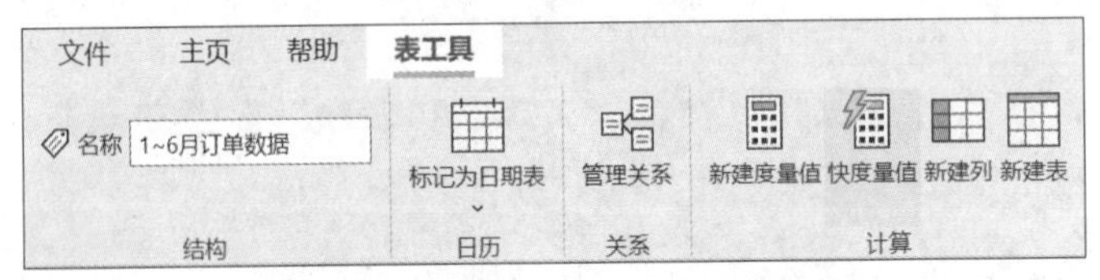

图 4-22　单击“快度量值”按钮

（2）设置“快度量值”对话框。在弹出的“快度量值”对话框的“计算”下拉列表中选择“类别合计（应用筛选器）”选项，展开右侧“字段”中的“1~6 月订单数据”表，将“销售金额/元”字段拖曳至“基值”处，将“季度”字段拖曳至“类别”处，如图 4-23 所示。

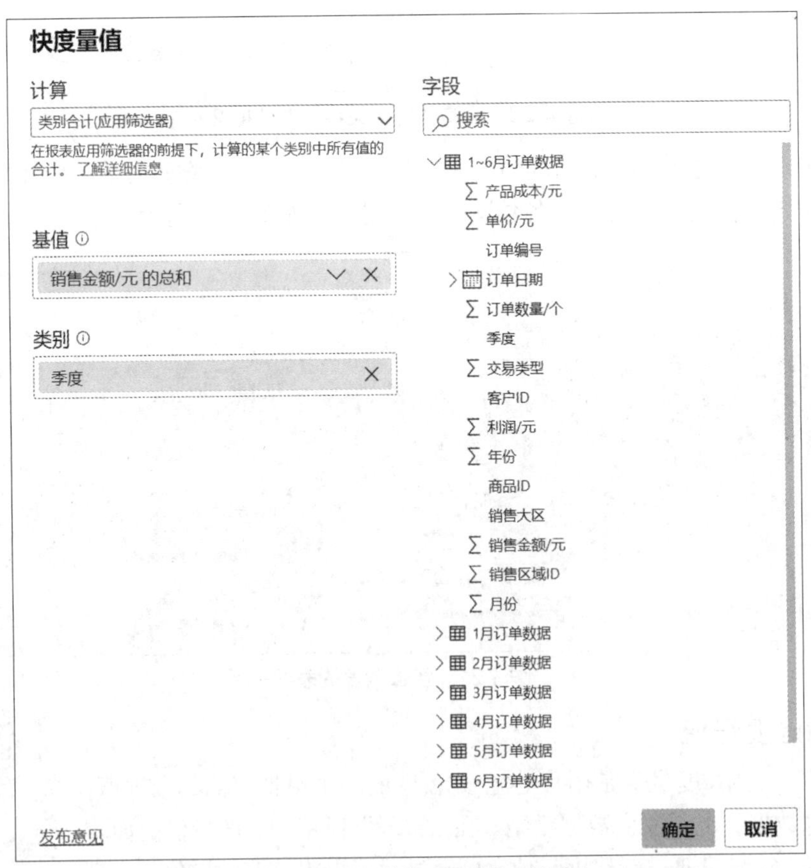

图 4-23　设置“快度量值”对话框

（3）修改 DAX 公式。单击“确定”按钮后，在“DAX 公式”处将公式修改为“第 1 季度销售金额 = CALCULATE(SUM('1~6 月订单数据'[销售金额/元]), ALLSELECTED('1~6 月订单数据'[季度]),FILTER('1~6 月订单数据','1~6 月订单数据'[季度]=1))”，如图 4-24 所示。

```
1 第1季度销售金额 =
2 CALCULATE(SUM('1~6月订单数据'[销售金额/元]), ALLSELECTED('1~6月订单数据'[季度]),FILTER('1~6月订单数据','1~6月订单数据'[季度]=1))
```

图 4-24　修改后的 DAX 公式

（4）DAX 公式修改完成后，依次单击左侧报表视图、右侧“可视化”窗格中的“卡片图”图标，如图 4-25 所示。

（5）勾选“字段”窗格中的“1~6 月订单数据”表的“第 1 季度销售金额”度量值，即可展示 DAX 度量值；选中图表，在“设置视觉对象格式”中将“标注值”的显示单位设为“无”，最终效果如图 4-26 所示。

图 4-25　选择“卡片图”图标

图 4-26　展示“第 1 季度销售金额”度量值

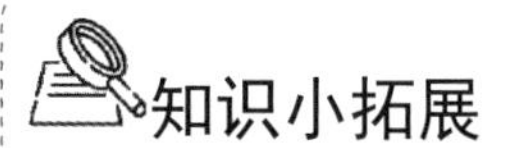

知识小拓展

在 Power BI 中，DAX 语言有许多常用的函数可用于数据建模、计算字段和创建度量值等操作。表 4-2 所示为 DAX 语言常用的函数说明。

表 4-2　DAX 语言常用的函数说明

类型	函数	作用
数学和三角函数	SUM	返回列中所有数字的总和
	ROUND	返回四舍五入的结果
	RANDBETWEEN	返回指定的两个数字之间的范围中的随机数字
	FACT	返回阶乘结果
	DIVIDE	返回安全除法的结果
统计函数	MAX	返回列中最大数值
	MIN	返回列中最小数值
	AVERAGE	返回列中平均值
	COUNT	返回列中数字型数据的数目

续表

类型	函数	作用
逻辑函数	IF	根据条件返回不同的值
	SWITCH	根据多个条件返回不同的值
	NOT	对条件进行逻辑非操作
筛选器函数	ALL	返回表中的所有行或返回列中的所有值
	CALCULATE	根据筛选条件筛选出符合要求的子数据集，并且对筛选后的子数据集进行函数运算
	FILTER	返回表示另一个表或表达式的子集的表
	RELATED	返回另一个表中对应的相关值，前提是两个表要建立表间关系
文本函数	FIND	返回一个文本字符串在另一个文本字符串的起始位置
	FORMAT	返回按一定格式显示的内容
日期时间函数	TODAY	返回当前日期
	NOW	返回当前时间
	DATE	返回日期格式的日期
	MONTH	返回一个日期的月份（1～12）
	YEAR	返回一个日期的年份
	DAY	返回一个日期的日
	HOUR	返回一个日期的小时数
	MINUTE	返回一个日期的分钟数
	SECOND	返回一个日期的秒数

表 4-2 只是 DAX 语言部分常用的函数。更多函数可参考 Power BI 的官方文档或在线资源以获取更详细的函数列表和使用说明。

【项目总结】

本项目主要介绍了 Power Pivot 和 DAX 语言数据建模的基础知识，通过使用“添加列”选项卡对体育商品销售数据进行“月份”和“季度”列的新建；使用“输入数据”新建“季度销售目标”表；使用“管理关系”新建“1~6 月订单数据”表、“商品数据”表和“季度销售目标”表的表间关系；使用 DAX 语言及公式新建“第 1 季度销售金额”度量值。

通过对本项目的学习，读者可以学习到 Power BI 数据建模的相关知识，能在建模工具中构建有效的模型，此外，还可以加强模型构建能力、学习思维能力；对于更复杂的数据分析需求，了解 DAX 语言及其相关函数，读者可提高度量值的创建能力、对公式的使用能力等。

【项目实训】

实训 对自助便利店销售业绩数据建模

1. 训练要点

（1）掌握新建列的方法。

（2）掌握新建表的方法。

（3）掌握新建表间关系的方法。

（4）掌握新建度量值的方法。

2. 需求说明

某品牌自助便利店记录了其在某地区不同店铺的 9 月份销售业绩数据，主要包括订单编号、商品名称、店铺、日期、单价/元、数量/件等相关信息，数据存放在“自助便利店销售业绩数据.xlsx”文件中，其数据字段说明如表 4-3 所示。为了解本月该品牌自助便利店在各地区的店铺销售情况，需要对销售业绩数据进行数据建模，以便相关人员掌握不同地区的店铺销售信息。

表 4-3 自助便利店销售业绩数据字段说明

字段	说明
订单编号	商品的订单编号
商品名称	商品的名称
店铺	售出商品的店铺
日期	售出商品的日期
单价/元	售出商品的单价
数量/件	售出商品的数量
总价/元	售出商品的总价格
产品类别	售出商品的所属类别

3. 实现思路及步骤

（1）将数据导入 Power BI。

（2）单击“表工具”选项卡中的“新建列”按钮，运用 MID 函数，新建“店铺所在区”列。

（3）单击“主页”选项卡的“数据”组中的“输入数据”按钮，新建“月份”“销售目标”列，在第一行分别输入“9 月份”“1200000”，在左下角“名称”文本框中输入“9 月份销售目标表”，单击“加载”按钮。

（4）在模型视图中，将销售业绩表中的“日期”字段拖曳至销售目标表中的“月份”中，连接销售业绩表和销售目标表。

（5）单击“表工具”选项卡中的“快度量值”按钮，新建“c 区自助便利店销售总额”度量值。在“计算”下拉列表中选择“已筛选的值”选项，将右侧字段“总价/元”拖曳至“基值”存储桶中，将“店铺所在区”字段拖曳至“筛选器”窗格中，最后筛选 c 区数据。

（6）保存为“自助便利店销售业绩数据.pbix”。

【思考题】

【导读】有人说架构是一门艺术，架构的质量靠的是架构师的经验和修行。某公司的一位架构师曾表示，架构师主要负责定义一个组织技术战略，将组织的业务愿景转变为技术蓝图，并脚踏实地关注项目的实际情况，从实际项目中获取决策。相比于工程师，架构师需要从系统和模型角度进行思考，还需为具体项目和计划进行决策，这就要求每一位架构师都需要具备架构规划、风险控制、方向掌控、性能评估、辩论、沟通等全方位能力，才能打破常规、持续不断地创新，带领组织构建“向上捅破天，向下扎到根”的竞争力。

【思考】架构师需要具备全方位的能力，请思考应该如何提高自身的沟通、规划等能力呢？

【课后习题】

1. 选择题

（1）下列关于 Power Pivot 说法错误的是（　　）。

A. 在 Excel 2013 中，Power Pivot 是以插件形式运行的

B. 在 Power BI 中，Power Pivot 是以插件形式运行的

C. 可用于构建数据模型、创建关系及计算等

D. 具有操作简单、处理大数据速度快、处理性能高等优点

（2）DAX 语言的返回形式不包括（　　）。

A. 函数　　B. 运算符　　C. 常量　　D. 变量

（3）DAX 语言不包含以下哪个部分？（　　）

A. 属性　　B. 语法　　C. 函数　　D. 上下文

（4）下列说法正确的是（　　）。

A. DAX 语言的表达式从左到右分别为表达式的内容、赋值符号、表达式的名称

B. DAX 语言的函数参数均包括表、列、表达式和值

C. 当 DAX 语言的表达式的语法、语义错误时，系统会返回错误结果

D. 在 DAX 表达式中，逗号为半角的

（5）【多选题】在 DAX 语言中，存储数据的维度包括（　　）。

A. 表　　B. 度量值　　C. 列　　D. 计算列

（6）下列函数表示返回当前日期的是（　　）。

A. DATE　　B. NOW　　C. TODAY　　D. DAY

（7）下列选项中，可用于对数据进行建模的是（　　）。

A. Power Pivot　　B. Power Query

C. 上述两个都可以　　D. 上述两个都不可以

（8）【多选题】在 Power BI 中，DAX 支持的运算符有（　　）。

A. 算术运算符　　B. 比较运算符

C. 文本串联运算符　　D. 逻辑运算符

2. 操作题

无论是成年人还是未成年人，都应该坚持适度消费、理性消费、绿色消费的观念，做一名合格的消费者。某商场为更灵活地分析一年内客户消费数据，需要对客户消费数据进行新建“月份”列、“季度”列和“1 月份客户消费总额”度量值的建模分析，其数据字段说明如表 4-4 所示。

表 4-4 客户消费数据字段说明

字段	说明
订单编号	客户购买商品的订单编号
商品 ID	商品的 ID
客户 ID	客户的 ID
下单日期	客户购买商品的日期
数量/件	客户购买商品的数量
单价/元	客户购买商品的单价
总价/元	客户购买商品的总价格

项目5 实现体育商品销售数据可视化

项目背景

近年来，很多人们喜欢城市夜跑，夜跑完后会将自己的运动数据记录图分享到社交网站上，而分享的运动数据记录图，其实就是数据可视化的体现。城市夜跑不仅是一项运动，而且融入了城市文化、体育精神、人文精神等，可以激发参与者的积极性和责任感，在推动个人全面发展的同时，促进社会的和谐进步。数据可视化意味着以可视化图表的形式来显示数据信息，使人们更容易理解。某零售公司为了深入了解商品销售情况、发现潜在机会并制定有效的销售策略，需要对体育商品销售数据进行可视化操作。本项目将使用 Power BI，通过数据可视化的方式，直观地、交互式地展示体育商品销售情况，以便数据分析人员更好地理解和分析销售数据、了解市场趋势，同时，帮助销售商实现精确的商品管理。

项目要点

（1）通过 Power BI 绘制簇状柱形图、堆积柱形图和折线图，分析各月份销售情况。

（2）通过 Power BI 绘制表、百分比堆积柱形图和簇状柱形图，分析各地区销售情况。

（3）通过 Power BI 绘制饼图、簇状条形图和瀑布图，分析各商品销售情况。

（4）通过 Power BI 绘制分布散点图和树状图，分析客户的购买情况。

（5）通过 Power BI 绘制仪表和 KPI 图，分析销售目标完成情况。

教学目标

1. 知识目标

（1）了解图表的各个组成元素。

（2）熟悉各类型图表的作用。

（3）掌握自定义可视化图表的方法。

（4）掌握各类型图表的绘制方法。

2. 素养目标

（1）通过学习各类型图表的绘制方法，绘制富有吸引力和易于理解的图表，提高对数据的敏感度，绘制富有美感和深度的图表。

（2）通过学习对各月份、各地区、各产品等多个方面的体育商品销售数据分析，提高对有特定分析需求的特定数据的思维能力。

（3）通过学习和运用适当的图表和可视化技巧，提高呈现数据、分析数据和发现数据的能力。

思维导图

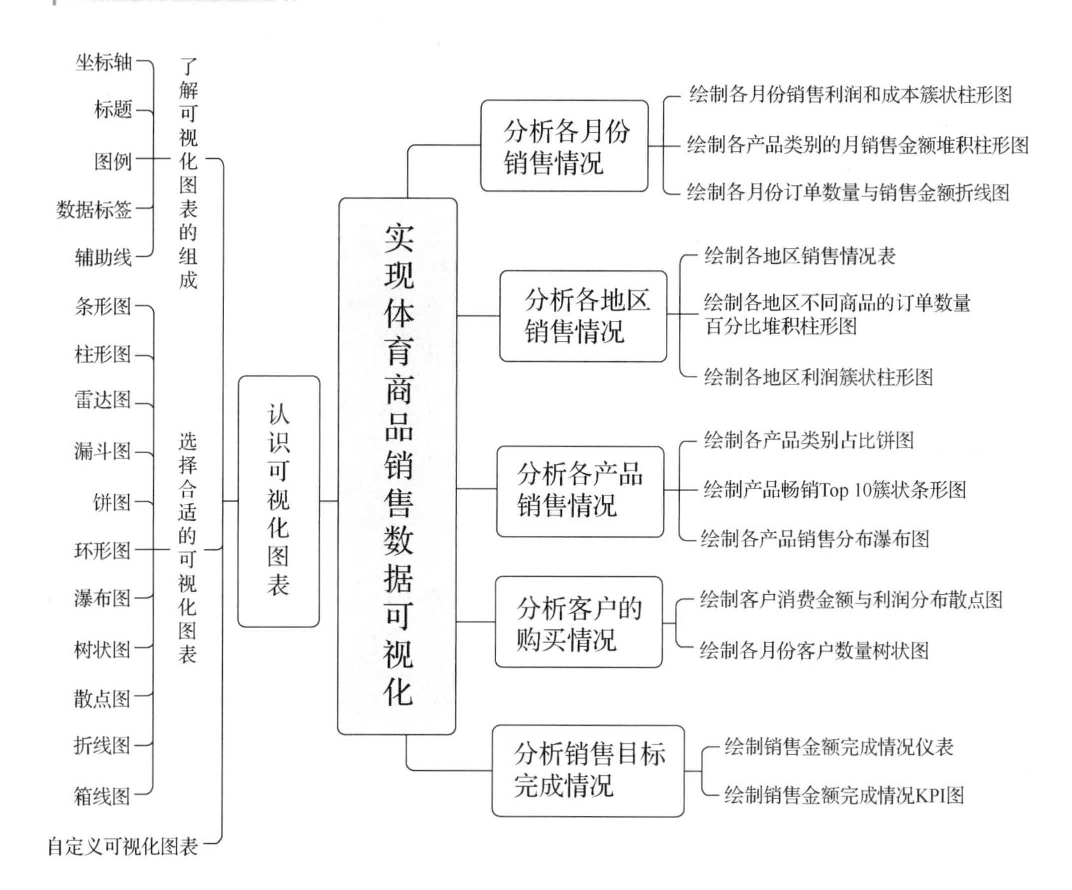

项目实施

任务 5.1 认识可视化图表

数据可视化的目的是化抽象为具体，将隐藏于数据中的规律直观地展现出来，以帮助数据分析人员强化系统思维。Power BI 拥有多个内置的可视化图表和数百个自定义可视化图表库，读者可以轻松使用可视化来有效地传达信息。如何绘制可视化图表呢？首先，需要了解可视化图表的组成元素；其次，需要明确通过什么样的可视化图表来传达所需要表达的信息；最后，当 Power BI 自带的可视化图表无法满足需求时，可自定义可视化图表。

5.1.1 了解可视化图表的组成

一个 Power BI 可视化图表包含大量的组成元素以传达信息。Power BI 可视化图表的基本组成元素包括坐标轴、标题、图例、数据标签、辅助线等，调整这些组成元素可使可视化图表外观呈现最佳效果。

1. 坐标轴

坐标轴是界定图表的线条，用作度量的参照框架。单击在报表视图中出现的可视化图表，打开“设置视觉对象格式”列表下的“视觉对象”选项卡，将 X 轴、Y 轴的状态设置为“开”，如图 5-1 所示。其中，X 轴的设置选项包括数值类型、数值范围等，如图 5-2 所示；Y 轴的设置选项包括数值范围、对数刻度等，如图 5-3 所示。

图 5-1　启用坐标轴标签

图 5-2　X 轴的设置选项

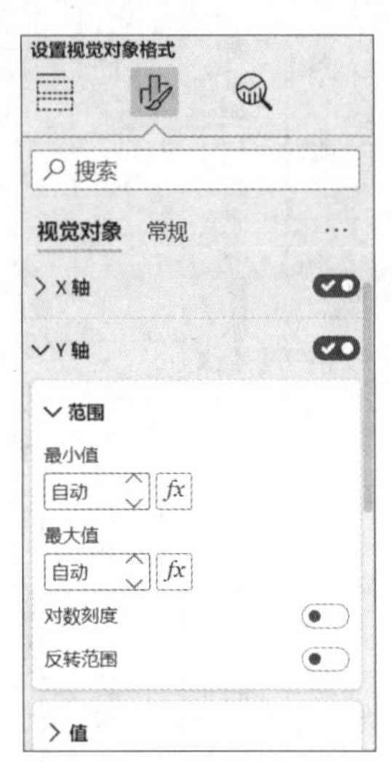

图 5-3　Y 轴的设置选项

2. 标题

标题是一个显示于图表中的文本框，用于表示图表的主题和意义。在“设置视觉对象格式”列表下的“常规”选项卡中，将标题的状态设置为“开”，其设置选项包括文本、标题、字体、文本颜色等，如图 5-4 所示。

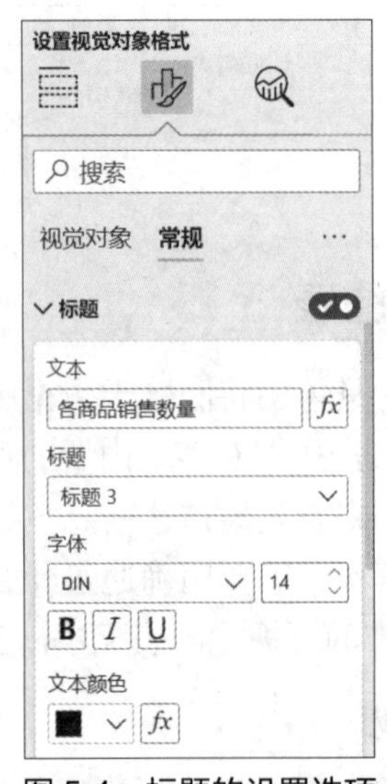

图 5-4　标题的设置选项

3. 图例

图例是图表中一个带文字和图案的矩形，用于表示数据系列的颜色和图案。图例通过设置位置、颜色和字体来改变其样式。在“设置视觉对象格式”列表下的“视觉对象”选项卡中，将图例的状态设置为“开”，其设置选项包括选项（位置、样式、匹配折线图颜色）、文本、标题等，如图 5-5 所示。

图 5-5 图例的设置选项

4. 数据标签

数据标签用于显示数据的值，在“设置视觉对象格式”列表下的“视觉对象”选项卡中，将数据标签的状态设置为“开”，其设置选项包括将设置应用于（数据系列、显示数据标签）、选项、值、背景等，如图 5-6 所示。

图 5-6 数据标签的设置选项

5. 辅助线

辅助线是指在原图基础上所作的具有极大价值的直线或线段。例如，图 5-7 所示的散点图展示了某幼儿园学生身高与体重之间的关系，为了表达数据之间的关系，在图 5-8 所示的“分析”列表中启用了趋势线（用于衡量趋势的辅助线）。

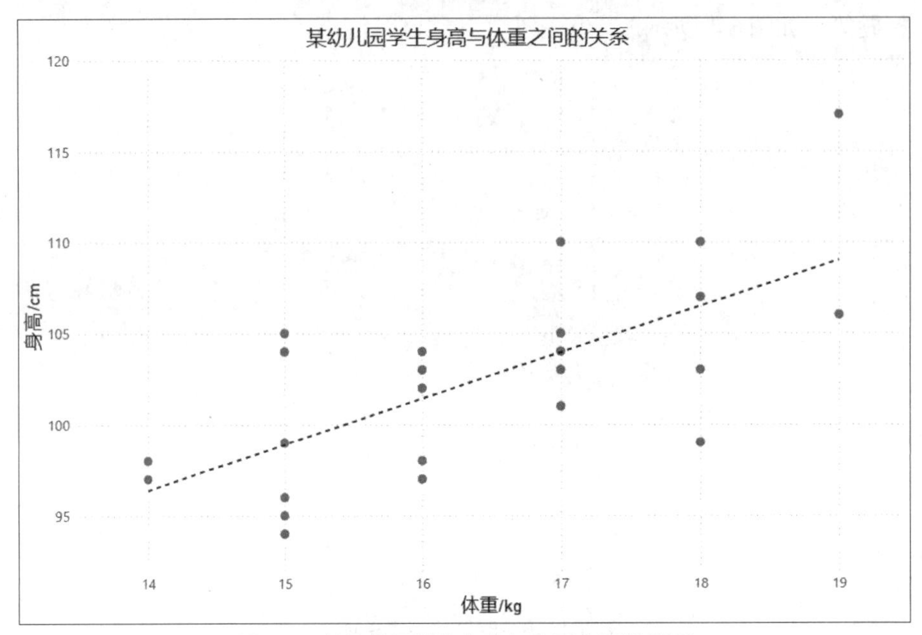

图 5-7　某幼儿园学生身高与体重之间的关系

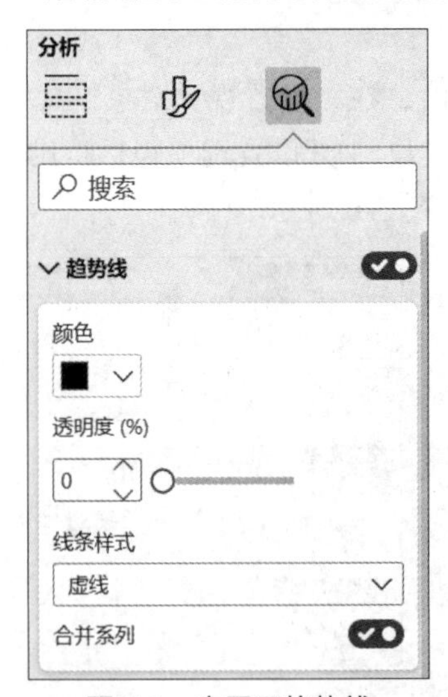

图 5-8　启用了趋势线

5.1.2　选择合适的可视化图表

可视化图表是可视化分析中最重要的工具之一。它通过点的位置、线的走势、图形的面积等形式，直观地呈现分析对象间的数量关系。不同类型的可视化图表展示数据的侧重点不同，选择合适的可视化图表可以更好地进行数据分析与可视化。Power BI 提供了多种类型的可视化图表供用户选择和使用，其默认安装的可视化图表如图 5-9 所示，其中包括堆积条形图、堆积柱形图、簇状条形图、簇状柱形图、折线图、瀑布图、散点图、饼图、环形图、树状图、漏斗图、仪表等。本小节主要介绍条形图、柱形图、雷达图、漏斗图、饼图、环形图、瀑布图、树状图、散点图、折线图、箱线图这 11 种可视化图表。

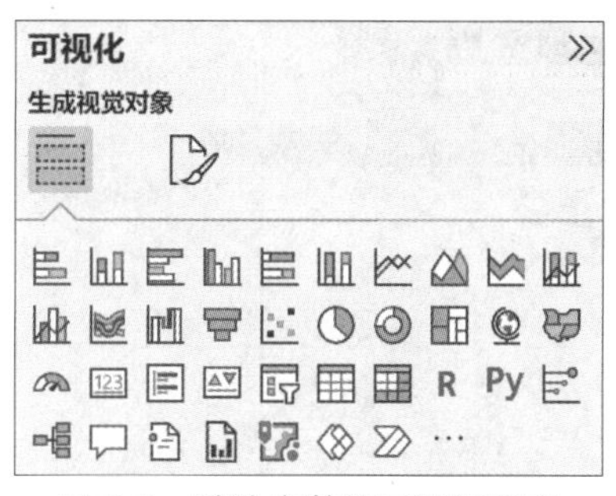

图 5-9 默认安装的可视化图表

1. 条形图

条形图是以宽度相等的条形长度的差异来显示统计指标数值大小的一种图表。它通常用于显示多数项目之间的比较情况。在条形图中，通常沿纵轴标记类别，沿横轴标记数值。条形图适用于维度分类较多，而且维度字段名较长的情景。条形图的横向布局能够完整展示维度字段名而又不显得过于拥挤，而柱形图往往会压缩字段名。常见的条形图包括堆积条形图、簇状条形图和百分比堆积条形图。

堆积条形图用于显示单个项目与整体之间的关系。如图 5-10 所示，其显示了各部门员工人数，并显示了各部门员工性别分布情况。

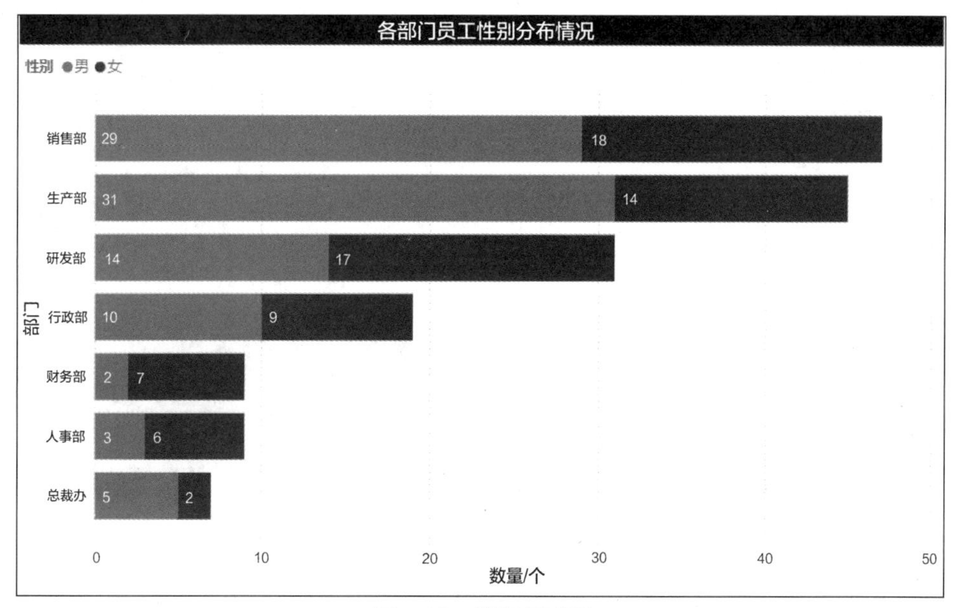

图 5-10 堆积条形图

簇状条形图用于比较各个项目的数值。如图 5-11 所示，其显示了各部门员工性别分布情况。

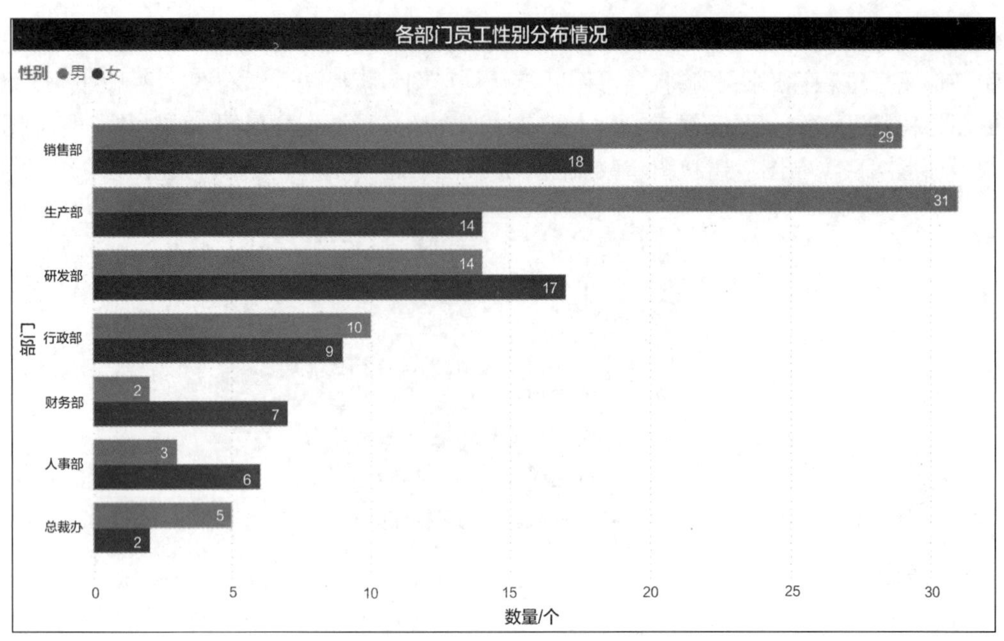

图 5-11　簇状条形图

百分比堆积条形图用于比较各个项目的每一数值占总数值的百分比。如图 5-12 所示，其以百分比堆积条形图的形式显示了各部门员工年龄段分布情况。

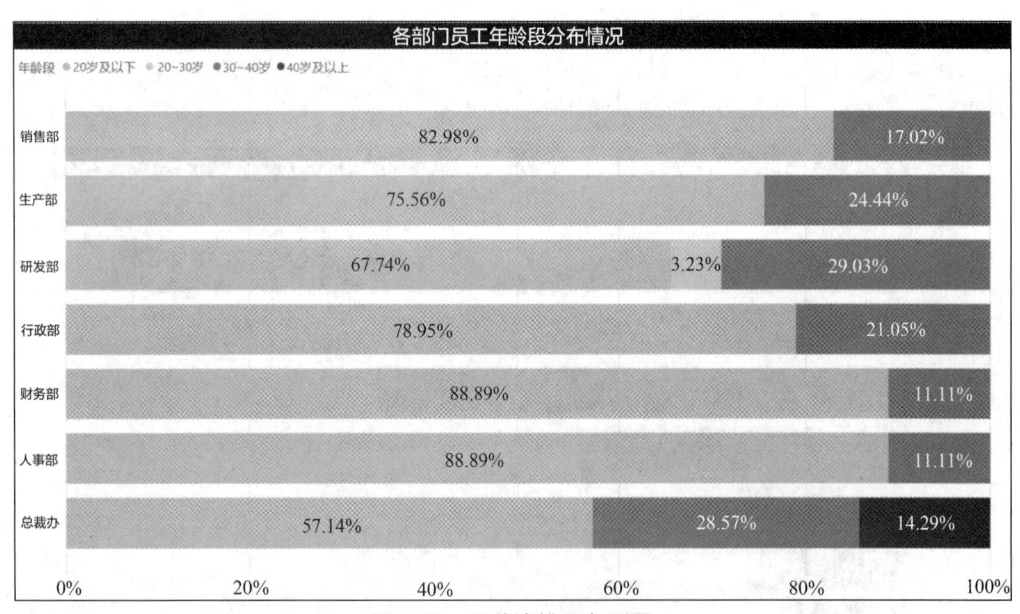

图 5-12　百分比堆积条形图

2. 柱形图

柱形图是以宽度相等的柱形高度的差异来显示统计指标数值大小的一种图表。柱形图用于显示一段时间内的数据变化或显示各项目之间的比较情况。与条形图不同，柱形图通常沿横轴标记类别，沿纵轴标记数值，可认为是条形图的坐标轴的转置；柱形图的纵向布局可配合折线图制作成复合型图表，条形图则不太适合。常见的柱形图包括堆积柱形图、簇状柱形图和百分比堆积柱形图。

堆积柱形图用于显示单个项目与整体之间的关系。如图 5-13 所示，其显示了各省份（自治区）员工性别分布情况。

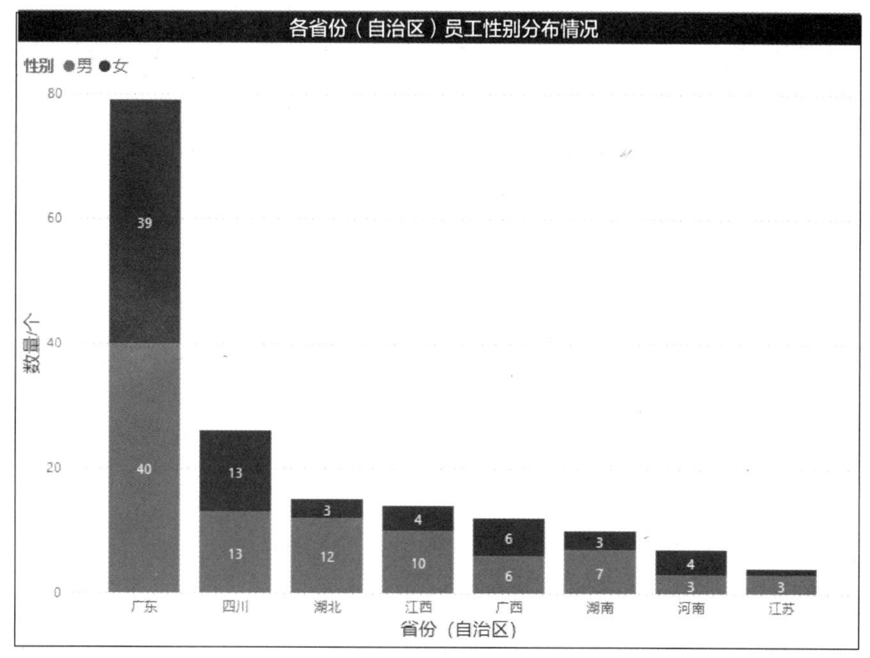

图 5-13 堆积柱形图

簇状柱形图用于比较各个项目的数值。如图 5-14 所示，其显示了各省份（自治区）员工性别分布情况。

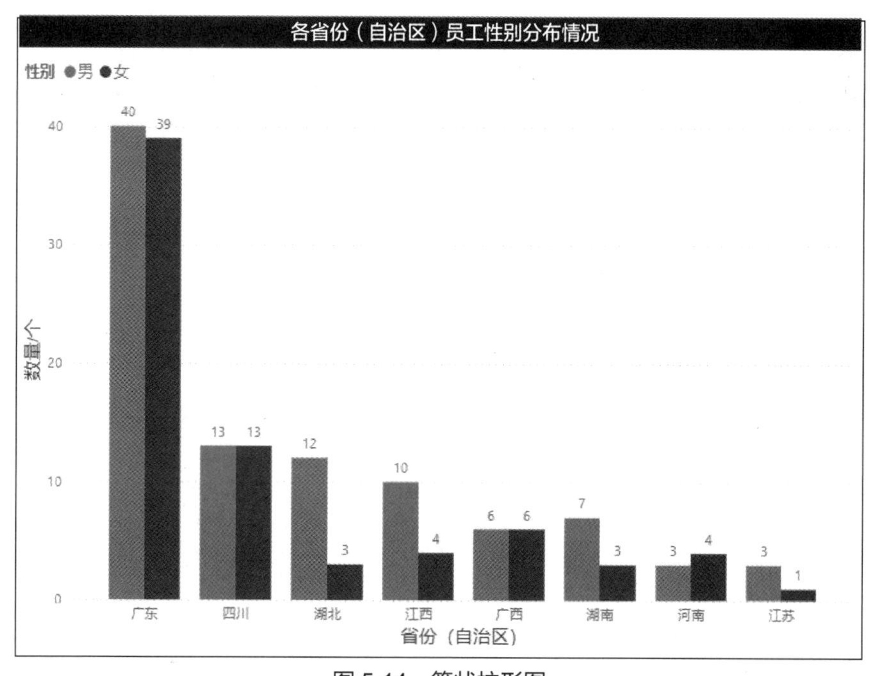

图 5-14 簇状柱形图

百分比堆积柱形图用于比较各个项目数值占整体数值的百分比。如图 5-15 所示，其以百分比的形式显示了各部门员工年龄段分布情况。

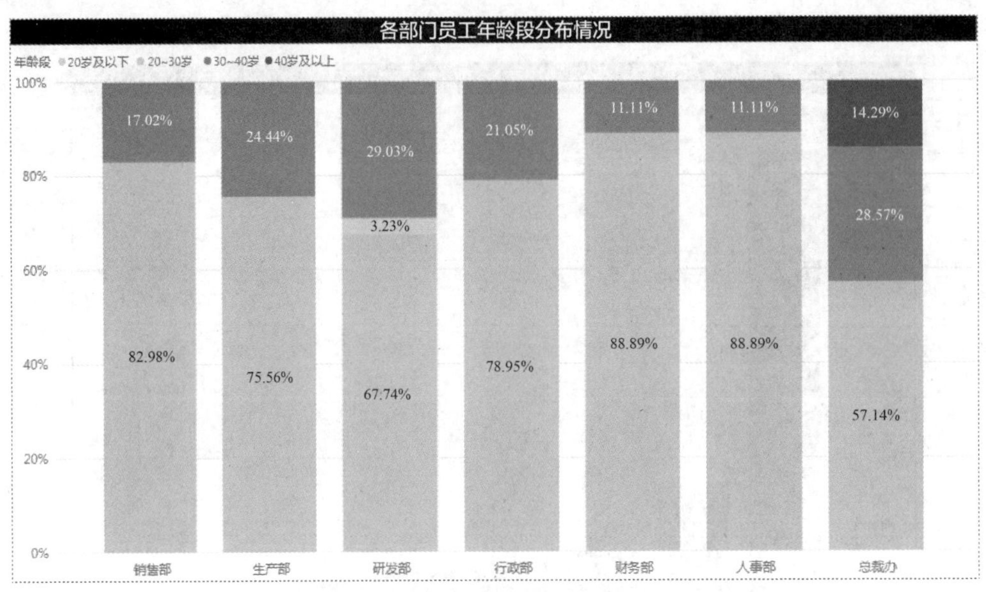

图 5-15　百分比堆积柱形图

3. 雷达图

雷达图又称戴布拉图、蜘蛛网图。雷达图将多个维度的数据映射到坐标轴上，这些坐标轴起始于同一个圆心点，通常结束于圆周边缘。将同一组点使用线连接起来就形成了雷达图。在坐标轴设置恰当的情况下，雷达图所围面积能表现出一些信息。雷达图把纵向和横向的分析比较方法结合起来，可以展示出数据集中各个变量的权重高低情况，非常适合用于展示性能数据。如图 5-16 所示，雷达图可对各销售经理的各项能力进行综合分析对比。

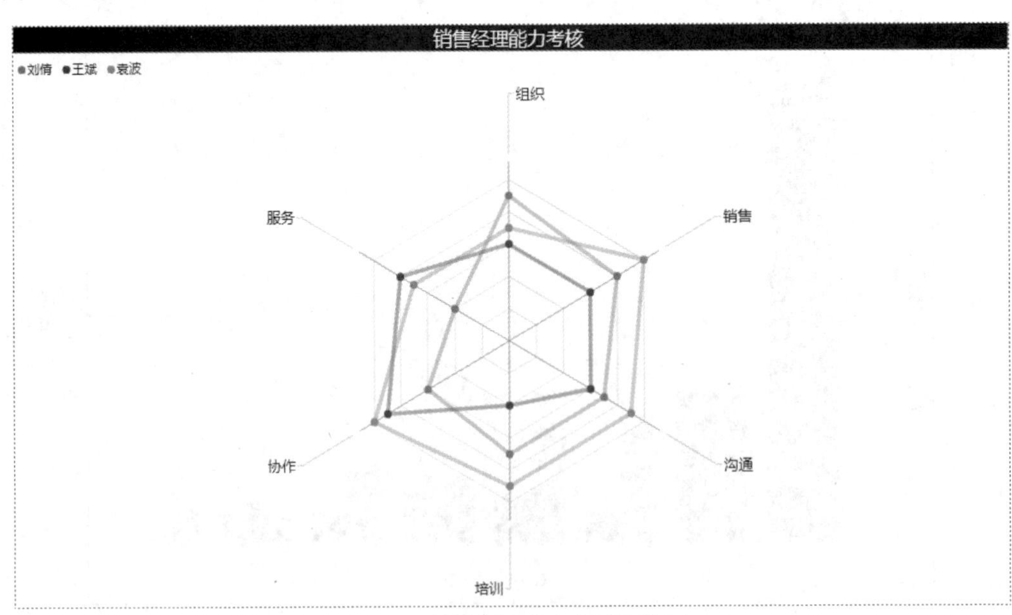

图 5-16　销售经理能力考核雷达图

4. 漏斗图

漏斗图是一个倒三角形的条形图。它适用于业务流程比较规范、周期长、环节多的流程分析。通过漏斗图对各环节业务数据进行比较，分析人员能够直观地发现和说明问题。如图 5-17 所示，漏斗图可用于分析销售过程中哪些环节出现了问题。

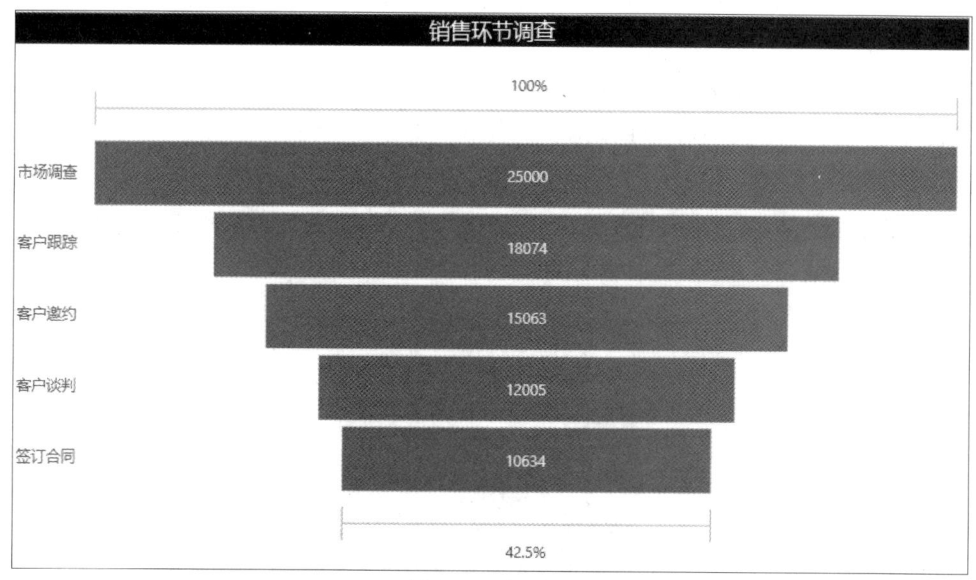

图 5-17 漏斗图

知识小拓展

在 Power BI 中，条形图和柱形图是用作对比分析的典型图表，此外，雷达图通常用于多变量综合对比分析，漏斗图往往用于对流程各环节进行对比分析。

对比分析法通常根据现象之间的客观联系，将两个或多个有关的统计指标进行对比，以反映数量上的差异和变化。

对比分析法根据分析的需要可分为绝对数对比和相对数对比两种形式。绝对数对比是利用绝对数进行对比，从而寻找差异和变化的一种方法。相对数对比利用相对数进行对比，相对数由两个有联系的指标计算得出。它是用于反映客观现象之间数量联系程度的综合指标。

在对比分析中，选择合适的对比标准十分关键，只有选择合适的对比标准才能进行客观的评价。对比标准分为以下 4 种。

（1）时间标准。时间标准即选择不同时间的指标数值作为对比标准。例如与上年同期的对比（同比），与前一时期的对比（环比），与达到历史最好水平的时期或历史上一些关键时期进行对比。

（2）空间标准。空间标准即选择不同空间的指标数值作为对比标准。例如与相似的空间对比，如与同级部门、单位、地区对比；与先进的空间对比，如与行业内标杆企业对比；与扩大的空间对比，如与行业内平均水平对比。

（3）经验或理论标准。经验或理论标准是通过对大量历史资料的归纳总结或对已知理论的推理而得到的标准，如借助恩格尔系数衡量某国家或地区的生活质量。

（4）计划标准。计划标准即选择计划数、定额数和目标数作为对比标准，如实际销售额与计划销售额的对比。

5. 饼图

饼图以一个完整的圆来表示数据对象的全体，其中的扇形表示各个组成部分。饼图常用于描述百分比构成，其中每一个扇形面积代表一类数据所占的比例。如图 5-18 所示，其显示了各省份（自治区）年利润分布情况。

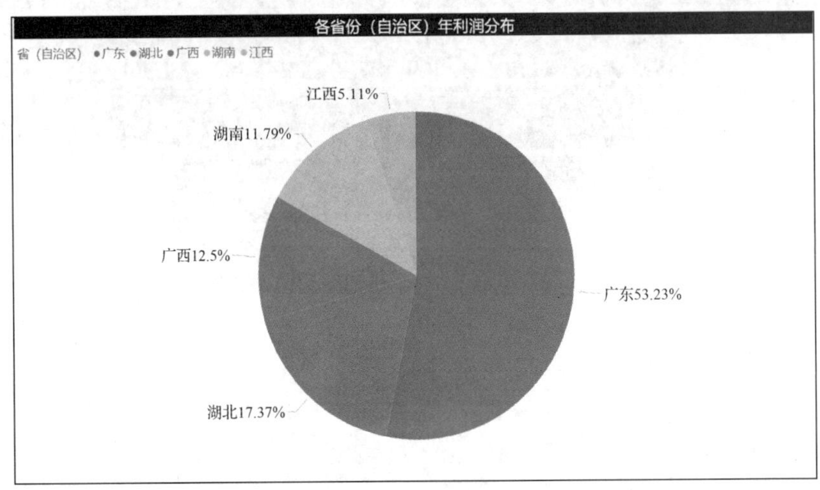

图 5-18 饼图

6. 环形图

与饼图一样，环形图用于显示各个组成部分与整体之间的关系，环形图以一个完整的环形来表示数据对象的全体。如图 5-19 所示（图中小数有四舍五入），其显示了广东省部分市年利润分布情况。

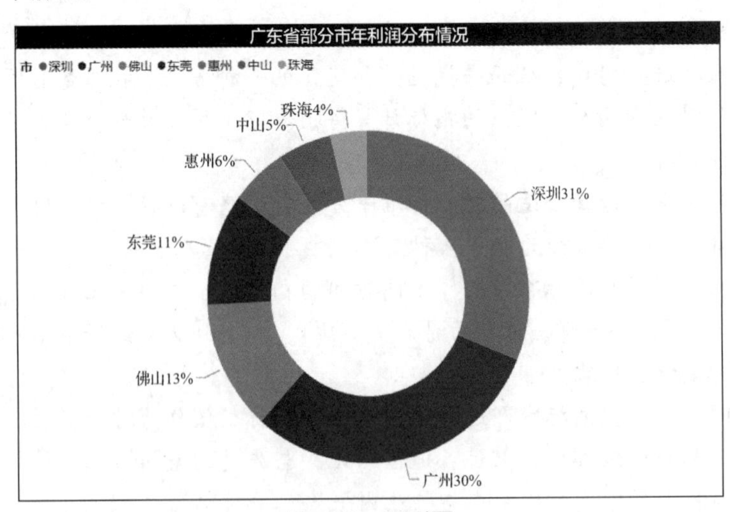

图 5-19 环形图

7. 瀑布图

瀑布图由麦肯锡咨询公司独创，因形似瀑布流水而被称为瀑布图。这种图采用了绝对数与相对数结合的方式，适用于表达多个特定数值之间的数量变化关系。如图 5-20 所示，其显示了广东省 7 个市的年利润分布情况。

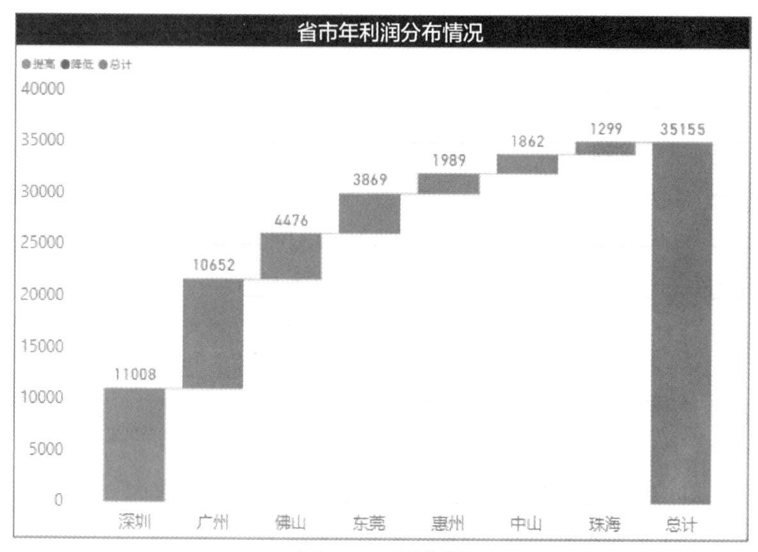

图 5-20 瀑布图

8. 树状图

树状图是用于展现有群组、层级关系的数据的一种图表。它通过矩形的面积、排列和颜色来显示复杂的数据关系，能够直观地体现同级之间的比较。如图 5-21 所示，其显示了省（自治区）市年利润分布情况。

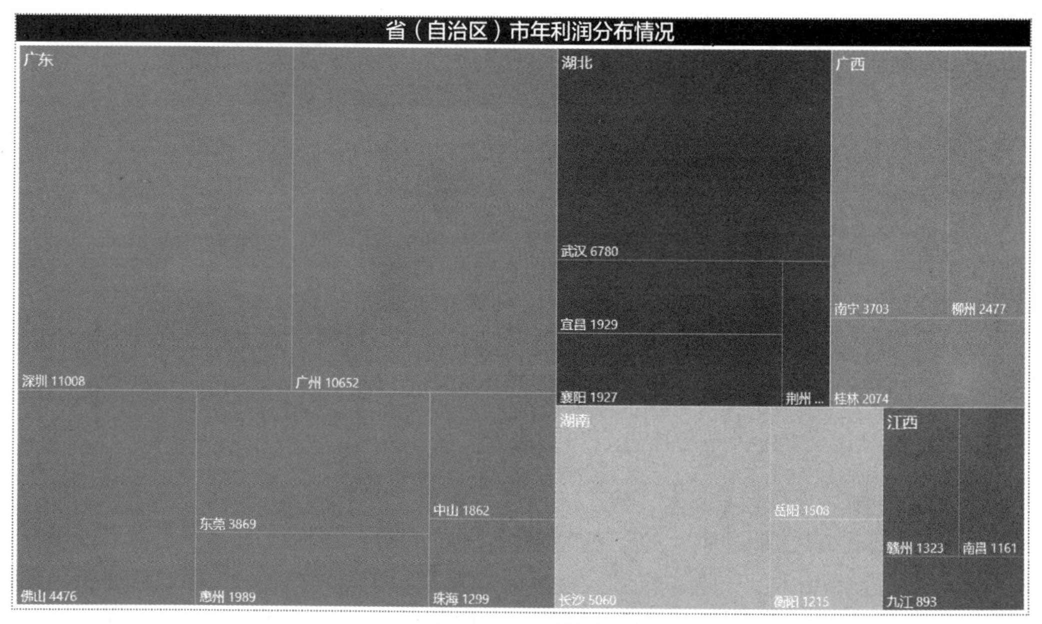

图 5-21 树状图

知识小拓展

在 Power BI 中，饼图、环形图、瀑布图和树状图通常被用于结构分析。结构分析是对一定时间内经济系统中各组成部分变动规律的分析。结构分析法是将总体划分为若干组成部分，然后计算各组成部分占总体指标的比重或比率，用以反映总体内部组成状况的综合指标的统计方法。结构分析法在统计分组的基础上，计算各组成部分所占的比重，进而分析某一总体现象的内部结构特征、总体的性质、总体内部结构依时间推移而表现出的变动规律性。结构分析法的基本表现形式就是计算结构相对指标，具体计算公式如下。

结构相对指标（%）=（总体中某一部分数值/总体数值）×100%

结构相对指标一般用百分数或系数表示，结构相对的分子和分母指标，既可以是总体单位总量，也可以是总体标志总量。其中，单位总量是总体中所包含的总体单位数的总和，用来说明总体本身的规模大小；标志总量是反映总体单位某种标志值总和的总量指标。运用结构相对指标，要以统计分组为前提，只有将总体进行科学的统计分组，求出各组总量在总体总量中所占的比重，才能反映总体内各类型的组成情况。由于结构相对指标是总体的部分数值与全部数值之比，因此各部分所占比重之和一定等于 100%或 1。结构相对指标的分子和分母不能互换。

结构相对指标是一种常用的相对指标。其主要作用是反映现象的结构、比例关系及发展变化规律。具体来说，结构相对指标有如下两个主要作用。

（1）利用结构相对指标，对事物的内部机构进行分析，不仅可以说明事物的性质和特征，还能够反映事物发展的不同阶段和量变引起质变的过程。例如，利用结构相对指标可以分析国民经济结构、人口构成、资产结构、筹资结构、成本结构等的现状特征及其在不同历史阶段的发展变化过程。

（2）利用结构相对指标，不仅可以反映事物总体的质量或工作的质量，还可以反映人力、物力和财力的利用情况。例如，产品合格率、产品废品率、等级率等结构相对指标，可以反映产品质量高低；出勤率、设备利用率、原材料利用率、生产设备利用率等结构相对指标可用于分析资源利用程度，挖掘利用潜力；市场占用率、森林覆盖率等结构相对指标，可用于分析各类现象的普及程度和推广程度等。

9. 散点图

散点图将数据显示为一组点。其由两组数据构成多个坐标点，通过观察坐标点的分布，分析人员可判断两组数据之间是否存在某种关联或总结坐标点的分布模式。如图 5-7 所示，其可用于研究幼儿园学生身高与体重之间的关系。

10. 折线图

折线图用于显示数据随时间或有序类别而变化的趋势。在折线图中，通常沿横轴标记时间或类别，沿纵轴标记数值。如图 5-22 所示，其显示了 2013～2022 年农村居民人均可支配收入和消费支出的变化趋势。从农村居民人均可支配收入和消费支出的逐年升高，可以看出国家对“三农”工作的高度重视，出台的各项惠农新政策让农村居民从中直接得到实惠，进而提高了农村居民的理想收入，提升了其幸福指数。

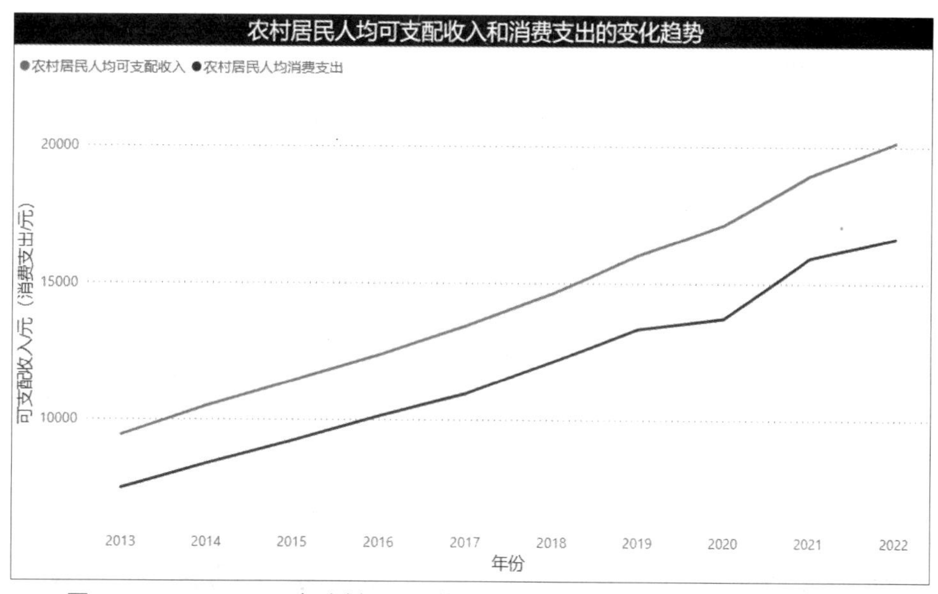

图 5-22　2013～2022 年农村居民人均可支配收入和消费支出的变化趋势折线图

知识小拓展

在 Power BI 中，散点图和折线图通常是用于相关分析的图表。相关分析研究现象之间是否存在某种依存关系，并对存在依存关系的现象探讨其相关方向和相关程度，是研究随机变量之间的相关关系的一种统计方法。相关分析是描述客观事物相互间关系的密切程度并用适当的统计指标表示出来的过程，该过程需要确定相关关系的存在，研究相关关系呈现的形态和方向、相关关系的密切程度。其主要方法是绘制相关图和计算相关系数。

相关图是利用直角坐标系第一象限，把自变量置于横轴，因变量置于纵轴，将两变量相对应的变量值用坐标点的形式描绘出来，用于表明相关点分布状况的图形。相关图又被形象地称为散点图或散布图。相关系数是反映变量之间相关关系密切程度的统计指标，相关系数的取值区间为-1～1。1 表示两个变量完全正相关，-1 表示两个变量完全负相关，0 表示两个变量不相关。相关系数越趋近于 0 表示相关关系越弱。

11．箱线图

箱线图是利用数据的统计量来描述数据的一种图形，一般包括上界、上四分位数、中位数、下四分位数、下界和异常值这 6 个统计量，能提供有关数据位置和分散情况的关键信息。图 5-23 所示为箱线图的结构，其中标记了每条线所表示的含义。

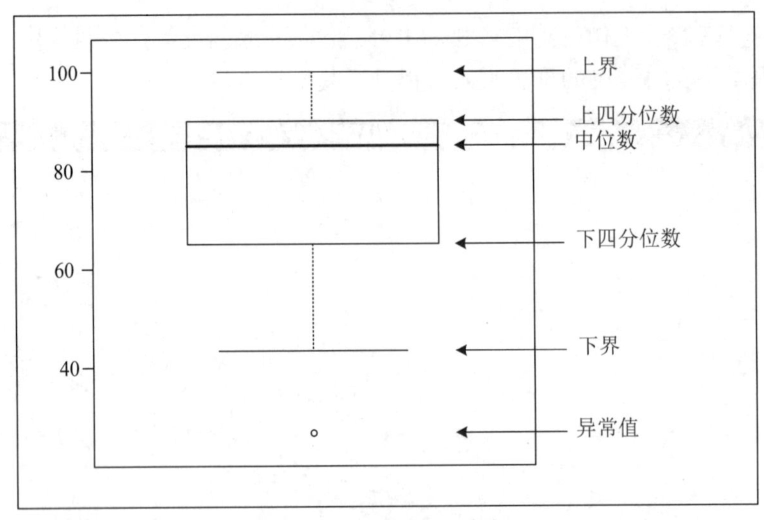

图 5-23　箱线图的结构

Power BI 可用于绘制某公司各部门员工年龄分布情况的箱线图。如图 5-24 所示，其展示了各部门员工年龄的上界、上四分位数、中位数、下四分位数和下界。

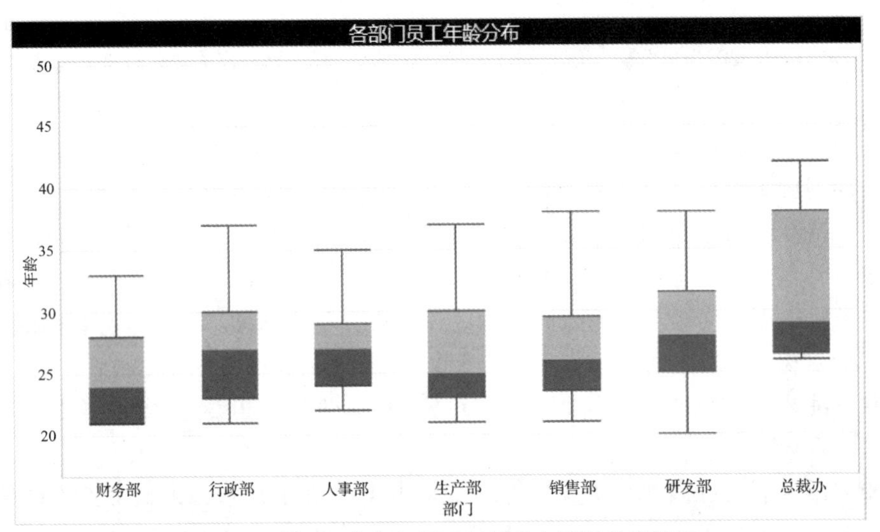

图 5-24　某公司各部门员工年龄分布情况的箱线图

知识小拓展

Power BI 提供灵活、多样的图表进行描述性分析，如箱线图、表等。描述性分析研究如何对客观现象的数量特征进行计量、观察、概括和表达。具体地说，描述性分析的主要内容包括：确定所要研究的数量特征及其计量层次、设计用来说明现象的数量特征的统计指标、收集和整理数据、计算统计指标并用图表显示。客观世界中，有的现象的数量特征比较直观，很容易观察和描述，如学校的学生人数和学生的身高、体重、学习成绩等。有的现象特别是社会经济现象却十分复杂，对其数量特征的描述就不那么轻松、容易。如对通货膨胀的描述、对国民经济的运行状况的描述等，这类描述问题涉及很多方面，必须结合现象的实质，在定性分析的基础上，正确界定有关的范围、概念、分类和统计指标。

描述性分析运用分类、制表、图形以及统计指标来描述数量特征的各项活动。描述性分析要对调查总体所有变量的有关数据进行统计性描述，主要包括以下方面。

（1）数据的频数分析：在数据的预处理部分，利用频数分析和交叉频数分析可以检验异常值。

（2）数据的集中趋势分析：用来反映数据的一般水平，常用的指标有平均值、中位数和众数等。

（3）数据的离散程度分析：主要用来反映数据之间的离散程度，常用的指标有方差和标准差。

（4）数据的分布：在统计分析中，通常要假设样本所属总体的分布符合正态分布，因此需要用偏度和峰度两个指标来检查样本数据是否符合正态分布。

（5）绘制统计图：用图形的形式来表达数据，比用文字表达更清晰、更简明。

5.1.3 自定义可视化图表

如果 Power BI 自带的可视化图表无法满足分析需求，那么读者可以进行自定义设置。截至 2023 年 3 月 22 日，Power BI 官方网站共提供了 484 种自定义可视化图表供用户选择，自定义可视化图表下载页面如图 5-25 所示。

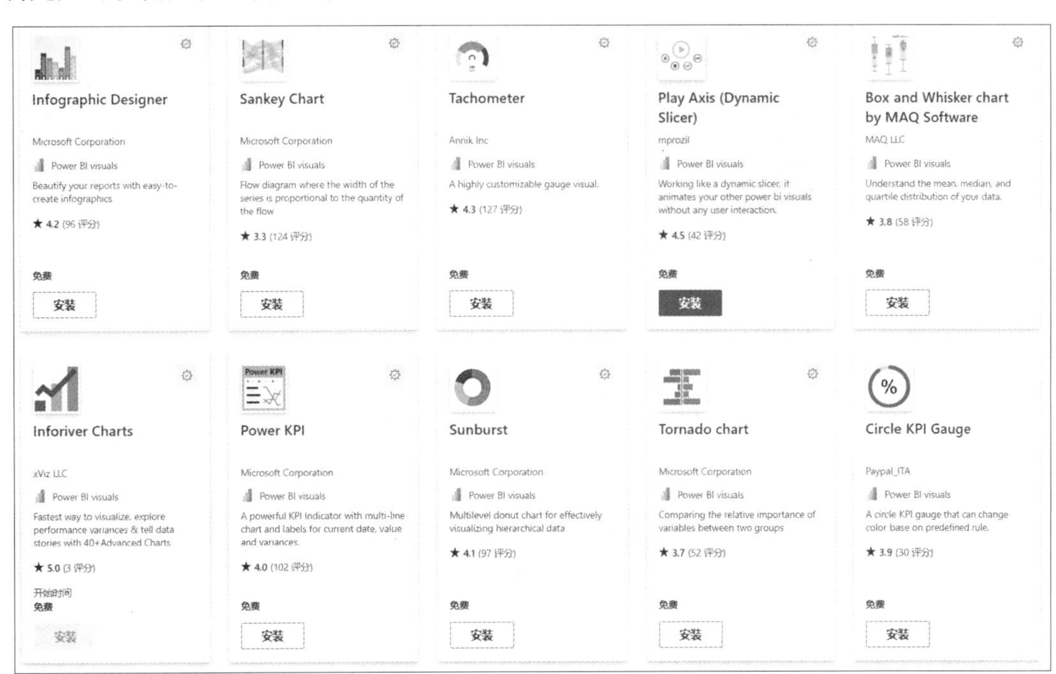

图 5-25 自定义可视化图表下载页面

本小节以箱线图为例，下载并导入自定义可视化图表，实现步骤如下。

（1）找到“Box and Whisker chart by MAQ Software”可视化图表，单击“安装”按钮，打开“确认详细信息以继续”对话框，如图 5-26 所示，单击“立即获取”按钮，即可下载该可视化图表。若在单击“安装”按钮后，弹出图 5-27 所示的对话框，则用户需要先登录到 Microsoft AppSource 后，才可下载可视化图表。

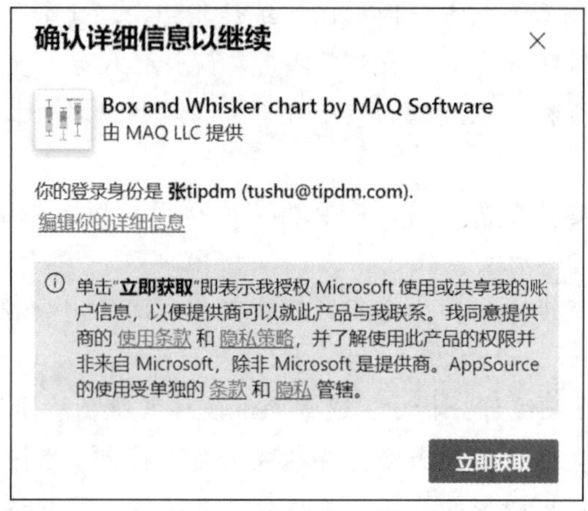

图 5-26 “确认详细信息以继续”对话框

图 5-27 “登录到 Microsoft AppSource”对话框

（2）当可视化图表下载完成后，在 Power BI 报表视图的“可视化”窗格中单击 ⋯ 图标，选择“从文件导入视觉对象”选项，如图 5-28 所示。

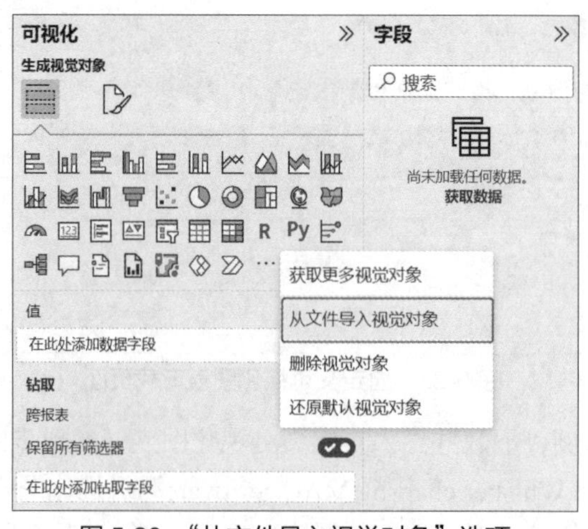

图 5-28 “从文件导入视觉对象”选项

（3）弹出“注意：导入自定义视觉对象”对话框，如图 5-29 所示，单击“导入”按钮。

图 5-29 “注意：导入自定义视觉对象”对话框

（4）弹出“打开”对话框，选择已下载的自定义视觉对象文件，单击“打开”按钮，如图 5-30 所示。

图 5-30 “打开”对话框

（5）弹出“已成功导入”对话框，如图 5-31 所示，单击“确定”按钮。此时，箱线图可视化图表被成功导入“可视化”窗格，其结果如图 5-32 所示。

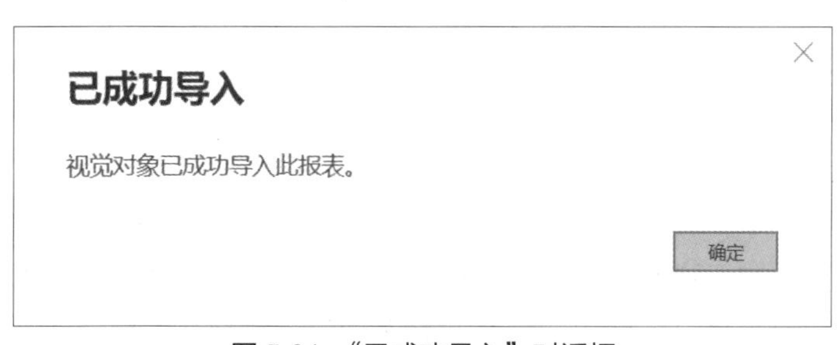

图 5-31 “已成功导入”对话框

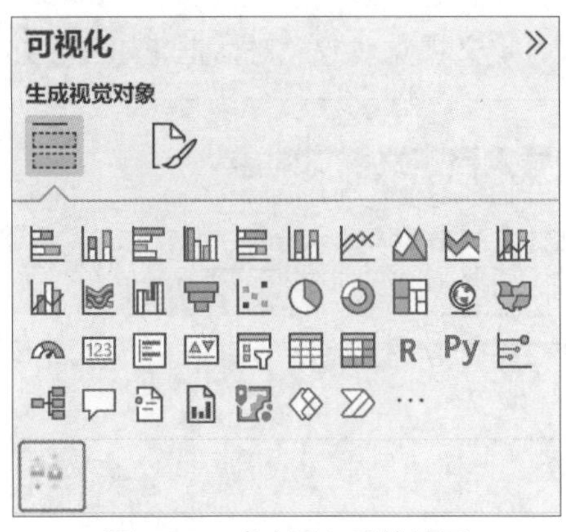

图 5-32　成功导入后的结果

任务 5.2　分析各月份销售情况

通过分析各月份销售情况，企业可以洞察关于销售情况、销售趋势、市场需求、策略调整等方面的信息，帮助企业做出明智的经营决策，并制定有效的销售战略。为此，某零售公司需要绘制各月份销售利润和成本簇状柱形图、各产品类别的月销售金额堆积柱形图、各月份订单数量与销售金额折线图，以便分析各月份销售情况。

5.2.1　绘制各月份销售利润和成本簇状柱形图

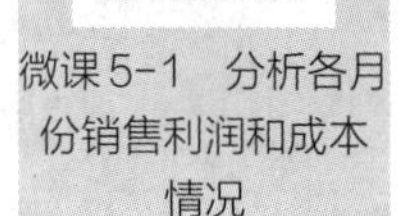
微课 5-1　分析各月份销售利润和成本情况

簇状柱形图可以将各月份销售利润和成本进行直观的对比与分析，通过对比柱形高度，某零售公司可以清楚地看到各月份的销售利润和成本的差异，了解各月份的销售情况和盈亏状况。绘制各月份销售利润和成本簇状柱形图的步骤如下。

（1）打开项目 4 建模后的“体育商品销售数据分析.pbix”文件，在 Power BI 界面下，单击“可视化”窗格中的“簇状柱形图”图标，如图 5-33 所示。

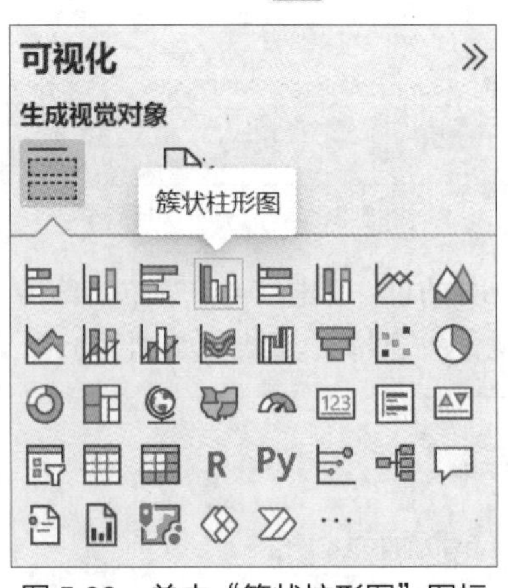

图 5-33　单击“簇状柱形图”图标

（2）选择字段绘制初始簇状柱形图。将“字段”窗格下“1~6 月订单数据”表中的“月份”字段拖曳至“可视化”窗格的“X 轴”存储桶中；分别将“利润/元”“产品成本/元”字段拖曳至“Y 轴”存储桶中，如图 5-34 所示。

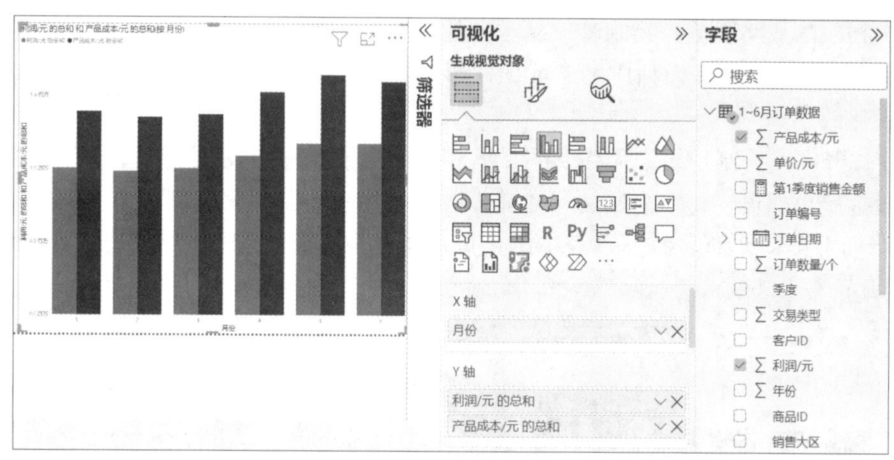

图 5-34　各月份销售利润和成本簇状柱形图

（3）双击“Y 轴”存储桶中的“利润/元 的总和”“产品成本/元 的总和”，将其分别重命名为“利润/元”“产品成本/元”。

（4）调整簇状柱形图。在“可视化”窗格的“设置视觉对象格式”列表中进行如下操作。

① 将图表标题修改为“各月份的利润和成本情况”。

② 将 Y 轴的显示单位设置为“无”。

③ 将 Y 轴的标题文本设置为“总金额/元”。

④ 适当调整图表中的字体大小，最终效果如图 5-35 所示。

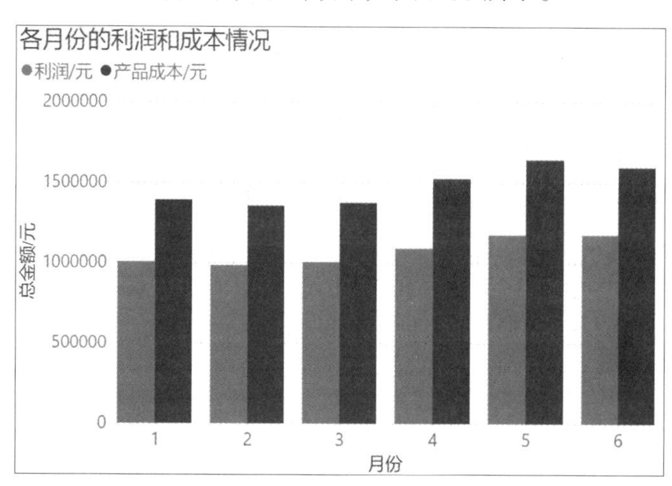

图 5-35　调整后的簇状柱形图

由图 5-35 可知，4～6 月的利润比 1～3 月的利润高，同时相应的产品成本也随之增高。其中，5 月的利润和产品成本最高，2 月的利润和产品成本最低。

微课 5-2　分析各产品类别的月销售金额情况

5.2.2　绘制各产品类别的月销售金额堆积柱形图

通过绘制各产品类别的月销售金额堆积柱形图，零售公司可以方便地进行产品类别比较分析，有助于其更好地了解产品销售情况，并根据数据洞察做出相应的战略决策。绘制各产品类别的月销售金额堆积柱形图的步骤如下。

（1）单击“可视化”窗格中的“堆积柱形图”图标，在报表视图中会出现堆积柱形图的可视化效果。

（2）选择字段绘制初始堆积柱形图。将“字段”窗格下“1~6 月订单数据”表中的“月份”字段拖曳至“可视化”窗格的“X 轴”存储桶中；将“销售金额/元”字段拖曳至“Y 轴”存储桶中；将“商品数据”表中的“产品类别”字段拖曳至“图例”存储桶中，如图 5-36 所示。

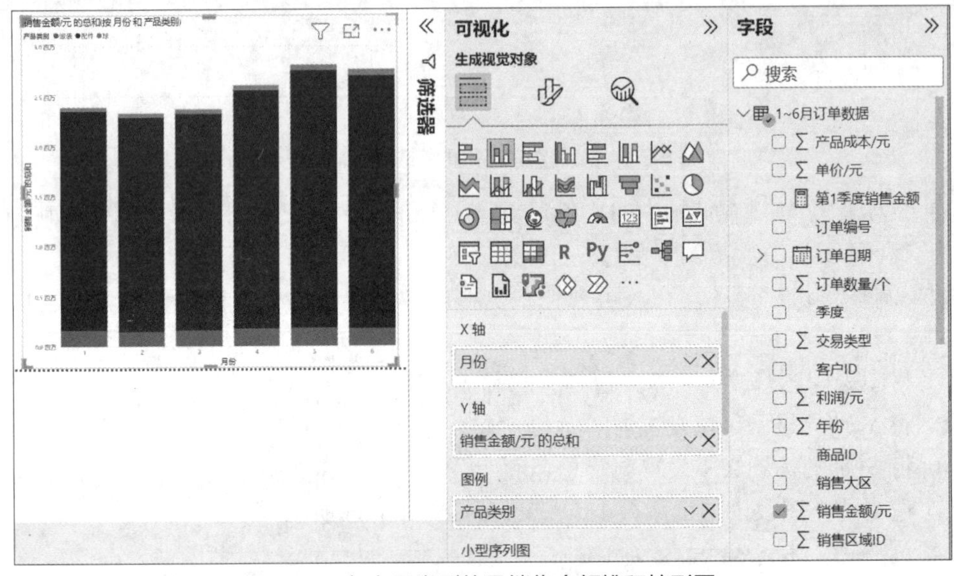

图 5-36　各产品类别的月销售金额堆积柱形图

（3）调整堆积柱形图。在“可视化”窗格的“设置视觉对象格式”列表中进行如下操作。

① 将图表标题修改为“各月份各产品类别的销售情况”。

② 将 Y 轴的显示单位设置为“无”。

③ 将 Y 轴的标题文本设置为“销售金额/元”。

④ 适当调整图表中的字体大小，最终效果如图 5-37 所示。

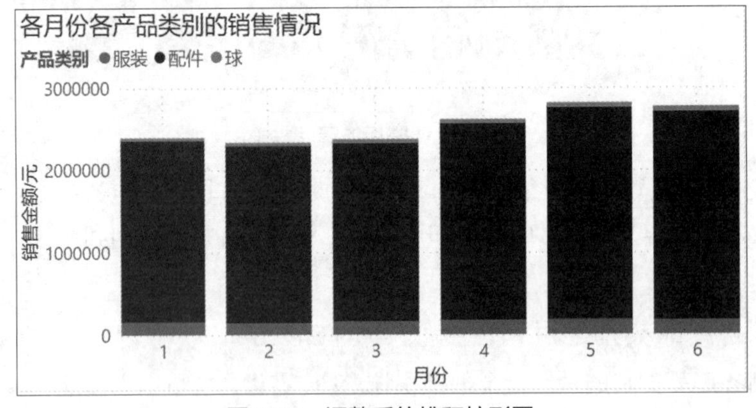

图 5-37　调整后的堆积柱形图

由图 5-37 可知，配件类产品是各月里销售金额最高的，服装类与球类产品各月的销售金额都较低，可能是因为配件类产品比较受市场欢迎，或该零售公司的主推产品就是配件类产品。

5.2.3 绘制各月份订单数量与销售金额折线图

微课 5-3 分析各月份订单数量与销售金额情况

通过绘制各月份订单数量与销售金额折线图，零售公司可以获得销售趋势分析、订单数量与销售金额关系分析等方面的重要信息，以便该公司优化销售策略。绘制各月份订单数量与销售金额折线图的步骤如下。

（1）单击“可视化”窗格中的“折线图”图标，在报表视图中会出现折线图的可视化效果。

（2）选择字段绘制初始折线图。将“字段”窗格下“1~6 月订单数据”表中的“月份”字段拖曳至“可视化”窗格的“X 轴”存储桶中；将“订单数量/个”字段拖曳至“Y 轴”存储桶中；将“销售金额/元”字段拖曳至“辅助 Y 轴”存储桶中，如图 5-38 所示。

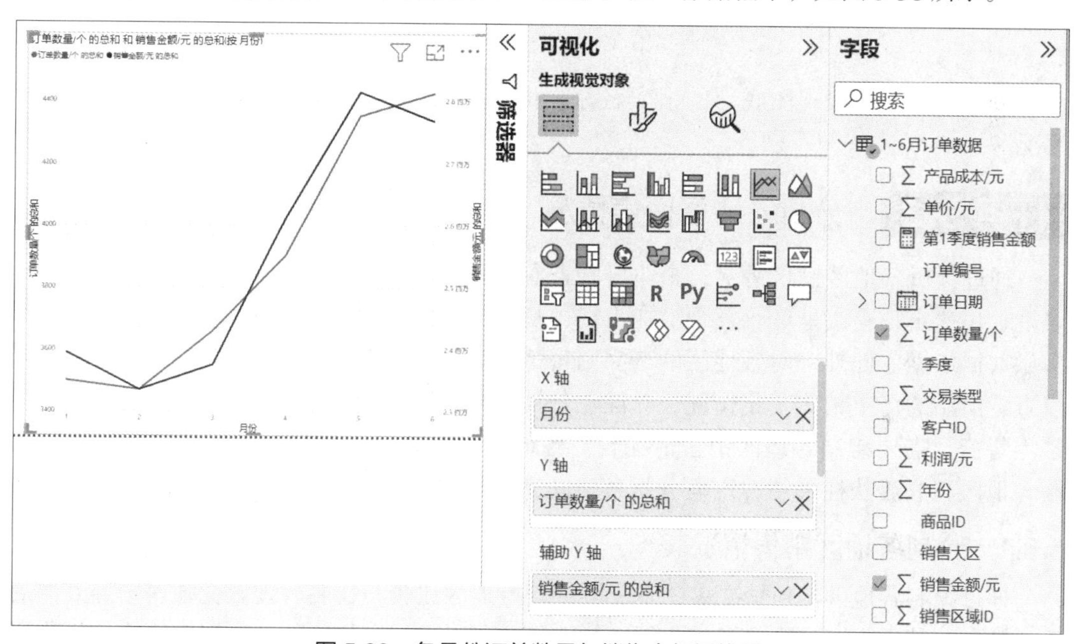

图 5-38 各月份订单数量与销售金额折线图

（3）双击“Y 轴”和“辅助 Y 轴”存储桶中的“订单数量/个 的总和”“销售金额/元 的总和”，将其分别重命名为“订单数量/个”“销售金额/元”

（4）调整折线图。在“可视化”窗格的“设置视觉对象格式”列表中进行如下操作。

① 将图表标题修改为“各月份订单数量与销售金额情况”。

② 将辅助 Y 轴的显示单位设置为“无”。

③ 适当调整图表中的字体大小，最终效果如图 5-39 所示。

由图 5-39 可知，从 3 月到 6 月，订单数量从 3600 个以上增长至 4400 个以上，销售金额也从 240 万元左右增长至 280 万元左右。其中，2 月的订单数量最少，销售金额也相对应最低。

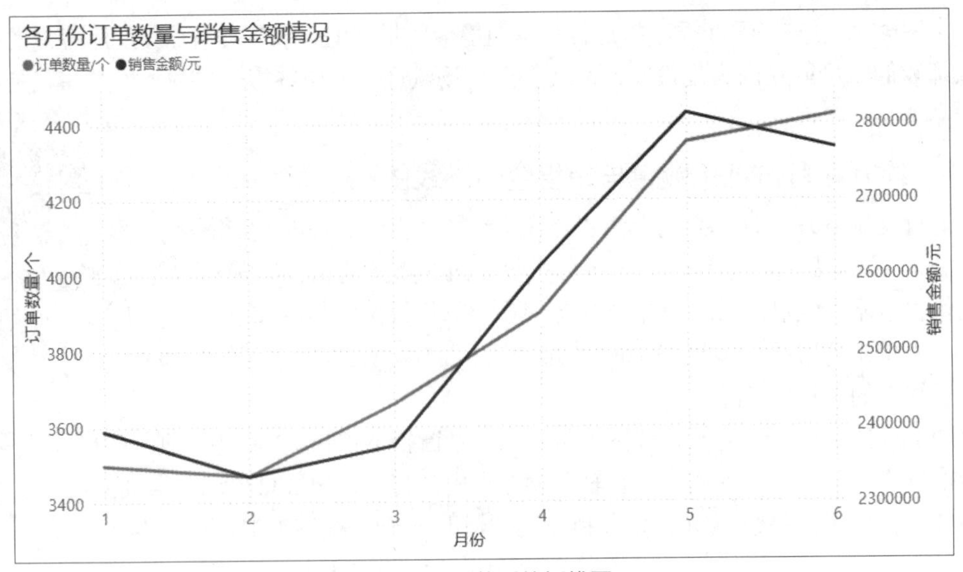

图 5-39 调整后的折线图

最后，右击报表视图底部的报表名称，将当前报表页面重命名为“分析各月份销售情况”。

微课 5-4 分析各地区销售情况

任务 5.3 分析各地区销售情况

通过分析各地区销售情况，企业可以查看销售地区及各地区的销售表现，快速定位中心地区，发现潜在市场，从而为下阶段地区布局策略提供数据依据。此外，对各地区的产品销售情况进行横向分析，企业可以查看产品的历史销售变化情况，对优化分销策略、提升销售效益具有重要作用。为此，某零售公司需要绘制各地区销售情况表、各地区不同商品的订单数量百分比堆积柱形图和各地区利润簇状柱形图，以便分析各地区销售情况。

5.3.1 绘制各地区销售情况表

通过绘制各地区销售情况表，企业可以获得地区比较与排名、地区业绩评估等方面的重要信息。某零售公司为了了解各地区的销售情况，以制定相应的地区销售策略，优化资源配置，需要绘制各地区销售情况表，实现步骤如下。

（1）单击报表视图底部的“新建页”按钮 + ，在报表视图中新建页面，并将页面重命名为“分析各地区销售情况”，如图 5-40 所示。

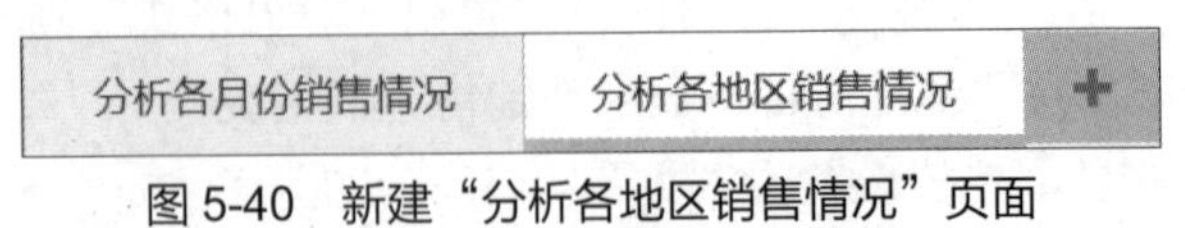

图 5-40 新建“分析各地区销售情况”页面

（2）单击“可视化”窗格中的“表”图标 ，在报表视图中会出现表的可视化效果。

（3）选择字段绘制初始表。将“字段”窗格下“1~6 月订单数据”表中的“销售大区”“订单数量/个”和“销售金额/元”字段拖曳至“可视化”窗格的“列”存储桶中，单击“销售金额/元”字段旁的下拉按钮，选择“平均值”选项；再分两次将“销售金额/元”字段拖曳至“列”存储桶，分别在字段旁的下拉按钮列表中选择“最大值”和“最小值”，如图 5-41 所示。

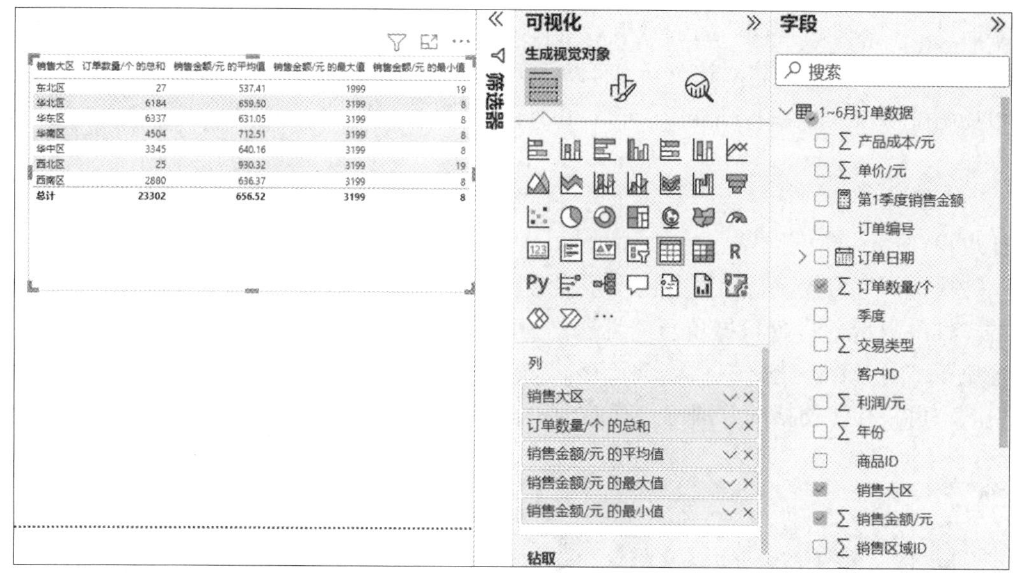

图 5-41　各地区销售情况表

（4）调整表。在“可视化”窗格的“设置视觉对象格式”列表中进行如下操作。

① 将图表标题的状态设置为“开”，并将标题名称修改为“各地区销售情况”。

② 单击表内的“订单数量/个 的总和”列名，使数据依据订单数量进行降序排序。

③ 适当调整图表中的字体大小，最终效果如图 5-42 所示。

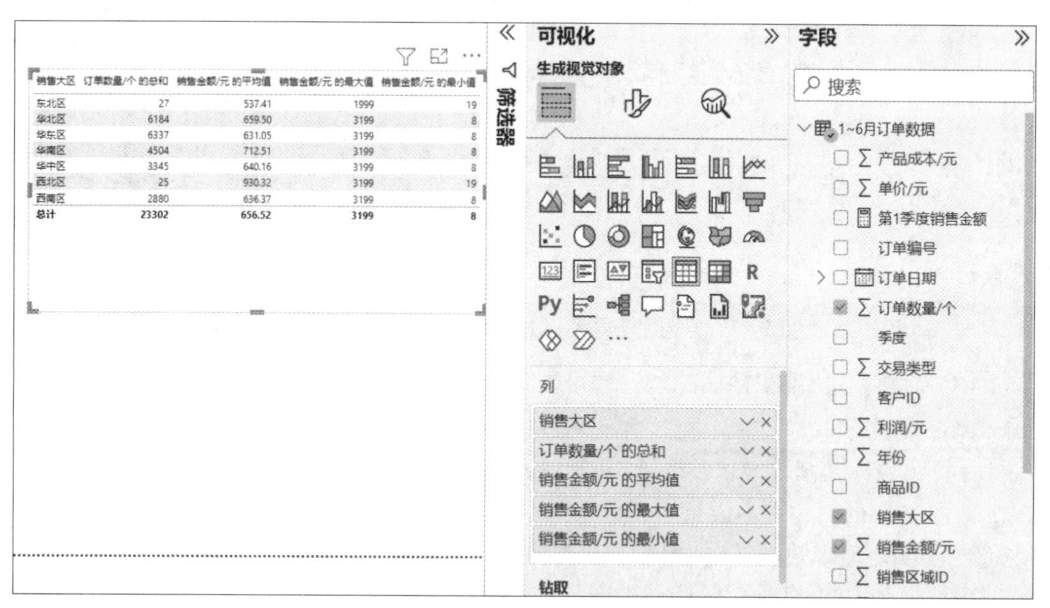

图 5-42　调整后的各地区销售情况表

由图 5-42 可知，华东区和华北区的订单数量领先于其他地区，西北区的订单数量偏少，但西北区的销售金额平均值却相对较高，出现该情况可能是因为售往西北区的体育商品单价较其他地区的体育商品单价高。

5.3.2 绘制各地区不同商品的订单数量百分比堆积柱形图

微课 5-5 分析各地区不同商品的订单数量占比情况

通过绘制各地区不同商品的订单数量百分比堆积柱形图，零售公司可以进行各地区的商品销售对比分析，有助于其做出地区商品组合优化、地区市场调整等决策。绘制各地区不同商品的订单数量百分比堆积柱形图的步骤如下。

（1）单击“可视化”窗格中的“百分比堆积柱形图”图标，在报表视图中会出现百分比堆积柱形图的可视化效果。

（2）选择字段绘制初始百分比堆积柱形图。将“字段”窗格下“1~6 月订单数据”表中的“订单数量/个”字段拖曳至“可视化”窗格的“Y 轴”存储桶中；将“销售大区”字段拖曳至“可视化”窗格的“X 轴”存储桶中；将“商品数据”表中的“产品类别”字段拖曳至“可视化”窗格的“图例”存储桶中，如图 5-43 所示。

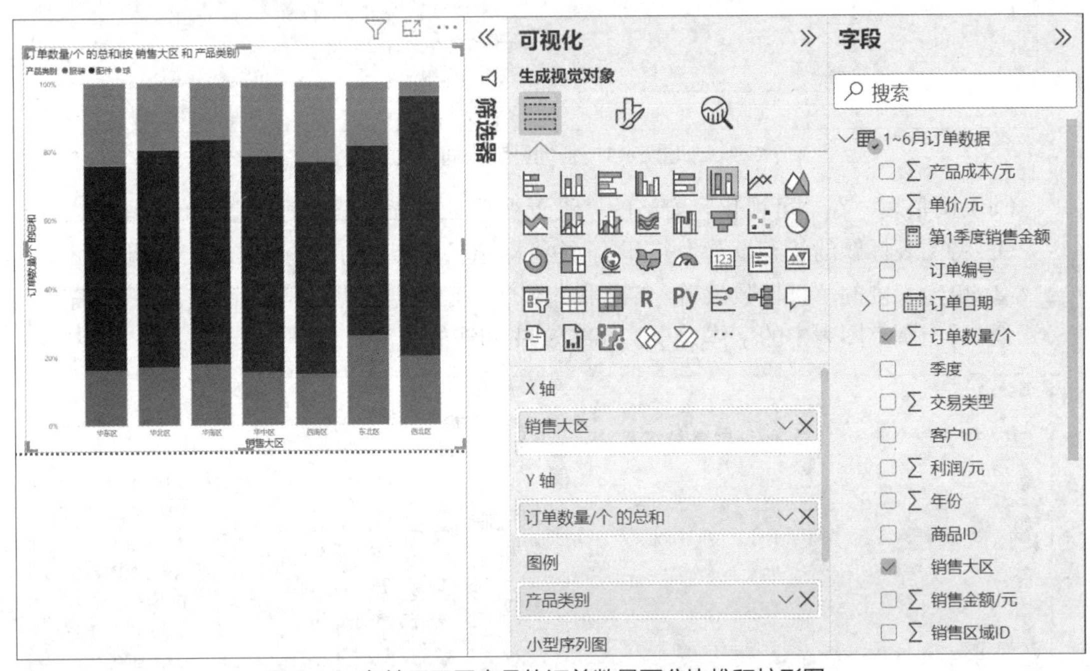

图 5-43 各地区不同商品的订单数量百分比堆积柱形图

（3）调整百分比堆积柱形图。在“可视化”窗格的“设置视觉对象格式”列表中进行如下操作。

① 将图表标题修改为“各地区不同产品的订单情况”。

② 将 Y 轴的标题文本设置为“订单数量占比/%”。

③ 适当调整图表中的字体大小，最终效果如图 5-44 所示。

由图 5-44 可知，各地区的配件类产品的订单数量相比于服装类和球类产品的订单数量均较多，西北区的球类产品订单数量相比于其他地区的较少，华东区、华中区和西南区的球类产品订单数量相比于其他地区的均较多，东北区的服装类产品订单数量相比于其他地区的最多。

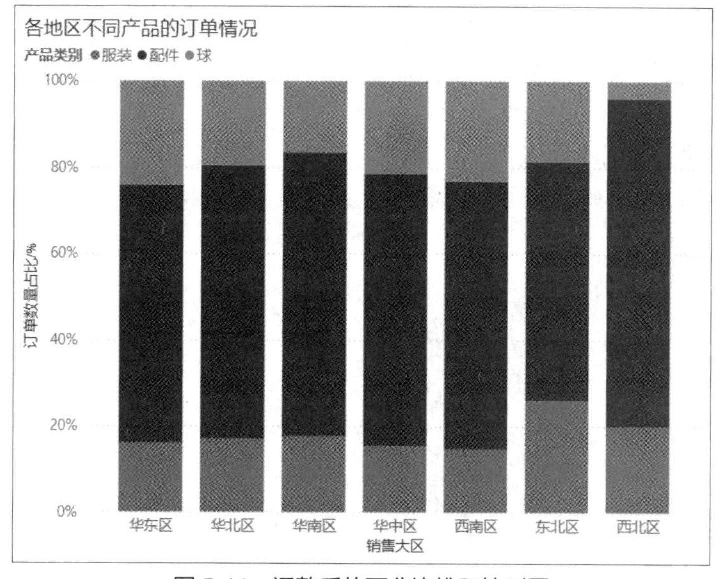

图 5-44 调整后的百分比堆积柱形图

5.3.3 绘制各地区利润簇状柱形图

微课 5-6 分析各地区利润情况

通过绘制各地区利润簇状柱形图，零售公司可以进行地区利润对比、地区利润构成分析、地区业绩评估分析等，以便该公司优化各地区的经营策略。绘制各地区利润簇状柱形图的步骤如下。

（1）通过单击“可视化”窗格中的“簇状柱形图”图标，绘制簇状柱形图，此时在报表视图中会出现簇状柱形图的可视化效果。

（2）选择字段绘制初始簇状柱形图。将“字段”窗格下“1~6 月订单数据”表中的“利润/元”字段拖曳至“可视化”窗格的“Y 轴”存储桶中；将“销售大区”字段拖曳至“可视化”窗格的“X 轴”存储桶中，如图 5-45 所示。

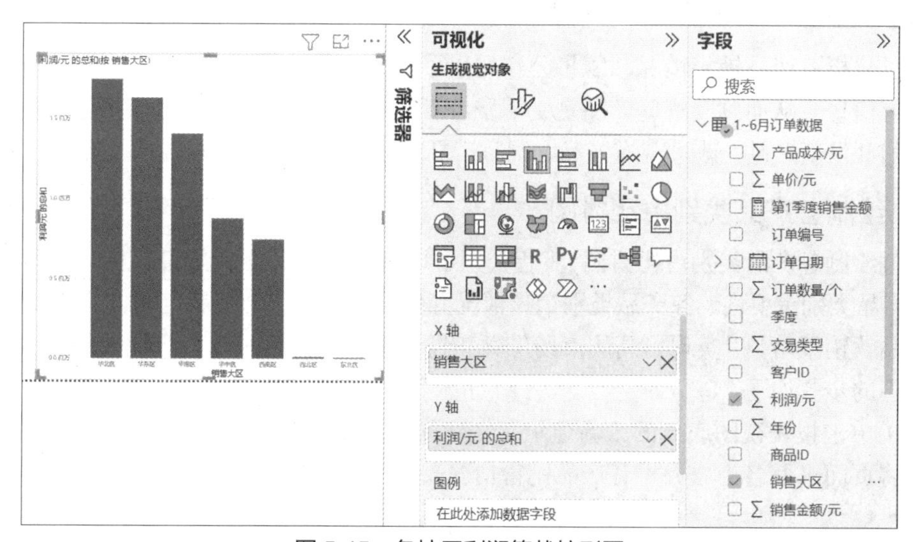

图 5-45 各地区利润簇状柱形图

（3）调整簇状柱形图。在“可视化”窗格的“设置视觉对象格式”列表中进行如下操作。

① 将图表标题修改为“各地区利润情况”。

② 将 Y 轴的显示单位设置为“无”。

③ 将 Y 轴的标题文本设置为“利润/元”。

④ 适当调整图表中的字体大小，最终效果如图 5-46 所示。

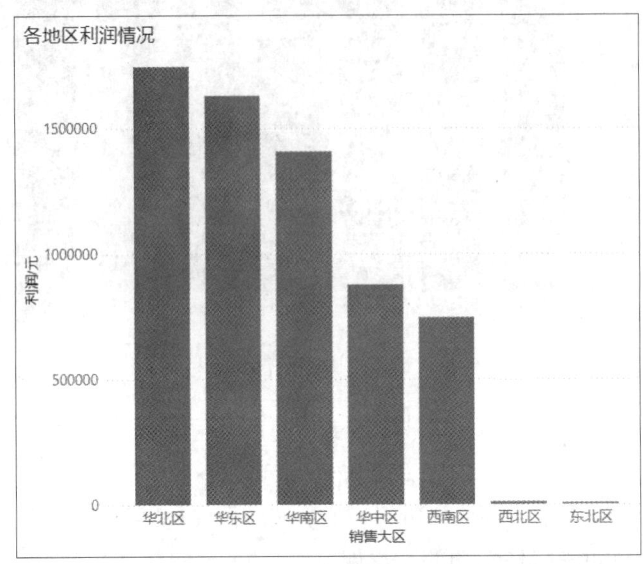

图 5-46　调整后的各地区利润簇状柱形图

由图 5-46 可知，华北区的利润最高，其次是华东区、华南区，西北区和东北区的利润都比较低，且最高和最低之间相差甚远。出现该情况可能是受地区体育文化、习惯等影响，也可能与各地区的经济收入相关。

任务 5.4　分析各产品销售情况

通过分析各产品销售情况，零售公司可以了解各产品的销售数量、销售额、产品受欢迎程度等信息，从而判断哪些产品是受消费者青睐的产品、哪些产品是热销产品，这有助于该公司开发新产品、改进现有产品、调整产品组合等，以满足市场需求、提高产品销量。

5.4.1　绘制各产品类别占比饼图

微课 5-7　分析各产品类别的销售金额占比情况

通过绘制各产品类别占比饼图，零售公司可以分析各产品类别分布情况、各产品类别重要性、各产品类别销售情况等信息，进而帮助其制定相应的产品营销策略，以实现更高的市场份额和经营绩效。绘制各产品类别占比饼图的步骤如下。

（1）单击报表视图底部的“新建页”按钮 ，在报表视图中新建页面，并将页面重命名为“分析各产品销售情况”，如图 5-47 所示。

分析各月份销售情况	分析各地区销售情况	分析各产品销售情况	+

图 5-47　新建“分析各产品销售情况”页面

（2）单击“可视化”窗格中的“饼图”图标◷，在报表视图中会出现饼图的可视化效果。

（3）选择字段绘制初始饼图。将“字段”窗格下“商品数据”表中的“产品类别”字段拖曳至“可视化”窗格的“图例”存储桶中；将“1~6 月订单数据”表中的“销售金额/元”字段拖曳至“可视化”窗格的“值”存储桶中，如图 5-48 所示。

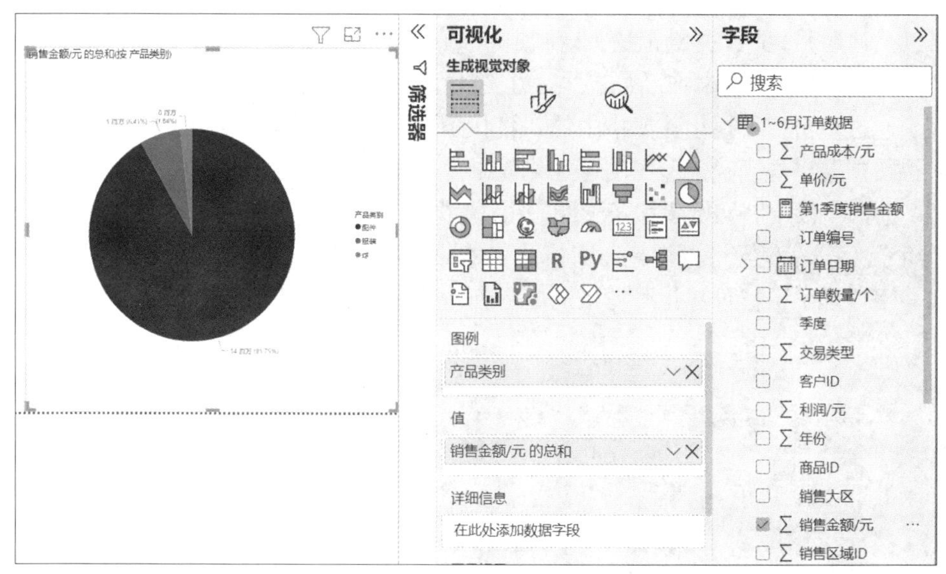

图 5-48　各产品类别占比饼图

（4）调整饼图。在“可视化”窗格的“设置视觉对象格式”列表中进行如下操作。

① 将图表标题修改为“各产品类别销售分布情况”。

② 将详细信息标签的显示单位设置为“无”，并将其旋转角度设置为“10”。

③ 将图例位置修改为“靠上左对齐”。

④ 适当调整图表中的字体大小，最终效果如图 5-49 所示。

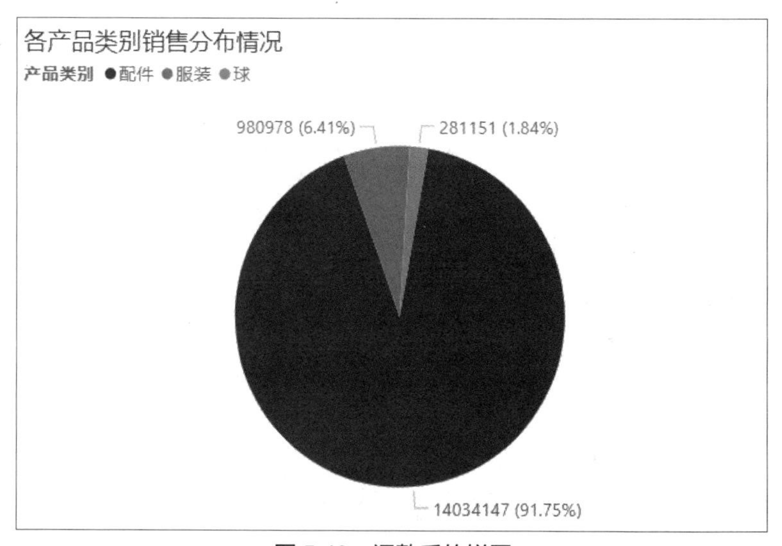

图 5-49　调整后的饼图

由图 5-49 可知，配件类产品的销售金额占比为 91.75%，销售金额超 1400 万元，球类产品的销售金额占比最少，仅有 1.84%。

5.4.2 绘制产品畅销 Top 10 簇状条形图

微课 5-8 分析畅销 Top10 产品

产品畅销 Top 10 簇状条形图对于零售公司识别产品销售表现、分析畅销产品等方面具有重要作用。通过分析产品畅销 Top 10 簇状条形图，零售公司可以了解到哪些产品是畅销的，以制定相应的产品销售策略，如增加畅销产品的进货量等。绘制产品畅销 Top 10 簇状条形图的步骤如下。

（1）通过单击“可视化”窗格中的“簇状条形图”图标，绘制簇状条形图，此时，在报表视图中会出现簇状条形图的可视化效果。

（2）选择字段绘制初始簇状条形图。将“字段”窗格下“1~6 月订单数据”表中的“订单数量/个”字段拖曳至“可视化”窗格的“X 轴”存储桶中；将“商品数据”表中的“产品型号”字段拖曳至“可视化”窗格的“Y 轴”存储桶中，如图 5-50 所示。

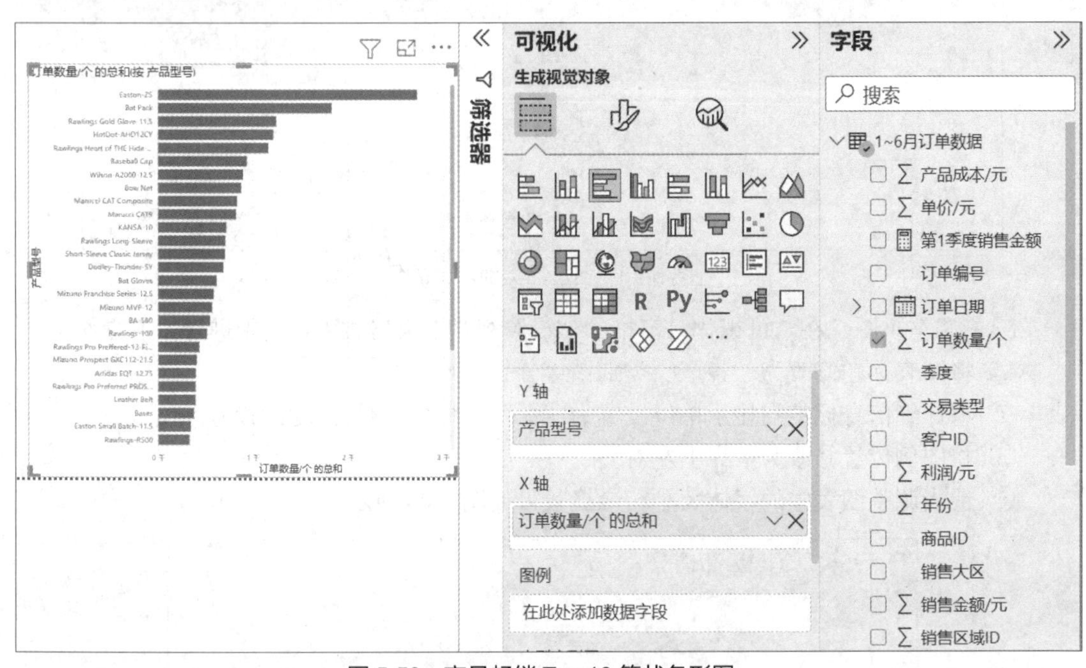

图 5-50 产品畅销 Top 10 簇状条形图

（3）筛选订单数量排名前 10 的产品。在“筛选器”窗格中，将“产品型号”选项卡中的“筛选类型”设置为“前 N 个”，“显示项”设置为“上”，并在文本框中输入 10；将“1~6 月订单数据”表中的“订单数量/个”字段拖曳至“按值”存储桶中，如图 5-51 所示，最后单击“应用筛选器”按钮。

（4）调整簇状条形图。在“可视化”窗格的“设置视觉对象格式”列表中进行如下操作。

① 将图表标题修改为“畅销 Top 10 产品”。

② 将数据标签的状态设置为“开”，并将数据标签的显示单位设置为“无”。

③ 将 X 轴的显示单位设置为“无”。

图 5-51　筛选订单数量排名前 10 的产品

④ 将 X 轴的标题文本设置为“订单数量/个”。

⑤ 适当调整图表中的字体大小，最终效果如图 5-52 所示。

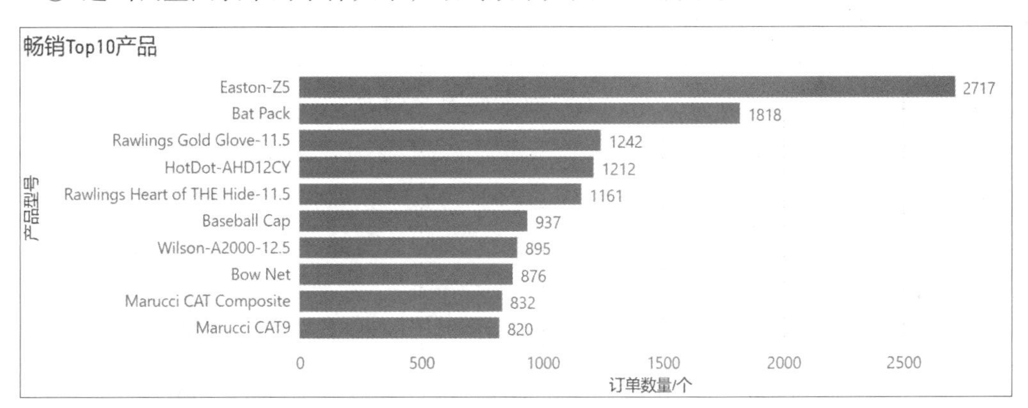

图 5-52　调整后的簇状条形图

由图 5-52 可知，产品型号为 Easton-Z5 的产品订单数量最多，多达 2717 个，其次是 Bat Pack、Rawlings Gold Glove-11.5 等产品型号的产品。

5.4.3　绘制各产品销售分布瀑布图

微课 5-9　分析各产品销售分布情况

各产品销售分布瀑布图对于零售公司解读产品销售构成分析、销售增长点发现等方面具有重要作用。通过分析各产品销售分布，零售公司可以了解产品销售情况、发现销售增长点，以优化产品组合、提高产品销量。绘制各产品销售分布瀑布图的步骤如下。

（1）单击“可视化”窗格中的“瀑布图”图标，在报表视图中会出现瀑布图的可视化效果。

（2）选择字段绘制初始瀑布图。将“字段”窗格下“1~6 月订单数据”表中的“销售金额/元”字段拖曳至“可视化”窗格的“Y 轴”存储桶中；将“商品数据”表中的“产品名称”字段拖曳至“可视化”窗格的“类别”存储桶中，如图 5-53 所示。

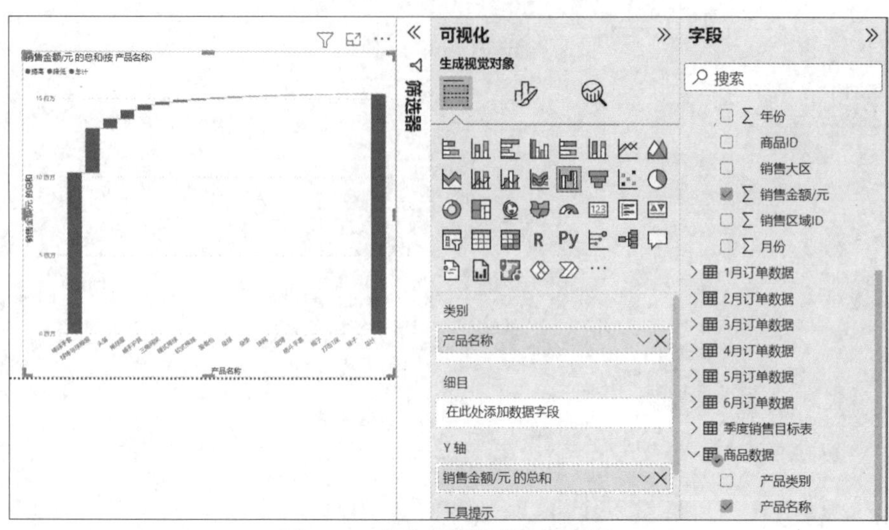

图 5-53　各产品销售分布瀑布图

（3）调整瀑布图。在“可视化”窗格的“设置视觉对象格式”列表中进行如下操作。

① 将图表标题修改为“各产品销售分布”。

② 将 Y 轴的显示单位设置为“无”。

③ 将 Y 轴的标题文本设置为“销售金额/元”。

④ 适当调整图表中的字体大小，最终效果如图 5-54 所示。

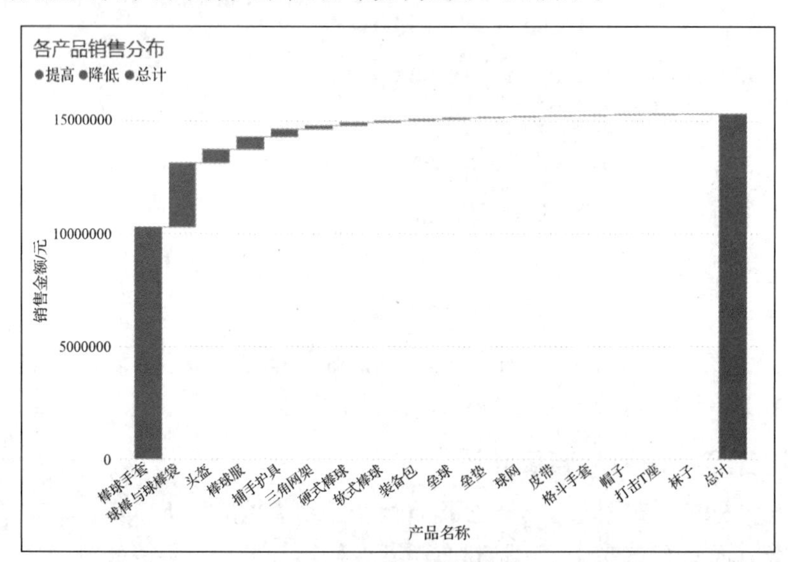

图 5-54　调整后的瀑布图

由图 5-54 可知，棒球手套的销售金额超过 1000 万元，球棒与球棒袋的销售金额位居第二，可以大致推断出棒球手套是棒球运动的必备品。

任务 5.5　分析客户的购买情况

通过分析客户的购买情况，零售公司可以洞察客户行为、客户细分与定位、客户满意度等重要信息，以便其制定出有效的客户管理策略，从而更好地为客户提供个性化的产品和服务，提升客户满意度、提高公司业绩。

5.5.1 绘制客户消费金额与利润分布散点图

微课 5-10 分析客户消费金额与利润之间的关系

各客户消费金额与利润分布散点图对于零售公司洞察客户消费行为、评估客户价值、客户细分与定位等方面具有重要作用。通过分析各客户的消费金额分布情况，零售公司可以更好地了解客户特点、优化客户管理制度、提高客户满意度。绘制各客户消费金额分布与利润散点图的步骤如下。

（1）单击报表视图底部的“新建页”按钮 + ，在报表视图中添加新的页面，并将页面重命名为“分析客户的购买情况”，如图 5-55 所示。

图 5-55 新建“分析客户的购买情况”页面

（2）单击右侧“可视化”窗格的“散点图”图标，在报表视图中会出现散点图的可视化效果。

（3）选择字段绘制初始散点图。将“字段”窗格下“1~6 月订单数据”表中的“客户 ID”字段拖曳至“可视化”窗格的“值”存储桶中；将“利润/元”字段拖曳至“可视化”窗格的“Y 轴”存储桶中；将“销售金额/元”字段拖曳至“可视化”窗格的“X 轴”存储桶中，如图 5-56 所示（注意，客户消费金额对应数据中的销售金额）。

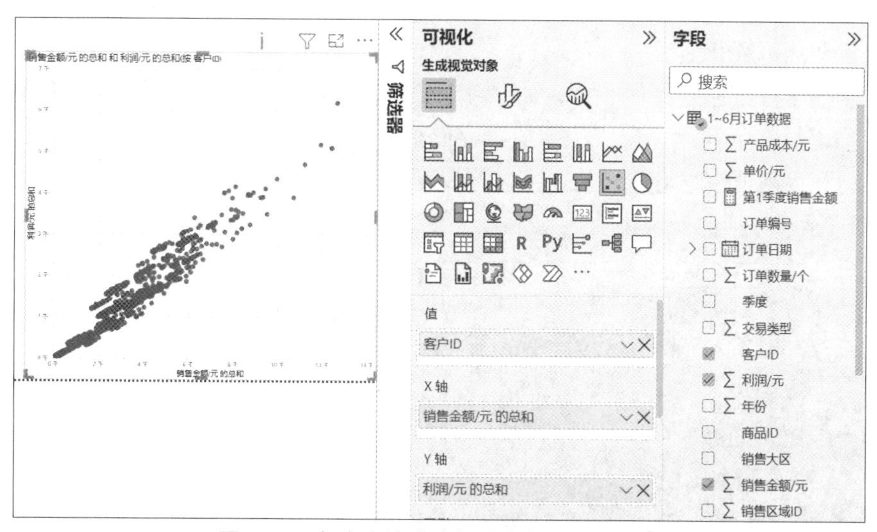

图 5-56 各客户消费金额分布与利润散点图

（4）调整散点图。在“可视化”窗格的“设置视觉对象格式”列表中进行如下操作。

① 将图表标题修改为“各客户消费金额与利润分布情况”。

② 将 X 轴、Y 轴的显示单位设置为“无”。

③ 将 X 轴、Y 轴的标题文本分别设置为“销售金额/元”“利润/元”。

④ 适当调整图表中的字体大小，最终效果如图 5-57 所示（X 轴中的销售金额等同于客户消费金额）。

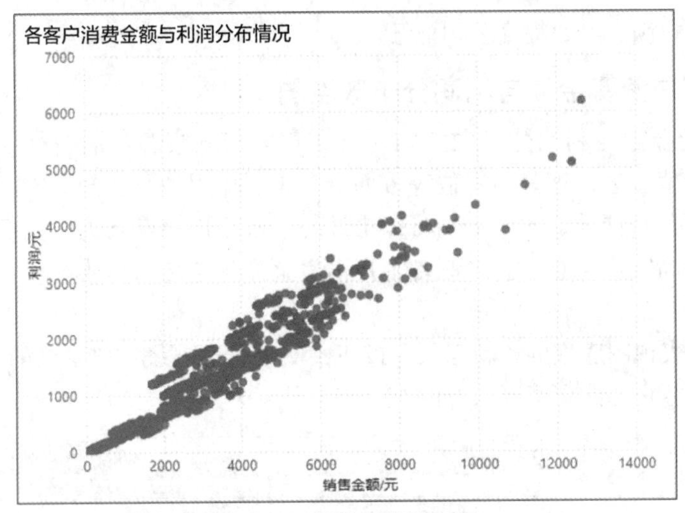

图 5-57　调整后的散点图

由图 5-57 可知，利润会随着客户的消费金额的升高而升高，两者呈现正相关关系。

5.5.2　绘制各月份客户数量树状图

微课 5-11　分析各月份客户数量情况

通过绘制树状图分析各月份客户数量，零售公司可以追踪到各月份的客户数量变化情况，以制定合适的方案，吸引新客户、留住老客户。绘制各月份客户数量树状图的步骤如下。

（1）单击右侧“可视化”窗格的“树状图”图标，在报表视图中会出现树状图的可视化效果。

（2）选择字段绘制初始树状图。将“字段”窗格下“1~6 月订单数据”表中的“客户 ID”字段拖曳至“可视化”窗格的“值”存储桶中；将“季度”字段拖曳至“可视化”窗格的“类别”存储桶中；将“月份”字段拖曳至“可视化”窗格的“详细信息”存储桶中，如图 5-58 所示。

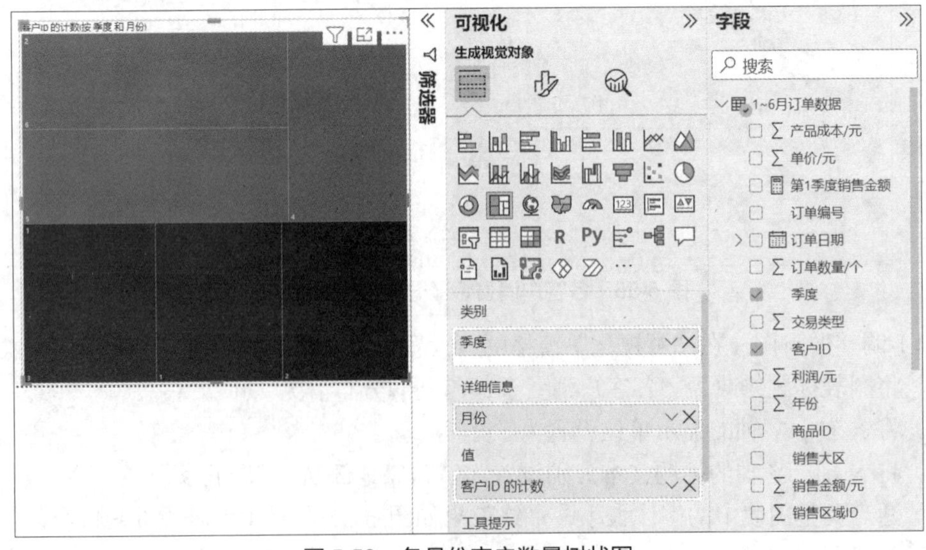

图 5-58　各月份客户数量树状图

（3）调整树状图。在“可视化”窗格的“设置视觉对象格式”列表中进行如下操作。

① 将图表标题修改为“各月份客户数量情况”。

② 将数据标签的状态设置为“开”，并将其显示单位设置为“无”。

③ 适当调整图表中的字体大小，最终效果如图 5-59 所示。

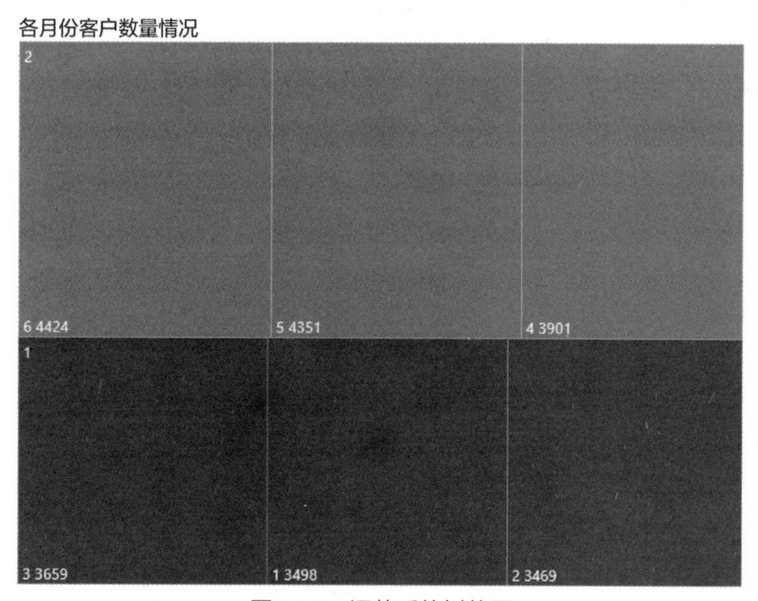

图 5-59　调整后的树状图

由图 5-59 可知，该图上半部分的 3 个矩形框表示第 2 季度，下半部分的 3 个矩形框表示第 1 季度。其中，左上角矩形框中的数据标签“6 4424”表示月份和客户数量，即空格前面的数表示月份为 6 月，空格后面的数表示客户数量为 4424 个（其余数据标签同理）。由此可得，6 月份的客户数量最多，为 4424 个；2 月份的客户数量最少，为 3469 个。

任务 5.6　分析销售目标完成情况

通过分析销售目标完成情况，零售公司可以及时调整战略方向。如果销售目标未能完成或完成率低于预期完成率，那么该公司可以重新评估市场环境、竞争态势、产品定位等，找出导致销售目标未完成的原因，及时调整策略。

微课 5-12　分析销售目标完成情况

5.6.1　绘制销售金额完成情况仪表

仪表也称为仪表板，通常由图表、图形、表格和其他信息组成，可以以清晰、易于理解的方式呈现数据。

通过绘制销售金额完成情况仪表，零售公司可以评估销售目标、分析销售绩效、跟踪目标进展等，以提高销售团队的工作效率和整体业绩。绘制销售金额完成情况仪表的步骤如下。

（1）单击报表视图底部的“新建页”按钮 +，在报表视图中新建页面，并将页面重命名为“分析销售目标完成情况”，如图 5-60 所示。

分析客户的购买情况　分析销售目标完成情况　+

图 5-60　新建“分析销售目标完成情况”页面

（2）分别单击右侧“可视化”窗格的“仪表”图标和“切片器”图标，在报表视图中会出现仪表和切片器的可视化效果。

（3）选择字段绘制初始仪表和切片器。选中“仪表”图表，将“1~6 月订单数据”表中的“销售金额/元”字段拖曳至“可视化”窗格的“值”存储桶中；将“季度销售目标表”中的“销售目标”字段拖曳至“可视化”窗格的“目标值”存储桶中，并单击该字段旁的下拉按钮，选择“求和”选项，如图 5-61 所示。选中“切片器”图表，将“季度销售目标表”中的“季度”字段拖曳至“可视化”窗格的“字段”存储桶中，如图 5-62 所示。

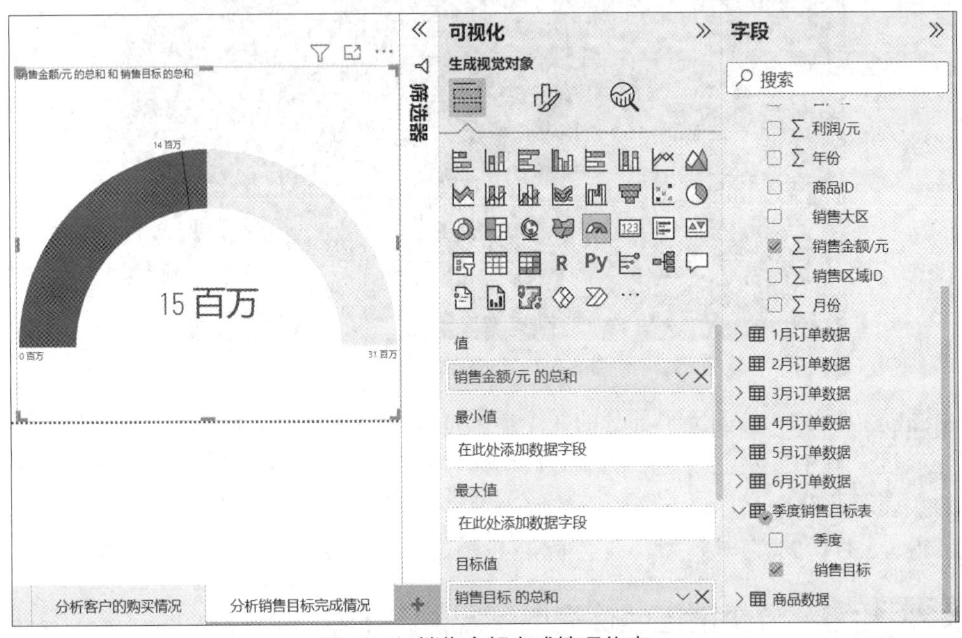

图 5-61　销售金额完成情况仪表

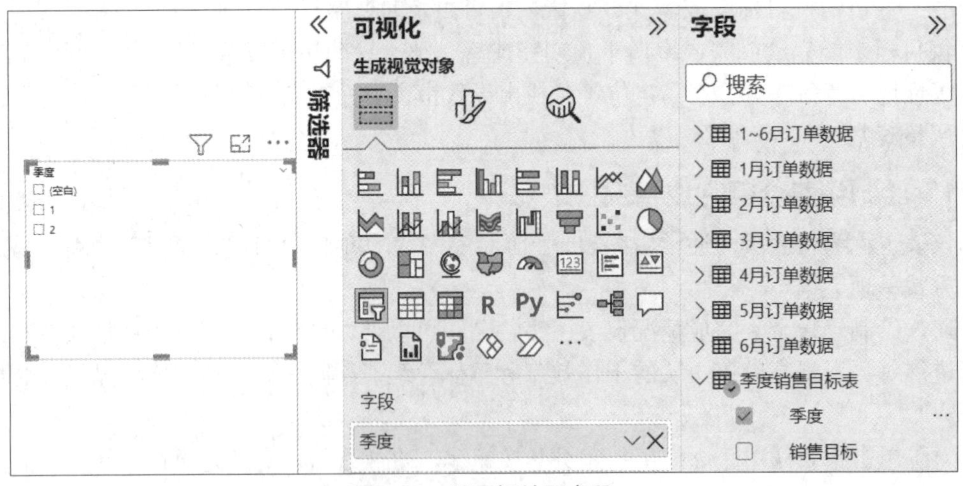

图 5-62　设置切片器字段

（4）调整仪表和切片器。在“可视化”窗格的“设置视觉对象格式”列表中进行如下操作。

① 选中“仪表”图表，将图表标题修改为“销售金额完成情况”。

② 选中“仪表”图表，将数据标签、目标标签和标注值的显示单位均设置为“无”。

③ 选中“切片器”图表，单击右上角“选择切片器类型”下拉按钮﹀，选择“下拉”选项。

④ 选中“切片器”图表，在“筛选器”窗格中，将“季度”选项卡中的“筛选类型”设置为“基本筛选”，勾选“1”“2”复选框。

⑤ 适当调整仪表和切片器中的字体大小，最终效果如图 5-63 所示。

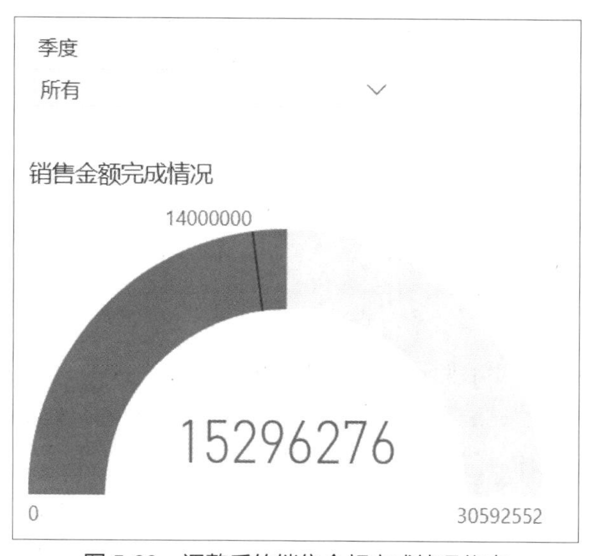

图 5-63 调整后的销售金额完成情况仪表

由图 5-63 可知，实际销售金额已超过了目标销售金额。此外，操作切片器分别选择第 1 季度与第 2 季度，可观察到两个季度的销售目标都已完成。

5.6.2 绘制销售金额完成情况 KPI 图

通过绘制销售金额完成情况仪表，零售公司可以清楚地看到目标销售金额和实际销售金额，以及销售目标是否完成，但该零售公司为了进一步查看销售目标的完成率，即实际销售金额相比于目标销售金额增加/减少多少百分比，需要绘制销售金额完成情况 KPI 图，实现步骤如下。

（1）在 5.6.1 小节的基础上，单击右侧“可视化”窗格的“KPI”图标，在报表视图中会出现 KPI 图的可视化效果。

（2）选择字段绘制初始 KPI 图。将“字段”窗格下“1~6 月订单数据”表中的“销售金额/元”字段拖曳至“可视化”窗格的“值”存储桶中；将“季度销售目标表”表中的“季度”字段拖曳至“可视化”窗格的“走向轴”存储桶中；将“销售目标”字段拖曳至“可视化”窗格的“目标”存储桶中，并单击该字段旁的下拉按钮，选择“求和”选项，如图 5-64 所示。

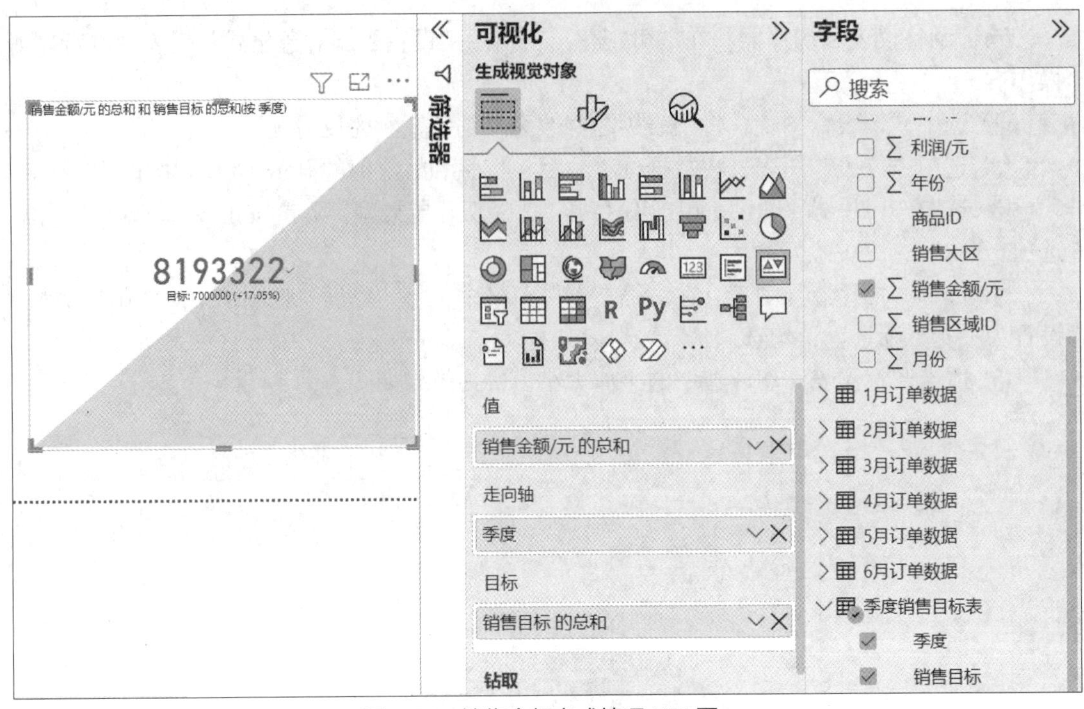

图 5-64　销售金额完成情况 KPI 图

（3）调整 KPI 图。在“可视化”窗格的“设置视觉对象格式”列表中，将图表标题修改为“销售金额完成情况”，适当调整图表中的字体大小，最终效果如图 5-65 所示。

图 5-65　调整后的 KPI 图

通过切片器可以选择不同季度，以便观察不同季度的销售金额完成情况，由图 5-65 可知，两个季度的实际销售金额超出目标销售金额的 17.05%。

知识小拓展

通过绘制仪表、KPI 图，企业能直观地进行 KPI 分析。关键绩效指标（Key Performance Index，KPI）是通过对组织内部流程的输入端、输出端的关键参数进行设置、取样、计算、分析，衡量流程绩效的一种量化指标，是把企业的战略目标分解为可操作的工作目标的工具，是企业绩效管理的基础。KPI 可以使部门主管明确部门的主要责任，并以此为基础，制定部门人员的绩效衡量指标。建立明确的、切实可行的 KPI 体系，是做好绩效管理的关键。KPI 是用于衡量工作人员工作绩效表现的量化指标，是绩效计划的重要组成部分，是对比分析的一种特殊应用。

KPI 法即关键绩效指标法（Key Performance Indicator）。它是一种用于衡量和评估组织、团队或个人绩效的方法。KPI 法符合一个重要的管理原理“二八原理”。在一个企业的价值创造过程中，存在着“80/20”的规律，即 20%的骨干人员创造企业 80%的价值；而且在每一位员工身上“二八原理”同样适用，即 80%的工作任务是由 20%的关键行为完成的。因此，必须抓住 20%的关键行为，对之进行分析和衡量，这样就能抓住业绩评价的重心。

等级描述法是 KPI 分析中的一个常用分析方法。等级描述法是针对员工或者部门的工作成果或工作履行情况进行分级，对各级别使用数据或事实进行具体和清晰的界定，并以此为依据对被考核者的实际工作完成情况进行评价的方法。

等级描述法适用于考核在企业生产过程中经常或重复进行的工作。它能够清晰地使用数据或事实描述出各个不同级别。通常企业会将等级划分为“优秀”“良好”“一般”“较差”和“不合格”5 个级别，每个级别都拥有详细的描述来定义该级别的状态；也可以根据实际需要，划分 3 个或 7 个级别。

【项目总结】

本项目主要介绍了 Power BI 各类型可视化图表的基础知识。本项目通过绘制各月份销售利润和成本簇状柱形图、各地区不同商品的订单数量百分比堆积柱形图、各地区利润簇状柱形图等可视化图表，从月份、地区、产品、客户、销售目标等方面对数据进行分析，帮助零售公司更好地理解体育商品销售情况、洞察市场趋势、了解销售绩效表现等，从而提高公司竞争力，并推动公司可持续发展。

通过对本项目的学习，读者能够掌握 Power BI 各类型图表的使用方法和应用方向。同时，读者可以提高对数据的敏感度，将所学的 Power BI 数据可视化知识应用到实际场景中，提高对特定数据进行特定分析的思维能力。

【项目实训】

实训 1　分析各地区自助便利店销售情况

1. 训练要点

（1）掌握绘制各地区自助便利店销售情况表的方法。

（2）掌握绘制各地区自助便利店销售总额柱形图的方法。

2. 需求说明

基于项目 4 项目实训的自助便利店销售业绩数据，该店铺相关人员为更直观地了解各地区自助便利店销售情况，需要通过绘制图表的方式对数据进行分析，即绘制各地区自助便利店销售情况表、各地区自助便利店销售总额柱形图。

3. 实现思路及步骤

（1）打开“自助便利店销售业绩数据.pbix”文件。

（2）选用“表”可视化方式，以“店铺”“数量/件”“总价/元”为列，其中“总价/元”分别设置求出平均值、最大值、最小值，生成初始表。

（3）设置视觉对象格式，依次单击“格式”→“常规”→“标题”→“文本”，输入“各地区自助便利店销售情况”。

（4）选用“柱形图”可视化方式，以“店铺”为横轴，“总价/元”为纵轴，生成初始柱形图。

（5）设置视觉对象格式，依次单击“格式”→“常规”→“标题”→“文本”，输入“各地区自助便利店销售总额”。

（6）右击左下角“第 1 页”，将页面重命名为“各地区自助便利店销售情况”，并保存数据。

实训 2　分析自助便利店各商品销售情况

1. 训练要点

（1）掌握绘制各商品类别占比饼图的方法。

（2）掌握绘制畅销 Top 10 商品条形图的方法。

（3）掌握绘制各商品销售分布瀑布图的方法。

2. 需求说明

基于实训 1，该店铺相关人员为更直观地了解到自助便利店各商品销售情况，需要通过绘制图表对数据进行分析，即绘制各商品类别占比饼图、畅销 Top 10 商品条形图、各商品销售分布瀑布图。

3. 实现思路及步骤

（1）打开实训 1 保存后的.pbix 文件，新建页面，并将其重命名为“各商品销售情况”。

（2）选用“饼图”可视化方式，以“产品类别”为图例，“总价/元”为值，生成初始饼图。

（3）设置视觉对象格式，依次单击“格式”→“常规”→“标题”→“文本”，输入“各商品类别占比”。

（4）选用“条形图”可视化方式，以“商品”为纵轴，“数量/件”为横轴，生成初始条形图。

（5）设置视觉对象格式，依次单击“格式”→“常规”→“标题”→“文本”，输入“畅销 Top 10 商品”。

（6）选用“瀑布图”可视化方式，以“商品”为类别，“总价/元”为纵轴，生成初始瀑布图。

（7）设置视觉对象格式，依次单击“格式”→“常规”→“标题”→“文本”，输入“各商品销售分布”，最后保存数据。

实训3 分析自助便利店销售目标完成情况

1. 训练要点

掌握绘制销售金额完成情况仪表的方法。

2. 需求说明

基于实训 2，该店铺相关人员为更直观地了解到当月自助便利店销售目标完成情况，需要绘制仪表对数据进行可视化分析。

3. 实现思路及步骤

（1）打开实训 2 保存后的.pbix 文件，新建页面，并将其重命名为“销售目标完成情况”。

（2）选用“仪表”可视化方式，以“总价/元”为值，“销售金额”为目标值，生成初始仪表。

（3）设置视觉对象格式，依次单击“格式”→“常规”→“标题”→“文本”，输入“销售金额完成情况”，最后保存数据。

【思考题】

【导读】2020 年 11 月 24 日 4 时 30 分，我国在中国文昌航天发射场，用长征五号遥五运载火箭成功发射探月工程嫦娥五号探测器，正式开启我国首次地外天体采样返回之旅。近年来，随着我国综合国力的提升，航天事业得到了飞速发展。航天领域在研制、运行和发布成果的全过程中，都会产生大数据并由此出现应用大数据的需求，大数据既是航天理论的基础，又是航天实践的基石，因而航天领域是大数据应用最早、最成熟且取得成果最多的领域之一。

航天是对尺度远比地球大无数倍的广阔空间进行探索，其数据总量更多，对数据的要求更高。如果没有及时且精确的大数据支持，哪怕是一个小数点的错误，都可能会导致全局的失败。因此，航天大数据不仅具有一般大数据的特点，还具有高可靠性和高价值。数据可视化是大数据领域所有价值的终极呈现，航天领域的数据可视化，缘其数据总量更多、精确度更高、价值更高，一直被誉为数据可视化领域之巅。

【思考】在如此强势的“航天梦”和我国经济实力快速发展的现状面前，人们应如何为航天事业发展、经济发展做出贡献？

【课后习题】

1. 选择题

（1）Power BI 可视化图表的基本组成元素不包括（　　）。

A. 数据标签　　B. 数据　　C. 辅助线　　D. 坐标轴

（2）关于可视化图表的基本组成元素，下列说法错误的是（　　）。

A. 数据标签主要用于显示数据的值

B. 图表的主题和意义可用标题来显示

C. 图例只位于图表的上面

D. 坐标轴是界定图表的线条

（3）关于可视化图表，下列说法错误的是（　　）。

A. 柱形图通常沿纵轴标记类别，沿横轴标记数值

B. 柱形图通常沿横轴标记类别，沿纵轴标记数值

C. 饼图可查看各类数据所占的比例

D. 折线图主要展示随时间或有序类别而变化的趋势

（4）下列说法错误的是（　　）。

A. 坐标轴通常包含 X 轴和 Y 轴

B. 用户在添加图例时，可设置其位置、颜色、字体等

C. 为体现图表的主题意义，通常会设置图表标题

D. 辅助线仅用于查看数据的走势情况

（5）常见的柱形图不包括（　　）。

A. 堆积柱形图

B. 百分比堆积柱形图

C. 柱形图

D. 簇状柱形图

（6）下列说法正确的是（　　）。

A. 在条形图中，通常沿横轴标记类别，沿纵轴标记数值

B. 折线图可以用于查看特征间的趋势关系

C. 雷达图适用于表达数个特定值之间的数量变化关系

D. 箱线图可以用于查看特征间的相关关系

（7）【多选题】下列图表中不适用于结构分析的是（　　）。

A. 条形图　　B. 散点图　　C. 瀑布图　　D. 箱线图

（8）下列不属于箱线图显示的统计量是（　　）。

A. 上界　　B. 中位数　　C. 标准差　　D. 下界

2. 操作题

（1）基于项目 4 课后习题中的操作题，为了更直截了当且清晰、直观地表达一年内客户的消费情况，现需绘制客户各月份消费总额簇状柱形图和各季度客户数量树状图对数据进行可视化分析。

（2）广告可以装点市容、美化环境，有些公益广告还可以起到教育和美化心灵的作用，促进精神文明建设的发展。某企业为了准确而高效、精简而全面地传递 2013～2021 年广告投放费数据，现需绘制不同广告渠道的投放费占比图、各年度广告渠道和销售额的分布关系图、销售额最高年份中各月销售额的分布情况图、销售额最高年份中各月广告渠

道的投放费占比图，对数据进行可视化分析。2013—2021 年广告投放费数据字段说明如表 5-1 所示。

表 5-1 2013—2021 年广告投放费数据字段说明

字段	说明
日期	广告投放的日期
微博投放费/元	微博渠道的广告投放费
微信投放费/元	微信渠道的广告投放费
其他投放费/元	其他渠道的广告投放费
销售额/元	各广告渠道投放广告对应的销售额

项目6 创建与发布体育商品销售数据分析报表

项目背景

由戴尔为中国国家赛艇队、皮划艇队开发的综合智能训练辅助系统可以通过周期性的报告告诉运动员，1 分钟内其桨频是多少、动作的标准性如何、质量如何，以便运动员能拿到即时的反馈，帮助其改进运动质量。该综合智能训练辅助系统无疑是体育与科技的融合，有助于加快建设科技强国、体育强国。某零售公司为了给体育商品销售团队提供全面的、直观的体育商品销售数据视图，以支持该团队做出更明智的决策、制定更有效的营销策略，需要创建一份数据分析报表。本项目将利用 Power BI 创建体育商品销售数据分析报表，并将报表发布到网络，共享给相关数据分析人员。

项目要点

（1）创建体育商品销售数据分析报表。

（2）将体育商品销售数据分析报表发布到 Power BI 移动版上。

（3）对发布到 Power BI 移动版上的体育商品销售数据分析报表，创建并设置仪表板。

教学目标

1. 知识目标

（1）了解 Power BI 各类数据分析报表。

（2）了解数据分析报表的原则和结构。

（3）掌握体育商品销售数据分析报表的创建方法。

（4）掌握发布报表至 Power BI 移动版的方法。

（5）掌握仪表板的创建与设置方法。

2. 素养目标

（1）通过了解数据分析报表类型及其创建方法，更好地呈现数据、生成可视化报表，具备确立策略、提供建议等能力。

（2）通过对 Power BI 报表的创建，将数据分析与业务需求相结合，挖掘数据隐藏信息，提出新的解决方案和创新想法，培养创新思维能力。

思维导图

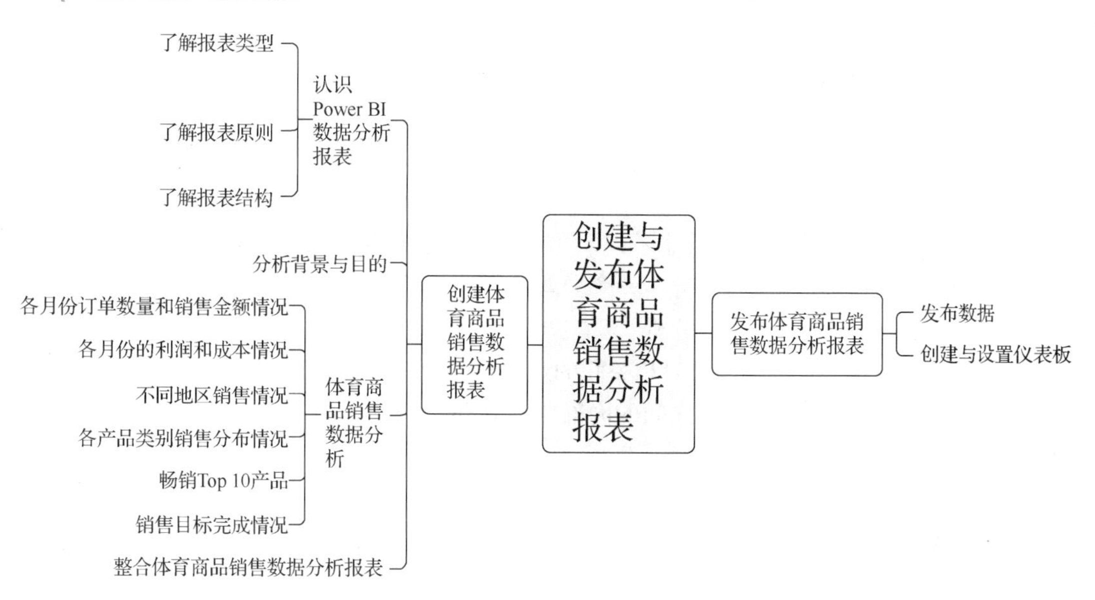

项目实施

任务 6.1 创建体育商品销售数据分析报表

决策者应该坚持科学决策，数据分析报表的作用就是以特定的形式将数据分析结果展示给决策者，为其提供决策参考依据。认识 Power BI 数据分析报表，了解体育商品销售数据分析的项目背景与目的，是分析人员创建对应项目数据分析报表的前提。

微课 6-1 创建体育商品销售数据分析报表

6.1.1 认识 Power BI 数据分析报表

Power BI 数据分析报表是数据集的多角度视图，即以可视化效果来展示数据和数据的各种统计分析结果，帮助报表使用者进行决策。

1. 了解报表类型

Power BI 数据分析报表因对象、内容、时间和方法等的不同而存在不同的报表类型。常见的 Power BI 数据分析报表有专题分析报表、综合分析报表和日常数据通报报表等。

（1）专题分析报表

专题分析报表是对社会经济现象的某个方面或某个问题进行专门研究的一种数据分析报表。它的主要作用是为决策者制定策略、解决问题提供参考和依据，如家庭金融市场专题分析报表、图书阅读市场专题分析报表等。专题分析报表具有以下两个特点。

① 单一性。专题分析报表不要求反映事物全貌，主要针对某个方面或者某个问题进行分析，如用户流失分析、提升用户转换率分析等。

② 深入性。由于专题分析报表内容单一、重点突出，所以分析人员在创建该报表时要集中精力解决主要的问题，包括对问题的具体描述、原因分析，以及提出可行的解决方案。

（2）综合分析报表

综合分析报表是全面评价一个地区、单位、部门的业务或其他方面发展情况的一种数据分析报表，如世界人口发展报表、某企业运营分析报表等。综合分析报表具有以下两个特点。

① 全面性。综合分析报表以地区、部门或单位为分析总体，站在全局的高度反映总体特征，做出总体评价。例如，在分析一个公司的整体运营情况时，分析人员可以从产品、价格、渠道和促销 4 个角度进行分析。

② 联系性。综合分析报表要对相关联的现象与问题进行综合分析，在系统地分析指标体系的基础上，考察现象与问题之间的内部联系和外部联系。这种联系的考察重点是比例和平衡关系，即考察比例是否合理、发展是否协调。

（3）日常数据通报报表

日常数据通报报表是分析定期数据，反映计划执行情况，并分析其影响因素的一种数据分析报表。它一般是按日、周、月、季等时间阶段定期创建的，因此也称为定期分析报表，如线路巡查情况日常通报报表、各类日常监控情况通报报表等。日常数据通报报表具有以下 3 个特点。

① 进度性。由于日常数据通报报表主要反映计划的执行情况，所以必须把执行情况和时间进展结合起来进行分析，比较两者是否一致，从而判断计划完成的好坏。

② 规范性。由于日常数据通报报表是定时向决策者提供的例行报表，所以形成了比较规范的结构形式。它一般包括计划执行的基本情况、计划执行中的成绩和经验、存在的问题和措施及建议等基本部分。

③ 时效性。日常数据通报报表的性质和任务决定了它是时效性最强的数据分析报表之一。只有及时提供业务发展过程中的各种信息，才能帮助决策者掌握最新动态，否则将延误工作。

2. 了解报表原则

创建数据分析报表时，主要有以下原则。

（1）规范性原则。数据分析报表中所使用的名词、术语一定要规范，做到标准统一、前后一致。

（2）重要性原则。数据分析报表一定要体现项目分析的重点，在项目各项数据分析中，应该重点选取真实性、合法性指标，科学、专业地进行分析，并且在分析结果中反映对同一类问题的描述时，也要按照问题的重要性来排序。

（3）谨慎性原则。数据分析报表的整理过程一定要谨慎，这体现在基础数据真实、完整，分析过程科学、合理、全面，分析结果可靠，建议内容实事求是。

（4）鼓励创新原则。社会是不断发展进步的，必须坚持守正创新，不断将创新的方法或模型从实践中摸索并总结出来，数据分析报表要将这些创新的方法或模型记录并运用。

3. 了解报表结构

一般情况下，数据分析报表的结构主要分为两部分：标题和可视化模块。但该结构不是完全固定的，会根据公司业务、需求的变化而产生一定的变化。

（1）标题

标题需要能够高度概括对应项目分析的主旨，要求精简、干练，点明该数据分析报表的主题或观点。好的标题不仅可以表现数据分析报表的主题，还能够引起读者的阅读兴趣。常用的标题类型如下。

① 解释基本观点。这类标题往往用观点句来表示，点明数据分析报表的基本观点，如“某电视剧近 3 个月收视率飘红”。

② 概括主要内容。这类标题用中心词表示，让读者抓住中心，如“某地区生产总值第三季度上涨 2%”。

③ 交代分析主题。这类标题反映分析的时间、范围对象和内容等情况，并不点明数据分析人员的看法和主张，如“某花店玫瑰花销售数据分析”。

（2）可视化模块

可视化模块是报表的主体部分，报表主要是由一个个可视化模块组成的。可视化模块的分析方向可以概括为以下 3 个方面。

① 进行总体分析。从项目需求出发，对项目的财务、业务数据进行总体分析，把握全局，形成对被分析项目的财务、业务状况的总体印象。

② 确定项目分析的重点。在总体把握被分析项目的基础上，根据被分析项目的特点，通过具体的趋势分析、对比分析等手段，合理地确定项目分析的重点，协助分析人员做出正确的项目分析决策，调整人力、物力等资源，使其达到最佳状态。

③ 总结经验，建立分析模型。通过选取指标，针对不同的被分析项目建立具体的分析模型，将主观的经验转化为客观的分析模型，从而指导以后项目实践中的数据分析。

6.1.2 分析背景与目的

体育产业在全球范围内规模庞大，包括体育赛事、体育商品、体育媒体等多个领域。体育商品作为该产业的一个重要组成部分，具有广泛的市场需求。随着人们对健身和健康的关注度不断提高，体育商品的市场需求也在扩大。同时，消费者越来越重视锻炼身体和参与体育活动，使得体育商品市场份额持续增长。某零售公司的规模不断扩大，业务量不断增加，而在售卖体育商品过程中，某类体育商品的销售情况不太理想，销售金额增速变缓，此时需要对体育商品销售数据进行可视化分析。

其中，创建体育商品销售数据分析报表的目的如下。

（1）市场分析和定位：通过分析体育商品销售数据，该零售公司可以了解自身的销售情况和产品市场份额。通过对产品市场份额的研究，该零售公司可以发现潜在的市场机会和竞争优势，进一步优化市场营销策略。

（2）消费者行为洞察：通过分析体育商品销售数据，该零售公司可以了解消费者的购买行为和偏好，研究消费者对体育商品的需求、购买偏好、消费习惯等，帮助零售公司更好地满足消费者的需求，提高消费者满意度。

（3）销售预测和库存管理：通过对市场需求和销售趋势的分析，零售公司可以预测销售量并优化库存管理，以减少过剩和缺货情况，提高运营效率和利润。

6.1.3 体育商品销售数据分析

本小节对报表中涉及的各个图形进行分析说明，其目的是使读者了解在 6.1.4 小节中报表应该选择哪几个图形进行整合。

1. 各月份订单数量和销售金额情况

通过对体育商品各月份订单数量和销售金额情况进行分析，零售公司可以了解商品销售趋势和季节性变化，有助于其进行营销策划，以便合理进行销售、库存和供应链管理，避免出现商品积压或缺货的情况，提高效益、降低成本。从图 6-1 中可以看出，1 月份和 2 月份的订单数量在 3500 个左右徘徊，往后到 6 月订单数量逐渐上升到 4400 个左右，整体呈现上升的趋势；此外，销售金额也从 230 万元左右上升到 280 万元左右，在 5 月份，销售金额达到最高点；订单数量和销售金额整体呈现同升同降的趋势，但在 6 月的时候，订单数量上升，销售金额却下降，可能是因为当月销售的商品单价较低。

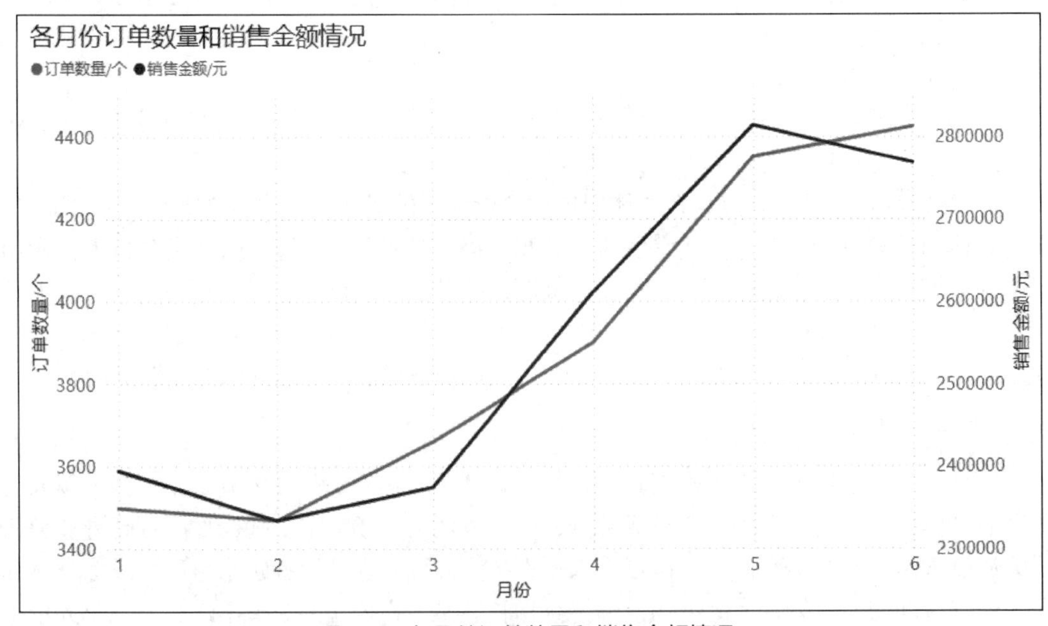

图 6-1 各月份订单数量和销售金额情况

2. 各月份的利润和成本情况

体育商品的利润和成本会因不同的因素而有所变化，分析人员需对零售公司的真实情况进行详细的分析，才能获得准确的利润和成本。例如，知名品牌可能能够以更高的定价和更大的市场份额获得更高的利润，而新进入市场的小品牌可能会面临较高的竞争压力和较低的利润。从图 6-2 中可以看出，4 月、5 月和 6 月的利润均比较高，但其产品成本也同样比较高；在 1～6 月中，大部分月份的利润总金额在 100 万元以上，可以大致推断出在这几个月中，该零售公司收益较好；针对产品成本，该零售公司可以根据实际情况制定相应的策略，进一步降低产品成本。

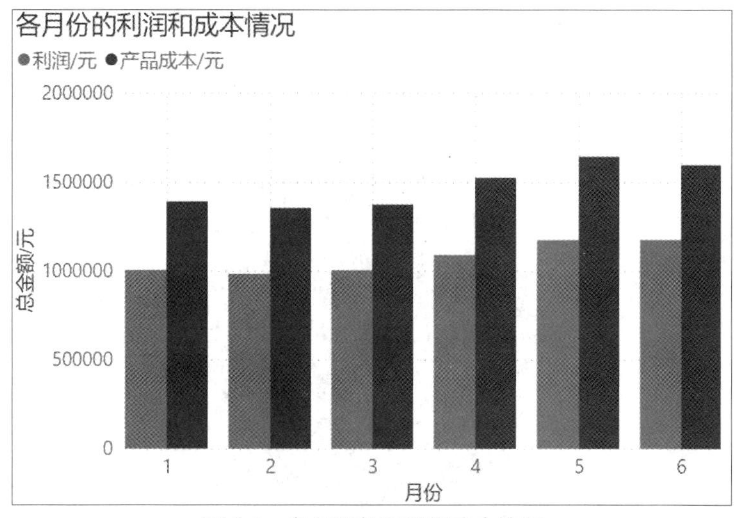

图 6-2 各月份的利润和成本情况

3. 各地区销售情况

不同地区可能在体育项目、运动文化和偏好上存在差异，因此了解这些差异可以帮助零售公司更好地满足消费者需求，改善销售效果。通过分析体育商品的不同地区销售情况，零售公司可以了解不同地区的市场需求和消费习惯，以制定相应的市场策略。从图 6-3 中可以看出，大部分订单集中在华东区和华北区，其次是华南区、华中区和西南区；而且从销售金额来看，平均值最高的是西北区，但该区的订单数量却是最少的，可以大致推断出西北区所售卖的商品单价相对较高。

各地区销售情况

销售大区	订单数量/个 的总和	销售金额/元 的平均值	销售金额/元 的最大值	销售金额/元 的最小值
华东区	6337	631.05	3199	8
华北区	6184	659.50	3199	8
华南区	4504	712.51	3199	8
华中区	3345	640.16	3199	8
西南区	2880	636.37	3199	8
东北区	27	537.41	1999	19
西北区	25	930.32	3199	19
总计	**23302**	**656.52**	**3199**	**8**

图 6-3 各地区销售情况

4. 各产品类别销售分布情况

通过分析各产品类别销售分布情况，零售公司可以更好地了解市场需求的分布情况，明确哪些产品类别受到市场欢迎，而哪些产品类别的市场需求相对较低，从而帮助零售公司根据市场需求调整产品组合、开展针对性的市场营销活动。从图 6-4 中可以看出，体育商品中配件类商品销售金额占据总销售金额的 91.75%，销售金额为 1400 多万元；其次是服装类商品，占比为 6.41%；最后是球类商品，占比仅为 1.84%。由此可以知道配件类商品在市场上的需求比较高，零售公司可以适当增加配件类商品的进货量，同时，针对市场需求不高的商品，可以进行促销活动或与高市场需求的商品进行绑定销售，以提高销售量。

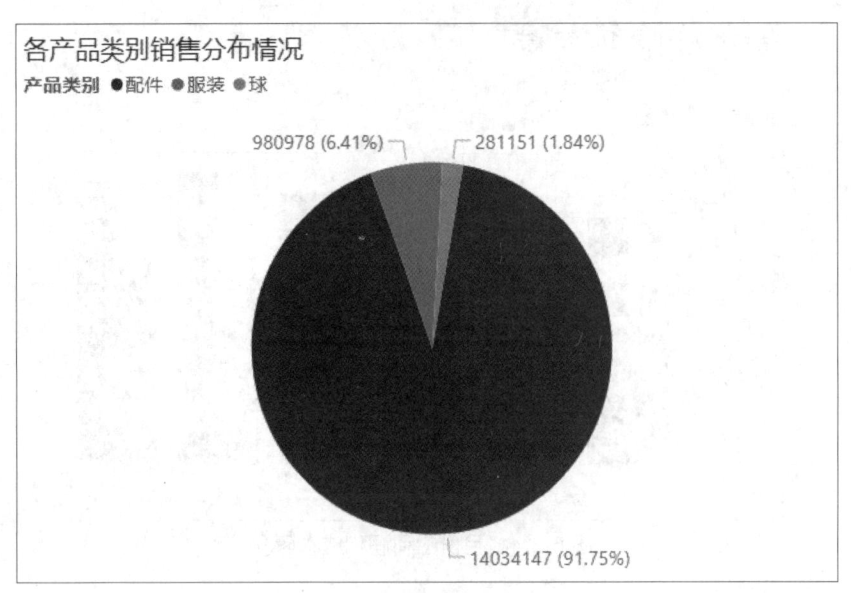

图 6-4　各产品类别销售分布情况

5. 畅销 Top 10 产品

畅销 Top 10 产品图表将焦点放在最有潜力和价值的产品型号上。畅销 Top 10 产品的销售金额往往占据整体销售金额的大部分，它们对零售公司的总营收和盈利能力有重要影响。从图 6-5 中可以看出，型号为 Easton-Z5 的体育产品订单数量排名第一，其订单数量为 2717 个；订单数量为 1818 个的 Bat Pack 型号的体育产品则排名第二。Easton-Z5 型号体育产品的订单数量明显高于其他型号体育产品，说明该型号体育产品在市场上比较受欢迎，可能是因为它具有出色的性能、良好的口碑或独特的设计等优势。

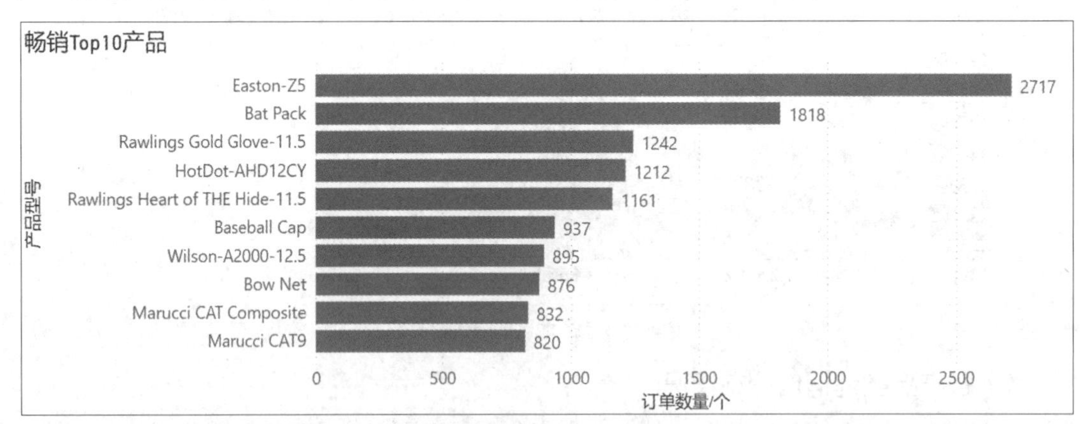

图 6-5　畅销 Top 10 产品

6. 销售目标完成情况

建立销售目标对于许多组织或企业来说都是十分有必要的，有助于其规划销售战略。建立有挑战性且合理的销售目标可以激发销售人员的积极性和动力。从图 6-6 中可以看出，800 多万元的实际销售金额已远超 700 万元的目标销售金额，且超出 17.05%。

图 6-6　销售目标完成情况

6.1.4　整合体育商品销售数据分析报表

体育商品销售数据分析报表是零售公司战略规划和决策制定的重要工具，有助于提升零售公司在竞争激烈的体育商品市场中的竞争力。整合体育商品销售数据分析报表的重要性在于帮助零售公司全面了解销售情况、做出明智的决策、优化运营效率。它主要有以下两个优点。

（1）整合报表是将不同维度的数据和指标整合在一起，为零售公司提供一个综合的视角。通过统一的报表，零售公司可以同时观察和对比各产品类别的销售情况，了解销售金额、订单数量、销售金额占比等重要指标，从而形成全面的销售图景。

（2）整合报表对于企业实现全面的销售数据可视化、发现趋势、指导决策、提升运营效率以及获得客户洞察来说非常重要。

打开项目 5 可视化后的“体育商品销售数据分析.pbix”文件，新建“体育商品销售数据分析报表”页面。将 6.1.3 小节中分析好的可视化图表整合在一起，添加文本框并输入标题，调整页面布局，最终整合成一份体育商品销售数据分析报表，如图 6-7 所示。

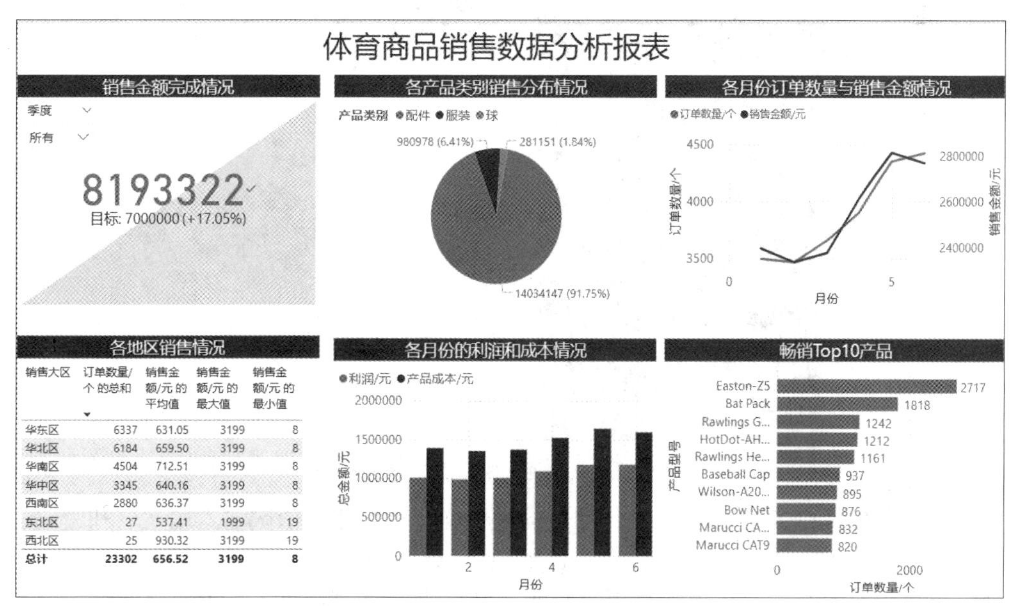

销售大区	订单数量/个的总和	销售金额/元的平均值	销售金额/元的最大值	销售金额/元的最小值
华东区	6337	631.05	3199	8
华北区	6184	659.50	3199	8
华南区	4504	712.51	3199	8
华中区	3345	640.16	3199	8
西南区	2880	636.37	3199	8
东北区	27	537.41	1999	19
西北区	25	930.32	3199	19
总计	23302	656.52	3199	8

图 6-7　体育商品销售数据分析报表

从图 6-7 中可以看到，产品类别为配件的产品销售金额远比产品类别为服装与球的产品销售金额要高；购买力最强的是华东区和华北区。为此，该零售公司今后在推销体育产品时，可以着重在华东区和华北区推销产品型号为 Easton-Z5 的体育配件产品。

任务 6.2 发布体育商品销售数据分析报表

微课 6-2 发布体育商品销售数据分析报表

数据发布是指将数据分析结果与结论应用到实际生产系统的过程，主要包括发布数据、创建与设置仪表板。发布数据一般指发布数据到网络中的操作，还包括数据共享功能。创建与设置仪表板包括自然语言问与答、磁贴等功能。Power BI 移动版负责在网络中进行数据发布，其特色是具有自然语言问与答功能，也就是说，客户可以使用自然语言而不是程序语言来进行数据查询。

6.2.1 发布数据

通过将数据分析报表发布到 Power BI 移动版中，数据分析人员可以随时随地访问报表，不再受限于特定的设备、时间或位置，具有更便捷、灵活和安全的数据访问方式，可促进团队协作和决策制定。将 6.1.4 小节整合好的体育商品销售数据分析报表发布到 Power BI 移动版中，实现步骤如下。

（1）依次选择“文件”→“发布”→“发布到 Power BI”选项，如图 6-8 所示。

图 6-8 选择“发布到 Power BI”选项

（2）在将数据发布到 Power BI 移动版的过程中，用户需要依次输入用户名和密码进行登录。在弹出的“发布到 Power BI”对话框中，单击“选择”按钮，如图 6-9 所示，稍等片刻，发布数据成功后，会弹出提示对话框，提示数据发布成功，如图 6-10 所示。

图 6-9 “发布到 Power BI”对话框

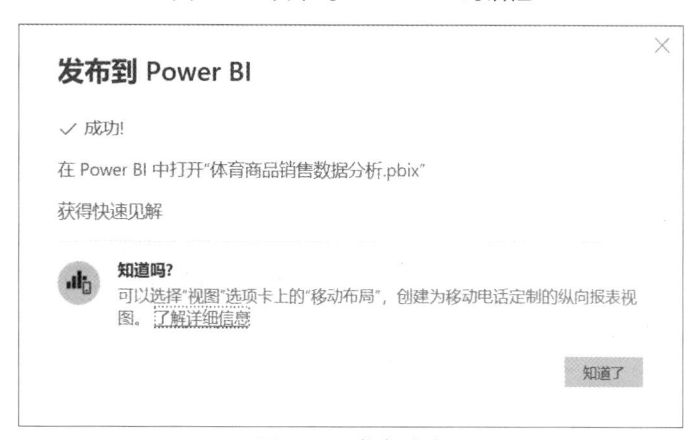

图 6-10 发布成功

（3）单击图 6-10 中的“在 Power BI 中打开"体育商品销售数据分析.pbix"”超链接，跳转至 Power BI 移动版，可以看到报表发布后的效果如图 6-11 所示。

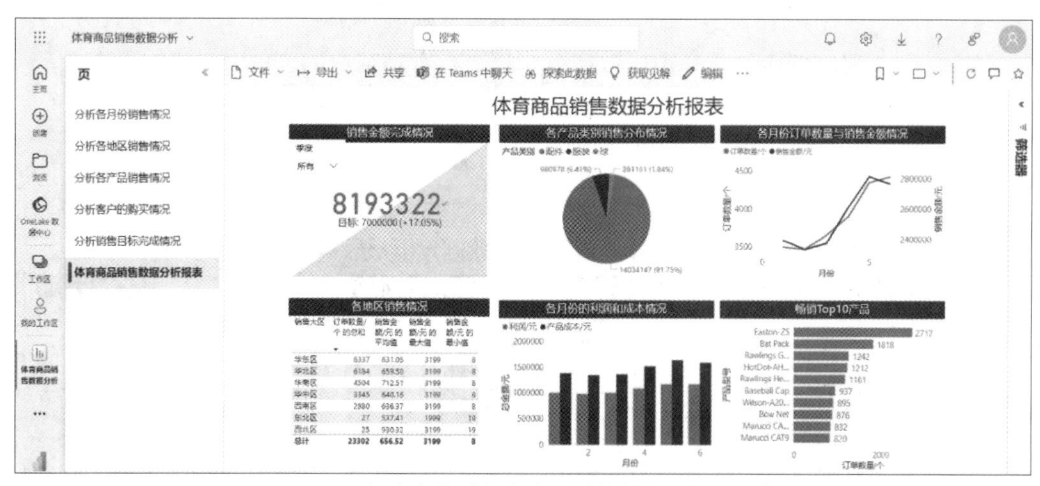

图 6-11 报表中的“体育商品销售数据分析报表”

6.2.2 创建与设置仪表板

将数据以报表的形式发布到 Power BI 移动版后，分析人员可以创建与设置仪表板。报表只提供浏览数据的功能，而仪表板除了提供浏览数据的功能之外，还提供进行自然语言问与答、添加磁贴和评论等功能。一个仪表板可以显示和存放来自多个报表的图表，便于用户浏览最重要的数据。自然语言问与答是指所有的数据均可以使用自然语言进行查询，方便不会 SQL 的用户使用。磁贴是显示在仪表板上的数据快照，包括 Web 内容、图像、文本框和视频等，分析人员可以在报表、数据集、仪表板、问答框、Excel 和 SQL Server 报表平台（SQL Server Reporting Services，SSRS）等容器中创建磁贴。评论是对当前仪表板数据的分析与评估，分析人员可以将其与相关人员进行分享。

创建一个新的仪表板的步骤如下。

（1）单击图 6-11 中的“我的工作区”，再单击“新建”按钮，选择“仪表板”选项，如图 6-12 所示。

（2）在弹出的“创建仪表板”对话框中，设置仪表板名称为“体育商品销售数据分析仪表板”，如图 6-13 所示，单击“创建”按钮，创建仪表板。

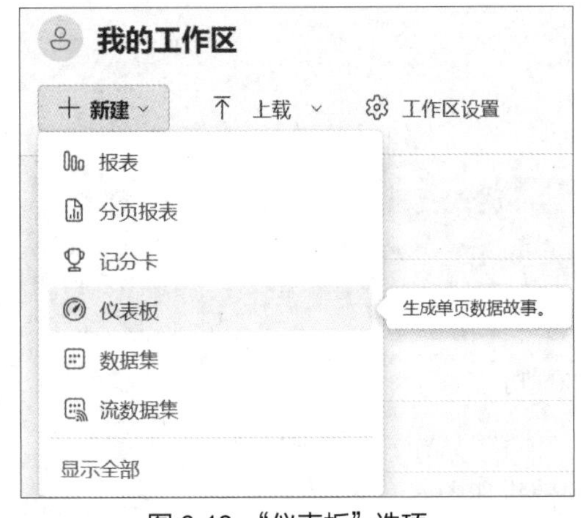

图 6-12 “仪表板”选项

图 6-13 “创建仪表板”对话框

（3）此时创建的“体育商品销售数据分析仪表板”是空白的，单击“我的工作区”，选择“体育商品销售数据分析报表”，进入报表后，单击上方工具栏中的“更多选项”按钮 ⋯ ，选择“固定到仪表板”选项，如图 6-14 所示。

图 6-14 “固定到仪表板”选项

（4）在弹出的对话框中选中“现有仪表板”单选按钮，在“选择现有仪表板”下拉列表中选择“体育商品销售数据分析仪表板”，如图 6-15 所示。单击“固定活动页”按钮，然后，单击右上角弹出的对话框中的“转至仪表板”按钮，如图 6-16 所示。

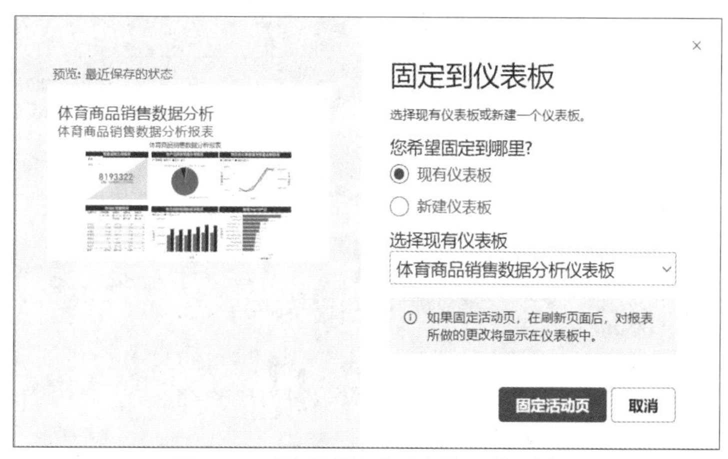

图 6-15　“选择现有仪表板”下拉列表

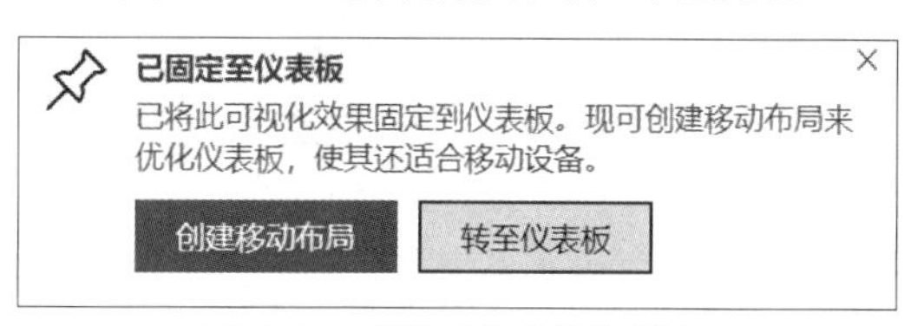

图 6-16　“转至仪表板”按钮

（5）在“体育商品销售数据分析仪表板”页面中，单击左上角的“提出有关你数据的问题”，如图 6-17 所示。

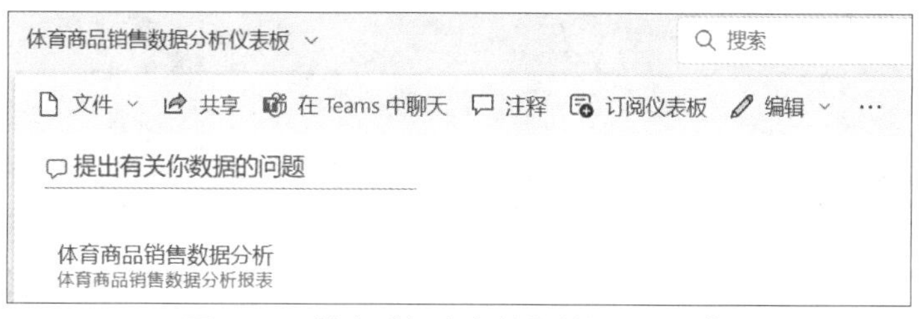

图 6-17　单击“提出有关你数据的问题”

（6）进入问答界面后单击“top 产品类别 by 第 1 季度销售金额”标签，如图 6-18 所示。

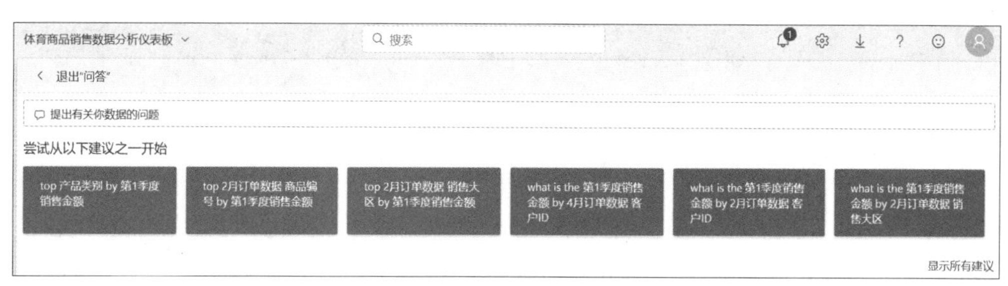

图 6-18　问答界面

（7）单击后展示的结果如图 6-19 所示，单击图 6-19 右上角的“固定视觉对象”按钮后弹出“固定到仪表板”对话框，如图 6-20 所示。保持默认选择并单击“固定”按钮，可以将问答结果固定到仪表板，完成后可以单击图 6-19 左上角的“退出"问答"”按钮退出问答界面。

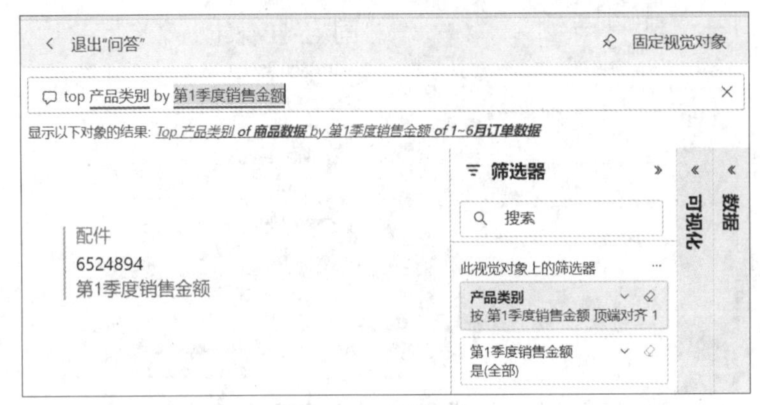

图 6-19　结果展示

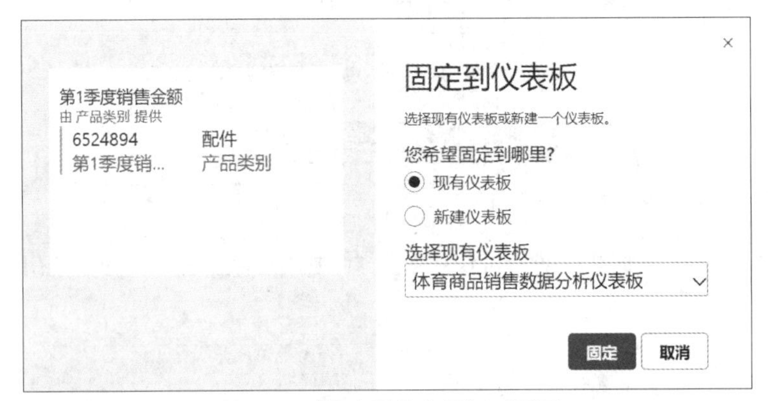

图 6-20　“固定到仪表板”对话框

（8）单击仪表板上方工具栏中的“编辑”标签，选择“添加磁贴”选项，如图 6-21 所示。在弹出的对话框中单击“图像”按钮，如图 6-22 所示，单击“下一步”按钮。在弹出的“磁贴详细信息”对话框中将标题设置为“2018—2022 年体育运动员获世界冠军项数和人数情况”，将 URL 设置为 https://******（注：此处 URL 不是完整的网址，添加磁贴的 URL 网址不是固定的，读者可自行添加合适的内容），如图 6-23 所示。

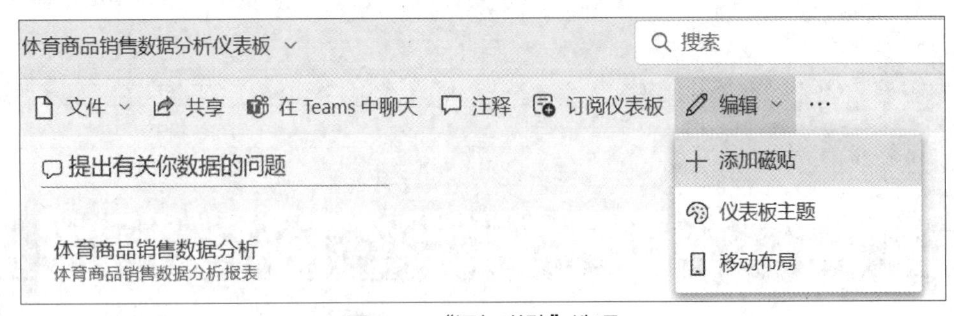

图 6-21　“添加磁贴”选项

图 6-22 “图像”按钮

图 6-23 设置标题和 URL

（9）单击“应用”按钮后，仪表板中会额外添加“2018—2022 年体育运动员获世界冠军项数和人数情况”图表，如图 6-24 所示。

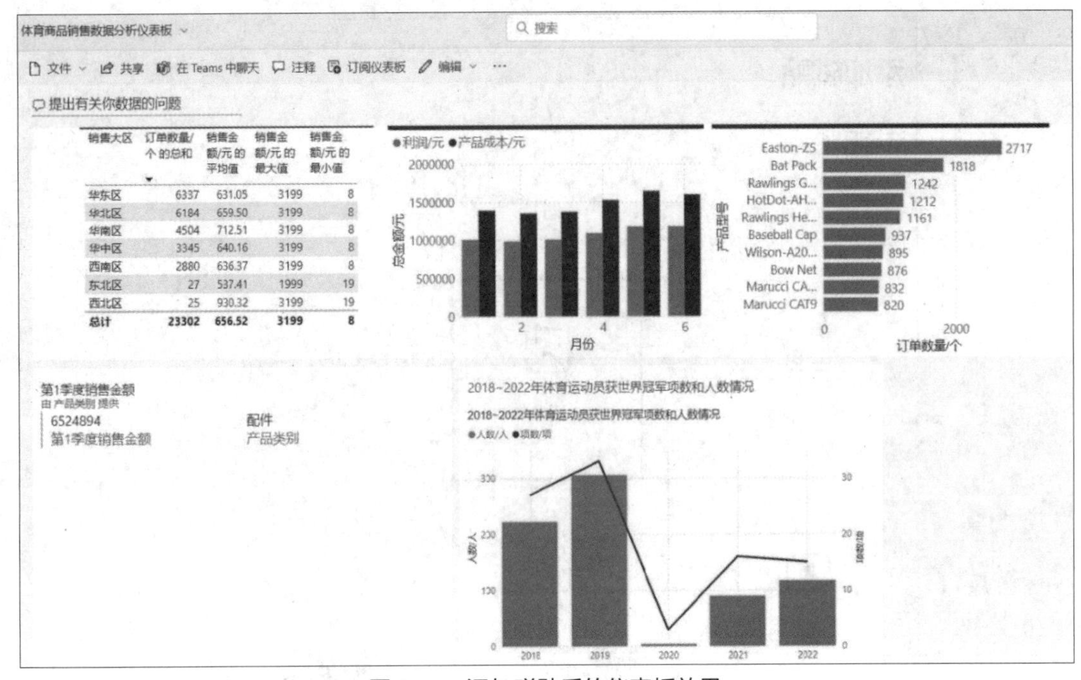

图 6-24　添加磁贴后的仪表板效果

【项目总结】

本项目主要介绍了使用 Power BI 创建与发布体育商品销售数据分析报表的相关知识。本项目首先通过确定分析目标、选择合适的可视化图表、合理布局以创建体育商品销售数据分析报表，然后将报表发布到 Power BI 移动版，最后创建与设置体育商品销售数据分析仪表板。

通过对本项目的学习，读者能熟练掌握 Powe BI 创建与发布体育商品销售数据分析报表的相关操作。同时，体育商品销售数据分析案例能够鼓励读者自主探索，发现数据分析中的新机遇，增强自主创新能力，此外，还能让读者自主分享自身见解、学习他人经验，能够有效地与他人进行交流。

【项目实训】

实训　创建与发布自助便利店销售业绩数据分析报表

1. 训练要点

（1）掌握整合数据分析报表的方法。

（2）掌握发布数据的方法。

2. 需求说明

基于项目 5 项目实训中的实训 3，为了满足相关部门的经营管理需求，帮助相关人员改善经营决策，现需将可视化后的图表整合成一份自助便利店销售业绩数据分析报表，并发布该报表数据。

3. 实现思路及步骤

（1）打开“自助便利店销售业绩数据.pbix”文件。

（2）在报表视图底部单击“新建页”按钮，新建页面并将其重命名为“销售业绩数据分析报表”。

（3）在“主页”选项卡的“插入”组中，单击“文本框”按钮，输入“销售业绩数据分析报表”。

（4）将项目5项目实训所绘制的图表复制到此页中，并进行整合。

（5）登录Power BI账户，在“主页”选项卡的“共享”组中，单击“发布”按钮。

（6）弹出“发布到Power BI”对话框，单击“选择”按钮。数据发布成功后，弹出提示对话框提示发布成功，单击“知道了”按钮。

（7）登录Power BI移动版，单击“我的工作区”，找到发布的“销售业绩数据分析报表”，并打开查看。

【思考题】

【导读】当前，大数据已经成为信息时代的核心战略资源，对国家治理能力、经济运行机制、社会生活方式等产生了深刻影响。大数据作为一种“新型的、功能强大的好工具”，使人们能够迅速把握事物的整体、相互关系和发展趋势，从而做出更加准确的预判、更加科学的决策、更加精准的行动。但在各项技术应用背后，数据安全风险也日益凸显。近年来，有关数据泄露、数据窃听、数据滥用等安全事件屡见不鲜，保护数据安全已引起了各国高度重视。在我国数字经济进入快车道的时代背景下，如何开展数据安全治理，提升全社会对数据的“安全感”，已成为人们普遍关注的问题。

智能公安可视化大屏利用先进的信息技术和数据分析手段，将公安部门的各类数据进行整合、分析，并通过大屏显示形式呈现给公安人员，以帮助公安人员进行有效的决策和指挥。该大屏可以将不同类型的数据进行多维度的展示，例如，将案件分布与人口密度、社会经济指标等进行关联展示，帮助公安人员全面了解案件背后的影响因素，并进行精准的资源调配和预防工作。通过大屏的显示，指挥中心可以实时掌握各类警情和案件信息，进行指挥调度，实现内部部门之间以及与外部合作单位之间的协同工作，提高警务工作的效率和准确性。

【思考】智能公安可视化大屏的应用可以改善警务工作的决策效果和资源利用效率，促进社会治安的稳定和安全。当代民众应如何为营造安全、有序的社会环境做贡献？

【课后习题】

1. 选择题

（1）【多选题】Power BI数据分析报表的常见类型有（　　）。

A. 专题分析报表　　B. 综合分析报表

C. 日常数据通报报表　　D. 行业分析报表

（2）下列关于 Power BI 数据分析报表说法错误的是（　　）。

A. 数据分析报表的结构一般会根据公司业务、需求的变化而变化

B. 数据分析报表一般包含标题、可视化模块两部分

C. 标题文字数量越多越能表现分析主旨或观念

D. 数据分析报表的主体部分为可视化模块

（3）下列关于发布数据分析报表说法错误的是（　　）。

A. 在数据发布时，通常需要将数据发布至 Power BI 移动版

B. 报表仅提供浏览数据的功能

C. 仪表板提供自然语言问与答、添加磁贴和评论等功能

D. 一个仪表板仅能存放来自一个报表的图表

（4）【多选题】在 Power BI 中，专题分析报表的特点是（　　）。

A. 单一性　　B. 联系性　　C. 深入性　　D. 全面性

（5）【多选题】磁贴是显示在仪表板上的数据快照，包括（　　）。

A. Web 内容　　B. 图像　　C. 文本框　　D. 视频

2. 操作题

基于项目 5 课后习题中的操作题（2），为给相关部门提供 2013—2021 年广告投放费数据，以便为后续不同广告渠道的投放费分配提供参考，现需将所绘制的图表整合成一份 2013—2021 年广告投放费数据分析报表。

项目 7 自动售货机综合案例

项目背景

学生在球场上挥洒汗水后，球场角落的一台自动售货机便有了大用处，学生只需按下需要购买的商品对应的按钮，手机扫码或扫脸付款，自动售货机就开始工作，不到片刻便落下所购商品。自动售货机不仅方便、快捷，而且还能促进公民道德、社会责任感和可持续发展意识的培养。在如今科技发达的社会，创新思想是必不可少的，只有创新才能把握时代、引领时代。自动售货机也在向智能化迈进并在当今时代得到普及。它通常被放置在公司、学校、旅游景点等人流密集的地方。某公司为了解自动售货机商品销售趋势、优化商品组合、洞察用户行为、进行销售预测与需求规划，并为营销决策提供支持，提升公司销售效益和竞争力，需要对自动售货机销售数据进行分析。本项目结合自动售货机的行业背景，以现有数据进行分析，利用 Power BI 呈现具有交互式可视化图表的报表，并提供相应的自动售货机市场需求分析及商品升级方案。

项目要点

（1）使用 Power BI 获取自动售货机数据。

（2）使用 Power Query 对原始数据进行预处理，包括数据清洗、数据归约。

（3）使用 Power Pivot 对数据进行建模。

（4）使用 Power BI 从销售、库存和用户 3 个方面对数据进行可视化分析。

（5）使用 Power BI 整合销售、库存和用户分析报表。

（6）使用 Power BI 发布自动售货机综合案例报表。

教学目标

1. 知识目标

（1）了解某公司自动售货机现状。

（2）熟悉自动售货机综合案例分析的步骤与流程。

（3）掌握使用 Power BI 进行数据获取、预处理与建模的方法。

（4）掌握使用 Power BI 进行数据可视化的方法。

（5）掌握使用 Power BI 进行数据分析报表的整合与发布方法。

2. 素养目标

（1）通过熟悉 Power BI 操作流程，掌握如何连接数据源、定义度量和维度、设计报表等，提高独立操作、解决问题的能力，形成仔细、严谨的工作作风。

（2）通过将数据分析与自动售货机业务需求相结合，提出新的解决方案和创新想法，提升自主探索和实践能力，培养自主精神。

（3）通过不断挖掘自动售货机数据中的隐藏信息，培养精益求精的工匠精神。

思维导图

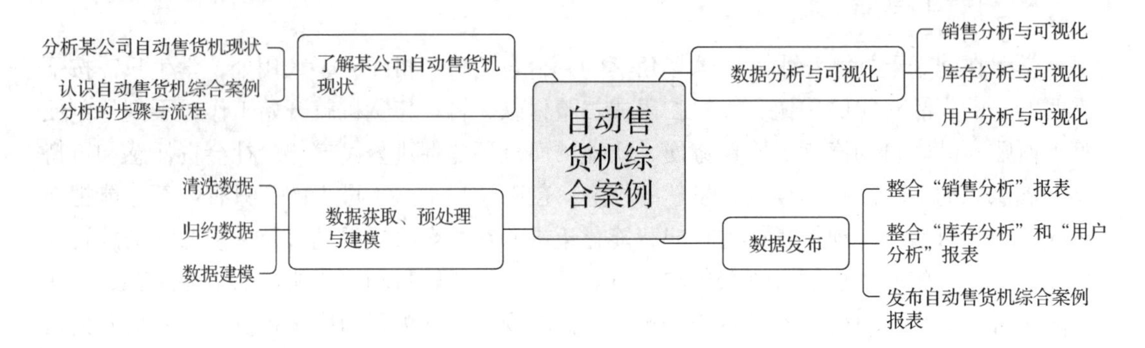

项目实施

任务 7.1 了解某公司自动售货机现状

自动售货机是商业自动化的常用设备。它的使用不受时间、地点的限制，能节省人力、方便交易。某公司在广东省 8 个市投放了 376 台自动售货机，但是目前经营状况并不理想。因此，该公司需要了解自动售货机后台管理系统数据的基本情况，进行自动售货机综合案例分析，以发掘经营状况不理想的具体原因。

7.1.1 分析某公司自动售货机现状

坚持发挥信息化驱动引领作用，自动售货机产业也正在走向信息化，并将进一步实现合理化。从自动售货机的发展趋势来看，它是由劳动密集型的产业构造向技术密集型的产业构造转变的产物。大量生产、大量消费以及消费模式和销售环境的变化，要求出现新的流通渠道。而相对的超市、百货购物中心等新的流通渠道的出现，导致人工费用也不断上升；再加上场地的局限性以及购物的便利性等因素的制约，自动售货机作为一种必需的机器便应运而生了。

某公司在广东省 8 个市投放了 376 台自动售货机，但是在高需求背景下，销售额提升缓慢，订单量并未达到预期。为了探究问题出现的具体原因，该公司获取了自动售货机近 6 个月的数据，结合销售背景对数据从销售、库存、用户 3 个方向进行分析，利用 Power BI 可视化展现销售现状，从而分析问题所在。

目前自动售货机后台管理系统已经积累了大量的用户购买数据，包含 2023 年 4～9 月的购买商品信息，以及所有的子类目信息。数据主要包括“订单表”“商品表”“库存表”和“指标表”，均存放在“自动售货机信息表.xlsx”文件，对应的数据字典分别如表 7-1 至表 7-4 所示。

表 7-1 某公司自动售货机后台管理系统订单表数据字典

字段	含义	示例
设备编号	每个设备的编号	112531
下单时间	每个设备的下单时间	2023/4/30 22:55
订单编号	每笔订单的编号	112531qr15251001151105
购买数量/个	用户下单购买的商品个数	1
手续费/元	第三方平台收取的手续费	0.05
总金额/元	用户实际付款金额	2.5
支付状态	用户选择的支付方式	微信
出货状态	是否出货成功	出货成功
收款方	实际收款方	鑫零售结算
退款金额/元	退还给用户的金额	0
购买用户	用户在平台的用户名	oo-CjVwGlFQbkRohFqp3RvbouV5yQ
商品详情	商品详细信息	可口可乐 X1;
省市区	售货机摆放地址	广东省广州市天河区
软件版本	自动售货机软件版本号	V2.1.55/1.2;rk3277

表 7-2 某公司自动售货机后台管理系统商品表数据字典

字段	含义	示例
商品名称	商品名称	麦恩巧克力棒
销售数量/个	商品的销售数量	5
销售金额/元	商品的销售金额	20
利润/元	商品利润	9
库存数量/个	库存数量	85
进货数量/个	进货数量	45
存货周转天数	存货周转天数	6
月份	月份	4

表 7-3 某公司自动售货机后台管理系统库存表数据字典

字段	含义	示例
月份	月份	4
设备容量	自动售货机设备容量	6000
缺货容量	自动售货机缺货容量	1000

表 7-4　某公司自动售货机后台管理系统指标表数据字典

字段	含义	示例
月份	月份	4
订单量指标	订单量预计完成指标	50000
销售额指标	销售额预计完成指标	50000
总利润指标	总利润预计完成指标	3000
进货量指标	进货量预计完成指标	5000

7.1.2　认识自动售货机综合案例分析的步骤与流程

自动售货机综合案例分析的总体流程如图 7-1 所示，主要步骤如下。

（1）从自动售货机后台管理系统获取原始数据。

（2）在 Power Query 中对原始数据进行数据预处理，包括数据清洗和数据归约。

（3）初步数据预处理完成后再进行数据建模，包括计算度量值和新建分组。

（4）根据行业背景，分销售、库存和用户 3 个方向进行数据分析与可视化。

（5）创建自动售货机综合案例报表，并发布到 Power BI 移动版。

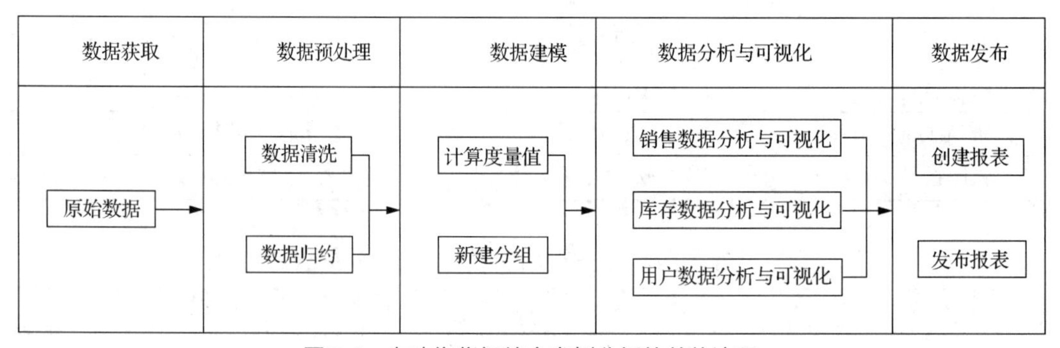

图 7-1　自动售货机综合案例分析的总体流程

任务 7.2　数据获取、预处理与建模

在 Power BI 中获取数据后，发现原始数据中部分字段需要在 Power Query 中进行数据清洗和数据归约，以清除数据表中的空值数据、统一表内字段的格式、对各表进行降维、删除不参与分析的字段等，最后在 Power BI 中对部分字段进行建模。

7.2.1　清洗数据

导入需要分析的“自动售货机信息表.xlsx”数据。导入的数据中，有些数据会存在格式不统一、数据不完整的问题，需要在 Power Query 编辑器中进行数据清洗。

1. 导入自动售货机信息表

在 Power BI 中导入“自动售货机信息表.xlsx”，实现步骤如下。

（1）获取数据。打开 Power BI，在“主页”选项卡的“数据”组中，依次单击“获取数据”→“Excel 工作簿”，单击“连接”按钮，打开“自动售货机信息表.xlsx”。

（2）选择导入数据。在弹出的“导航器”对话框中，勾选“显示选项”中的“订单表”

“库存表”“商品表”“指标表”，如图 7-2 所示，单击“转换数据”按钮。

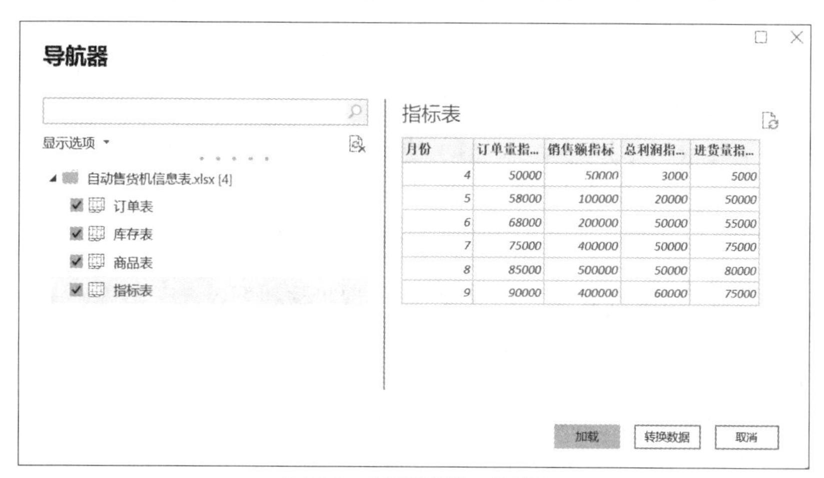

图 7-2　“导航器”对话框

2. 查看表中是否存在空值

查看“商品表”“库存表”“指标表”“订单表”中是否存在空值，实现步骤如下。

（1）查看“商品表”中是否存在空值。在 Power Query 编辑器中，选中“商品表”，单击“商品名称”列右侧的下拉按钮，弹出筛选框，如图 7-3 所示。单击“加载更多”命令，发现“商品名称”字段中存在空值“null”，如图 7-4 所示。

图 7-3　筛选框

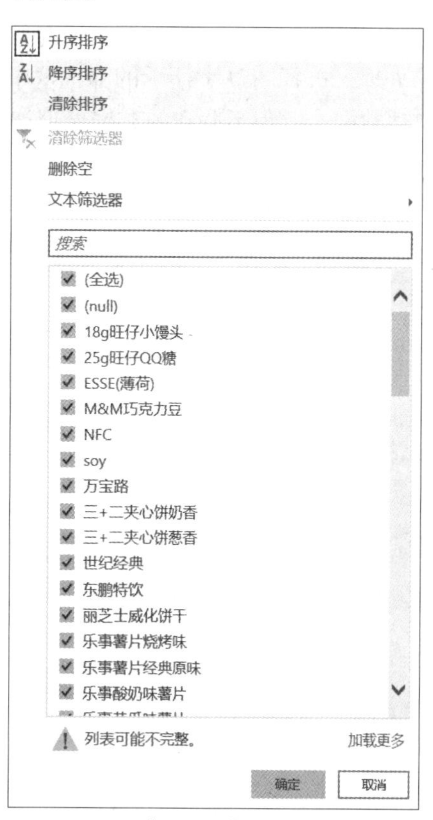

图 7-4　“商品表”中存在空值

（2）查看“库存表”中是否存在空值。使用查看“商品表”中空值的方法，可以发现“库存表”所有字段中都不存在空值。

（3）查看“指标表”中是否存在空值。使用查看“商品表”中空值的方法，可以发现“指标表”所有字段中都不存在空值。

（4）查看“订单表”中是否存在空值。使用查看“商品表”中空值的方法，可以发现“订单表”的“出货状态”字段中存在空值。

3. 清洗商品表

在 Power Query 编辑器中清洗“商品表”，实现步骤如下。

（1）查找“商品表”中不一致的数据。选中“商品表”中的“商品名称”列，单击列右侧的下拉按钮，选择“升序排序”选项。在“商品名称”字段中，发现有很多空值，如图 7-5 所示，有一些是不一致的数据，如图 7-6 所示。

390	null
391	null
392	null
393	18g旺仔小馒头
394	18g旺仔小馒头
395	18g旺仔小馒头

图 7-5 “商品名称”字段中的空值

876	可乐
877	可乐
878	可口可乐
879	可口可乐
880	可口可乐
881	可口可乐

图 7-6 “商品名称”字段中的不一致数据

（2）替换“商品表”中不一致的数据。商品表中的空值数据会影响分析结果，此处做删除处理，选择图 7-3 所示的筛选框中的“删除空”选项，即可删除“商品名称”字段中的空值数据。其他不一致的数据处理如下。

① 右击“商品名称”列，选择“替换值”选项。

② 在弹出的“替换值”对话框中，将“要查找的值”设置为“可乐”，“替换为”设置为“可口可乐”，展开“高级选项”选项组，勾选“单元格匹配”复选框，如图 7-7 所示。

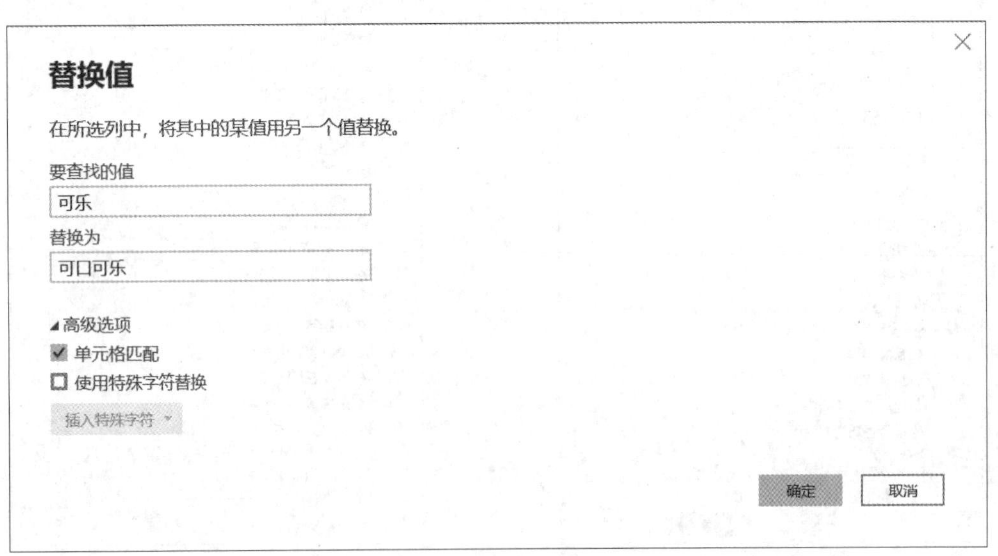

图 7-7 “替换值”对话框

③ 单击“确定”按钮，即可将“可乐”替换为“可口可乐”。

（3）继续替换“商品表”中不一致的数据。将图 7-8 所示的“商品名称”字段中“可比克 番茄味”的空格去掉。

965	可比克 番茄味
966	可比克 番茄味
967	可比克 番茄味
968	可比克 番茄味
969	可比克 番茄味
970	可比克 番茄味

图 7-8 “商品名称”字段中的其他不一致数据

① 右击“商品名称”列，选择“替换值”选项。

② 弹出“替换值”对话框，将“要查找的值”设置为“可比克 番茄味”，“替换为”设置为“可比克番茄味”，展开“高级选项”选项组，勾选“单元格匹配”复选框，单击“确定”按钮，即可将“可比克 番茄味”替换为“可比克番茄味”。

③ 使用同样的方法替换“可比克 烧烤味”为“可比克烧烤味”；替换“可比克薯片原滋味”为“可比克原滋味”；替换“可比克薯片烧烤味”为“可比克烧烤味”；替换“可比克薯片牛肉味”为“可比克牛肉味”；替换“可比克薯片番茄味”为“可比克番茄味”。

4. 清洗订单表

微课 7-1 清洗订单表

在 Power Query 编辑器中清洗“订单表”，实现步骤如下。

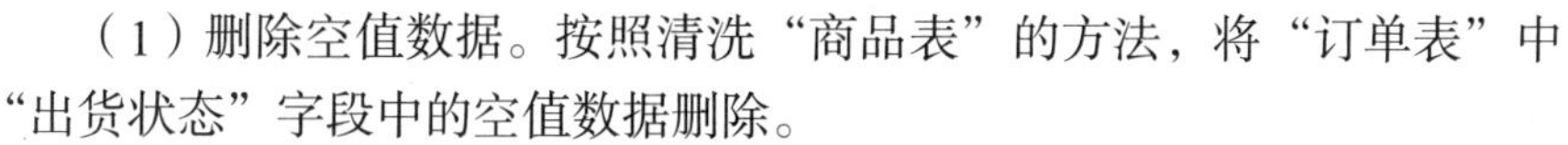

（1）删除空值数据。按照清洗“商品表”的方法，将“订单表”中“出货状态”字段中的空值数据删除。

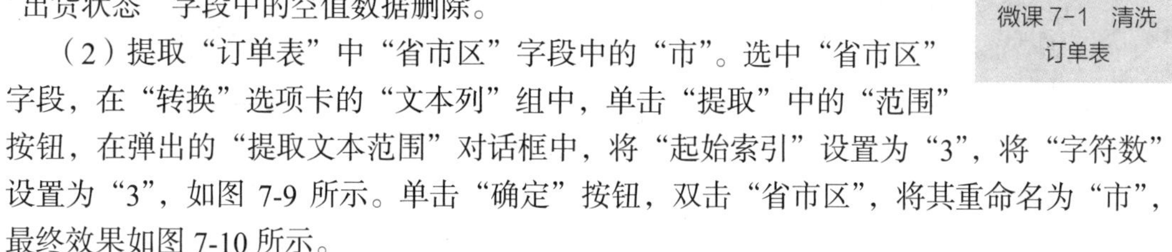

（2）提取“订单表”中“省市区”字段中的“市”。选中“省市区”字段，在“转换”选项卡的“文本列”组中，单击“提取”中的“范围”按钮，在弹出的“提取文本范围”对话框中，将“起始索引”设置为“3”，将“字符数”设置为“3”，如图 7-9 所示。单击“确定”按钮，双击“省市区”，将其重命名为“市”，最终效果如图 7-10 所示。

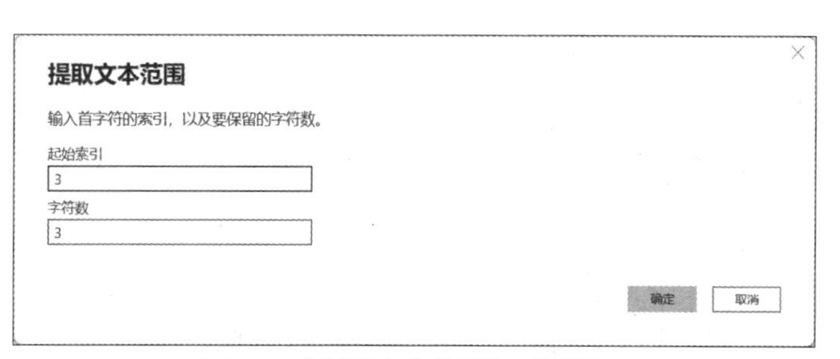

图 7-9 “提取文本范围”对话框

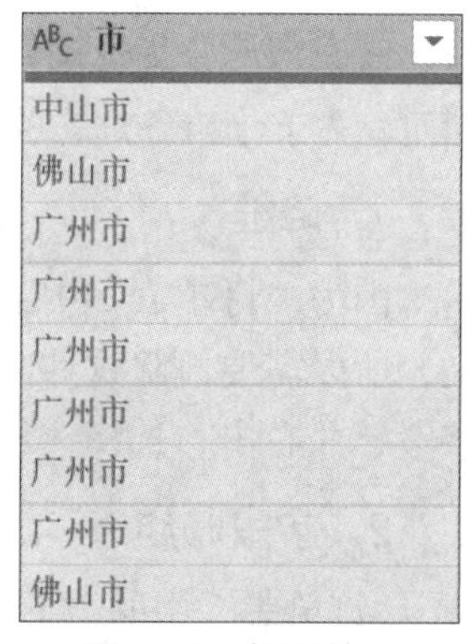

图 7-10 提取结果

（3）变换数据，具体操作如下。

① 选中“商品详情”字段，在“添加列”选项卡的“常规”组中，单击“自定义列”按钮。

② 新建“商品名称”列。在弹出的“自定义列”对话框中，将“新列名”设置为“商品名称”，“自定义列公式”设置为“=Text.Remove([商品详情], {" ", "(", "（", "）", ")", "0".."9", "g", "l", "m", "M", "L", "听", "特", "饮", "罐", "瓶", "只", "装", "欧", "式", "&", "%", "X", "x", ";", })”，表示将“商品详情”字段中的数字与字符删除，如图 7-11 所示，单击“确定”按钮。

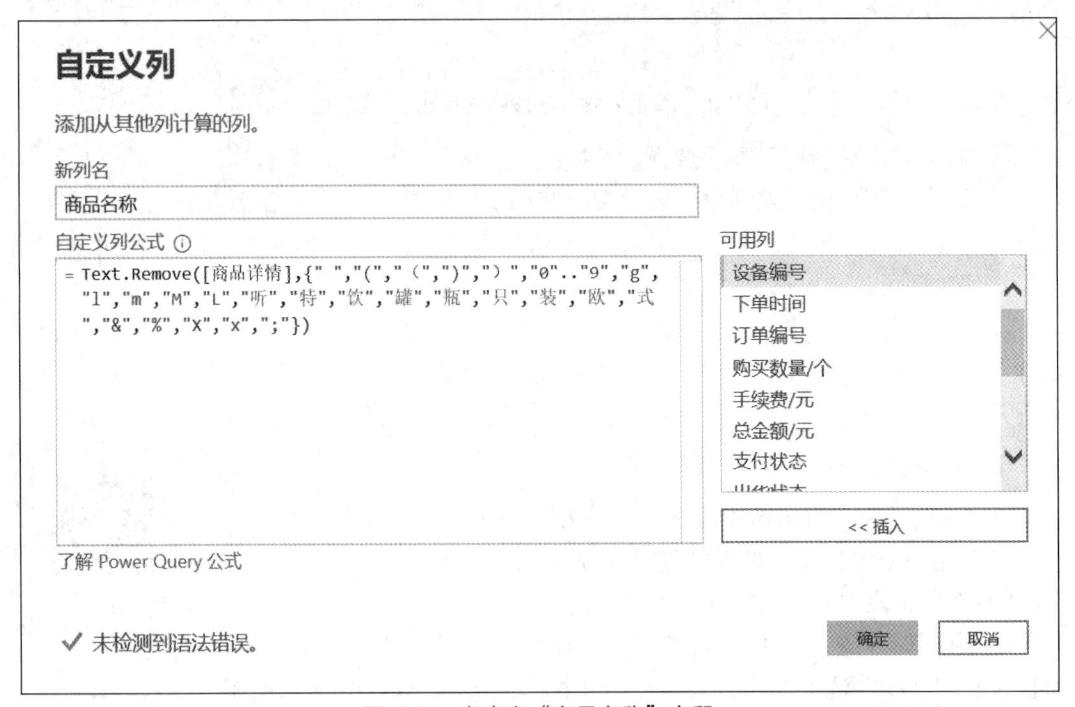

图 7-11　自定义“商品名称”字段

③ 删除“商品详情”字段。

7.2.2 归约数据

观察自动售货机销售数据，发现数据中的一些字段与后续分析无关，需要进行数据降维；同时，为了分析各月、各时间段的销售情况，需要在 Power Query 编辑器中进行字段归约。

1. 降维

因为“订单表”中的“手续费/元”“收款方”“软件版本”字段对本案例的分析没有意义，所以需要删除这些字段，以进行降维。依次选中“手续费/元”“收款方”“软件版本”字段，并右击，选择“删除列”选项。

2. 字段归约

“订单表”中的“下单时间”字段信息量多，并且存在概念分层，需要对该字段进行数据归约，提取需要的数据，实现步骤如下。

（1）添加“月份”字段。选中“下单时间”字段，在“添加列”选项卡的“从日期和时间”组中，依次单击图 7-12 所示的“日期”→“月”→“月”。

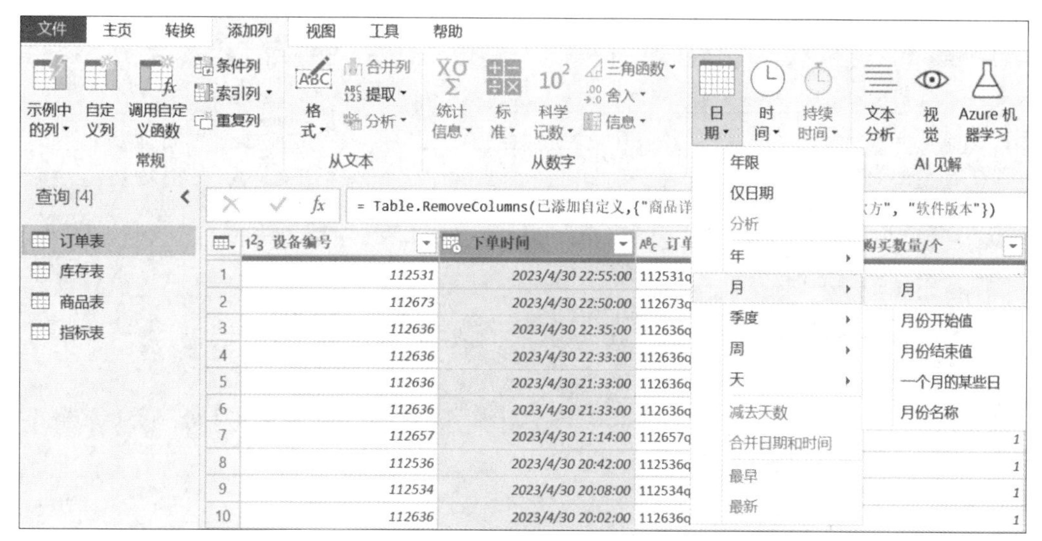

图 7-12　单击“月”

（2）添加“小时”字段。选中“下单时间”字段，在“添加列”选项卡的“从日期和时间”组中，依次单击图 7-13 所示的“时间”→“小时”→“小时”。

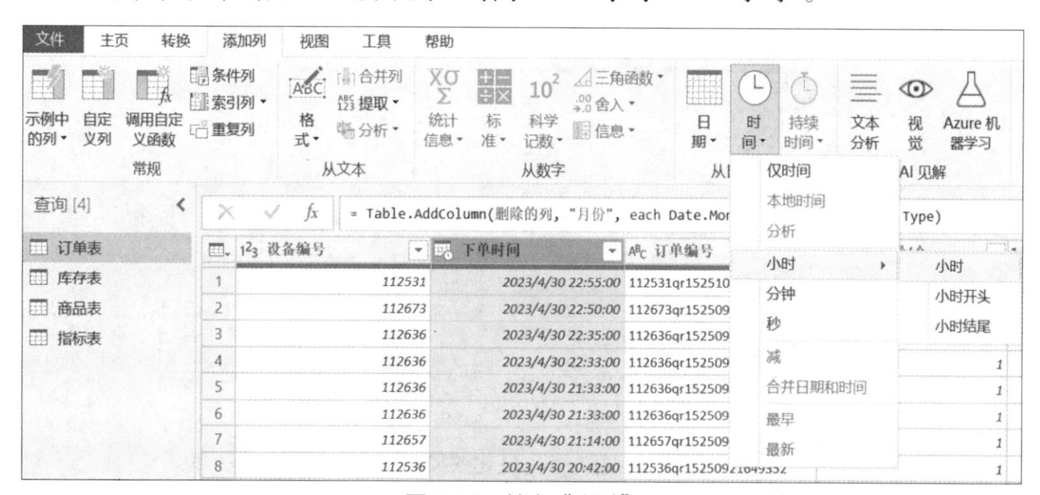

图 7-13　单击“小时”

（3）泛化“小时”字段。

① 选中“小时”字段，在“添加列”选项卡的“常规”组中，单击“条件列”按钮。

② 在弹出的“添加条件列”对话框中，将“新列名”设置为“下单时间段”。

③ 在 If 语句中，将“列名”设置为“小时”，“运算符”设置为“小于或等于”，“值”设置为“5”，“输出”设置为“凌晨”；单击“添加子句”按钮，在 Else If 语句中，将“列名”设置为“小时”，“运算符”设置为“小于或等于”，“值”分别设置为“8”“11”“13”“16”“19”“24”，“输出”分别设置为“早晨”“上午”“中午”“下午”“傍晚”“晚上”，如图 7-14 所示，单击“确定”按钮。

添加条件列

添加一个从其他列或值计算而来的条件列。

新列名

下单时间段

	列名	运算符	值		输出
If	小时	小于或等于	5	Then	凌晨
Else If	小时	小于或等于	8	Then	早晨
Else If	小时	小于或等于	11	Then	上午
Else If	小时	小于或等于	13	Then	中午
Else If	小时	小于或等于	16	Then	下午
Else If	小时	小于或等于	19	Then	傍晚

添加子句

ELSE

确定　取消

图 7-14 “添加条件列”对话框

④ 拖曳“下单时间段”字段到“购买数量/个”字段前，得到的泛化效果如图 7-15 所示。最后在“主页”选项卡中关闭并应用 Power Query 编辑器。

下单时间段	购买数量/个
晚上	1
晚上	1
晚上	1
晚上	1
晚上	1
晚上	1
晚上	1
晚上	1
晚上	1
晚上	1

图 7-15 泛化效果

7.2.3 数据建模

微课 7-2 数据建模

清洗和归约数据后，现在需要对数据进行计算、分类等操作。

1. 销售金额月汇总

基于商品表，汇总每月的销售金额，实现步骤如下。

（1）新建快度量值。在 Power BI 报表视图的“字段”窗格中选中“商品表”之后，在“表工具”选项卡的“计算”组中，单击“快度量值”按钮，弹出“快度量值”对话框。

（2）设置快度量值。将“计算”设置为“汇总”；在右边“字段”列表框中，将“商品表”中的“销售金额/元”字段拖曳至“基值”栏，将“商品表”中的“月份”字段拖曳至“字段”栏，如图 7-16 所示。单击“确定”按钮，此时在“字段”窗格中出现“月份 中 销售金额/元 的汇总”快度量值。

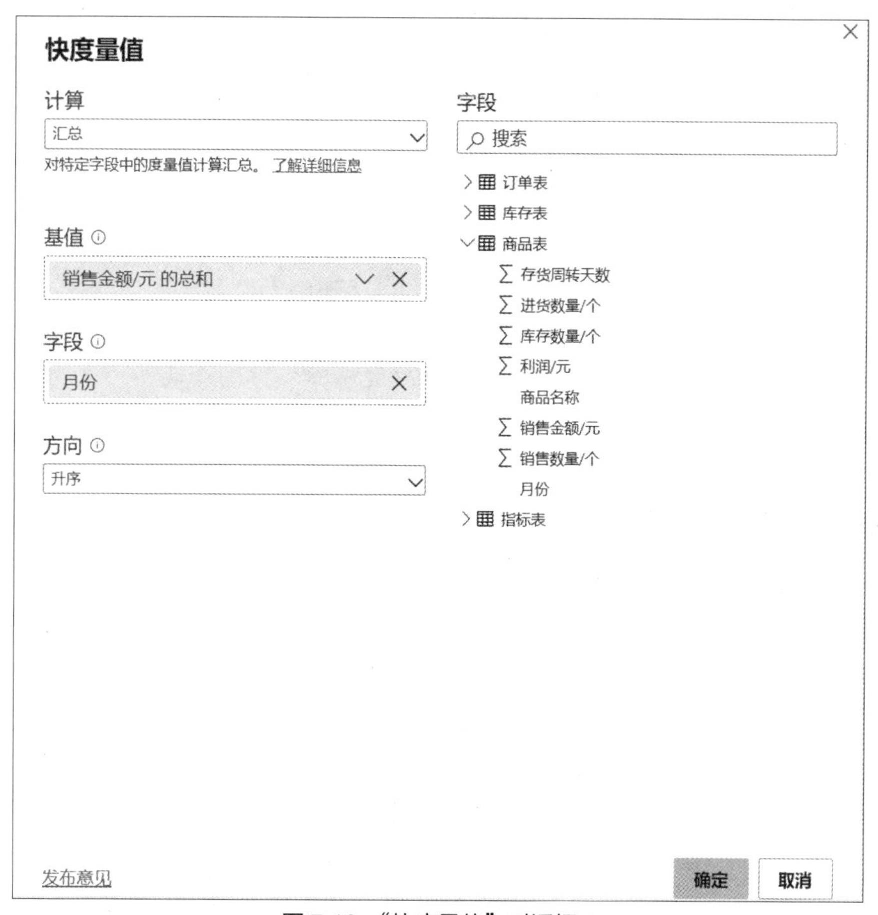

图 7-16 “快度量值”对话框 1

（3）重命名度量值。双击“月份 中 销售金额/元 的汇总”，将其重命名为“销售金额月汇总”。

按同样的方法计算“商品表”中的“利润月汇总”“存货周转天数月汇总”“进货数量月汇总”“库存数量月汇总”“销售数量月汇总”度量值。

2. 总金额月汇总

基于订单表，创建总金额月汇总度量值，实现步骤如下。

（1）选中订单表，在“表工具”选项卡的“计算”组中，单击“快度量值”按钮，弹出“快度量值”对话框。

（2）将“计算”设置为“汇总”；在右边“字段”列表框中，将“订单表”中的“总金额/元”字段拖曳至“基值”栏，将“订单表”中的“月份”字段拖曳至“字段”栏，如图 7-17 所示。单击“确定”按钮，此时在“字段”窗格中出现“月份 中 总金额/元 的汇总”快度量值。

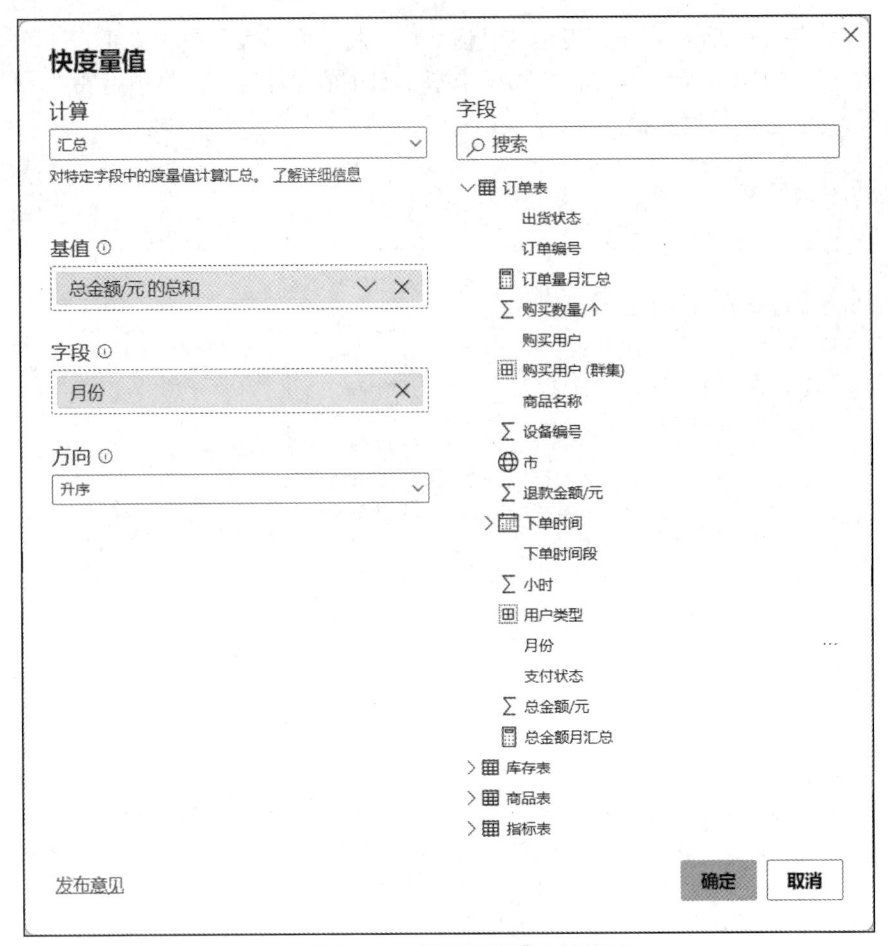

图 7-17 “快度量值”对话框 2

（3）双击“月份 中 总金额/元 的汇总”，将其重命名为“总金额月汇总”。

3. 售罄率

售罄率指商品上市后特定时间段内销售数量占进货数量的百分比，是衡量商品销售状况的重要指标，计算方式为“销售数量月汇总”除以“进货数量月汇总”，实现步骤如下。

（1）新建快度量值。在报表视图的“字段”窗格中选中“商品表”之后，在“表工具”选项卡的“计算”组中，单击“快度量值”按钮，弹出“快度量值”对话框。

（2）设置快度量值。将“计算”设置为“除法”；在右边“字段”列表框中，将“商品表”中的“销售数量月汇总”字段拖曳至“分子”栏，将“商品表”中的“进货数量月汇总”字段拖曳至“分母”栏，如图 7-18 所示，单击“确定”按钮。此时在“字段”窗格中出现“销售数量月汇总 除以 进货数量月汇总”度量值。

（3）重命名度量值。双击“销售数量月汇总 除以 进货数量月汇总”，将其重命名为“售罄率”。

按同样的方法，计算“库销比”（库存与销售数量或金额之间的比率）度量值，在新建快度量值时，“快度量值”对话框的设置如图 7-19 所示。

图 7-18 “快度量值”对话框 3

图 7-19 计算“库销比”度量值时的“快度量值”对话框

4. 订单量月汇总

汇总每月的订单量，实现步骤如下。

（1）新建快度量值。在报表视图的“字段”窗格中选中“订单表”之后，在“表工具”选项卡的“计算”组中，单击“快度量值”按钮，弹出“快度量值”对话框。

（2）设置快度量值。将“计算”设置为“汇总”；在右边“字段”列表框，将“订单表”中的“订单编号”字段拖曳至“基值”栏，单击“订单编号”字段右侧的下拉按钮，选择“计数（非重复）”选项；并将“月份”字段拖曳至“字段”栏，“方向”栏默认不变，如图 7-20 所示。单击“确定”按钮，此时在“字段”窗格中出现“月份 中 订单编号 的计数 的汇总”度量值。

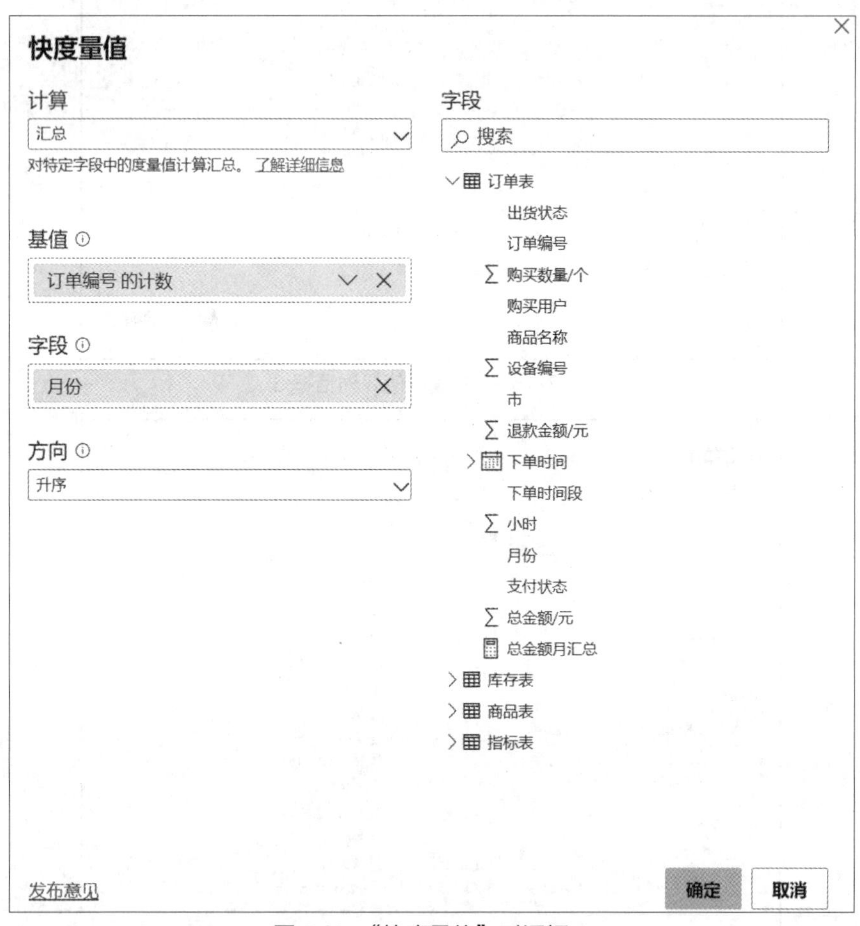

图 7-20 “快度量值”对话框 4

（3）重命名度量值。双击“月份 中 订单编号 的计数 的汇总”，将其重命名为“订单量月汇总”。

5. 数据分类

更改“市”字段的“数据类别”。选中“订单表”中的“市”字段，在“列工具”选项卡的“属性”组中，单击“数据类别”下拉按钮后选择“省/自治区/直辖市”选项，如图 7-21 所示。更改后“字段”窗格的“订单表”中的“市”字段效果如图 7-22 所示。

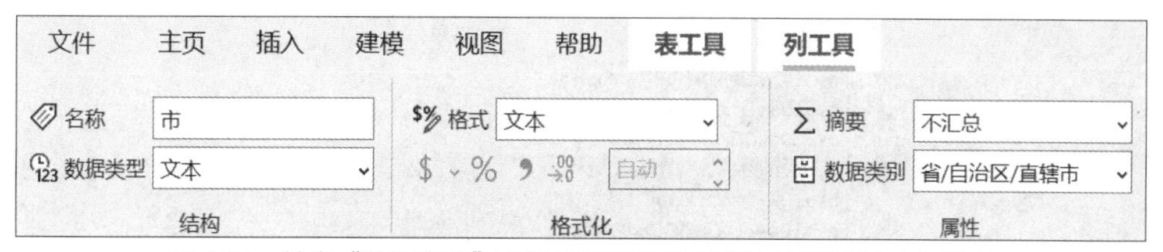

图 7-21 单击“数据类别”下拉按钮后选择“省/自治区/直辖市”选项

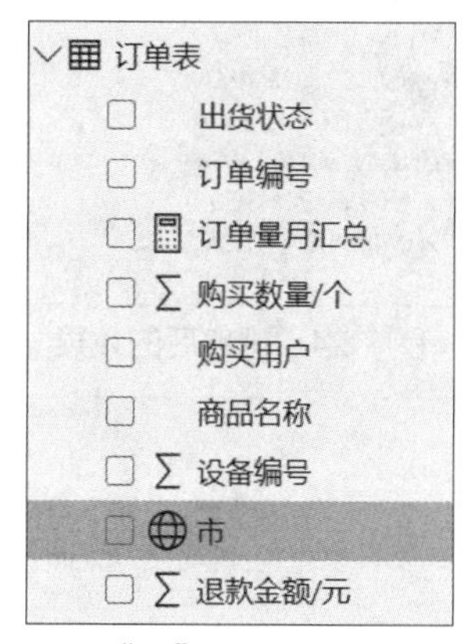

图 7-22 更改“市”字段的数据类别后的效果

6. 用户类型

将购买用户按购买数量进行分群，实现步骤如下。

（1）选中字段。单击“可视化”窗格的“表”图标，在“字段”窗格的“订单表”中，依次选中“购买用户”“购买数量/个”字段，如图 7-23 所示。

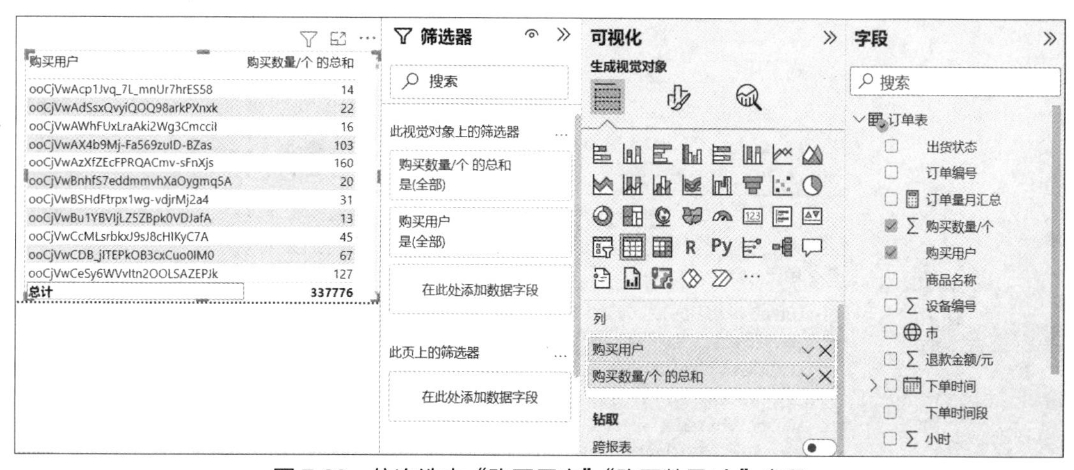

图 7-23 依次选中“购买用户”“购买数量/个”字段

（2）对“购买数量/个”字段进行排序。单击表格列标题“购买数量/个 的总和”即可按降序进行排序，排序后的效果如图 7-24 所示。

（3）用户分群。单击排序后图表右上角的“更多选项”按钮 ···，弹出其下拉列表，选择“自动查找群集”选项，弹出“群集”对话框，在“群集数”文本框中输入“4”，如图 7-25 所示。单击“确定”按钮，得到分群后的效果如图 7-26 所示。

购买用户	购买数量/个 的总和
os-xL0twz3vfkdxHb9Tosma5PJKk	1222
os-xL0ivvEsnOaz3DDXdv2qx2Yew	1097
os-xL0pIlDGk8BFYd1V6WH3_Goxc	1095
os-xL0njetHFwhYx7UlafQ9boMtg	1037
os-xL0iOdoWb5KGGjfTSk9zYNJ9I	984
os-xL0pAoulxTu5jQDg4QPfdeiFc	954
os-xL0rbqe1QATljOSs0BiX6efkM	894
ooCjVwGIFQbkRohFqp3RvbouV5yQ	882
os-xL0qug8517TsY1fWRMxK4pXGY	881
os-xL0nbckHghSUxS7YEZFGTp2Ps	875
os-xL0smGyZv4ejCdT6XxIcnKK-g	867
os-xL0sB1nnaraKnWFOLR4YtVFoE	863
os-xL0srhl0cxDtX-ziairOOVGG0	819
os-xL0gHoPPcWIRXjIhBmPF0WB3Y	810
总计	**337776**

图 7-24　排序后的效果

群集

名称：购买用户 (群集)

字段：购买用户

说明：购买用户 的群集

群集数：4

确定　取消

图 7-25　“群集”对话框

购买用户	购买数量/个 的总和	购买用户 (群集)
os-xL0twz3vfkdxHb9Tosma5PJKk	1222	群集3
os-xL0ivvEsnOaz3DDXdv2qx2Yew	1097	群集3
os-xL0pIlDGk8BFYd1V6WH3_Goxc	1095	群集3
os-xL0njetHFwhYx7UlafQ9boMtg	1037	群集3
os-xL0iOdoWb5KGGjfTSk9zYNJ9I	984	群集3
os-xL0pAoulxTu5jQDg4QPfdeiFc	954	群集3
os-xL0rbqe1QATljOSs0BiX6efkM	894	群集3
ooCjVwGIFQbkRohFqp3RvbouV5yQ	882	群集3
os-xL0qug8517TsY1fWRMxK4pXGY	881	群集3
os-xL0nbckHghSUxS7YEZFGTp2Ps	875	群集3
os-xL0smGyZv4ejCdT6XxIcnKK-g	867	群集3
os-xL0sB1nnaraKnWFOLR4YtVFoE	863	群集3
os-xL0srhl0cxDtX-ziairOOVGG0	819	群集3
os-xL0gHoPPcWIRXjIhBmPF0WB3Y	810	群集3
总计	**337776**	

图 7-26　分群后的效果

（4）分组，进行如下操作。

① 选中“订单表”中的“购买用户（群集）”字段，在“列工具”选项卡的“组”组中，依次单击“数据组”→“新建数据组”按钮。

② 弹出“组”对话框，选中“群集 1”后单击“分组”按钮，将其重命名为“低质用户”。按同样的方法将“群集 4”“群集 2”“群集 3”依次分组为“潜力用户”“一般用户”“高质用户”，如图 7-27 所示，单击“确定”按钮。

图 7-27 “组”对话框

③ 在“字段”窗格中，将“购买用户（群集）（组）”重命名为“用户类型”。

任务 7.3 数据分析与可视化

在对自动售货机信息数据进行预处理与建模之后，依据该公司的业务情况，分销售、库存和用户 3 个方向对数据进行数据分析与可视化。

7.3.1 销售分析与可视化

为了直观地展示销售走势以及各市销售情况，使该公司自动售货机销售状况更加清晰，需要利用处理好的数据进行销售分析，选取出需要分析的关键字段，完成可视化分析。

1. 绘制卡片图分析销售额

为了直观地查看近 6 个月的总销售额，可以使用卡片图展示。单击“可视化”窗格中的“卡片图”图标123，在报表视图中出现卡片图可视化效果，实现步骤如下。

（1）选中并拖曳相应字段。在“字段”窗格中，选中“订单表”的“总金额月汇总”字段，将其拖曳至“字段”存储桶中。

（2）重命名字段。在“字段”存储桶中，单击“总金额月汇总”字段右侧的下拉按钮，选择“针对此视觉对象重命名”选项，输入“销售额/元”。

（3）调整单位。在“设置视觉对象格式”列表中，将标注值的显示单位设置为“无”，其他参数保持默认设置。最终效果如图 7-28 所示。

图 7-28　销售额卡片图

由图 7-28 可知，近 6 个月的总销售额为 1223185.46 元。

2. 绘制卡片图分析销售量

使用卡片图展示近 6 个月的总销售量。单击“可视化”窗格中的“卡片图”图标123，在报表视图中会出现卡片图可视化效果，实现步骤如下。

（1）选中并拖曳相应字段。在“字段”窗格中，选中“订单表”的“购买数量/个”字段，将其拖曳至“字段”存储桶。

（2）重命名字段。在“字段”存储桶中，单击“购买数量/个 的总和”字段右侧的下拉按钮，选择“针对此视觉对象重命名”选项，输入“销售量/个”。

（3）调整单位。在“设置视觉对象格式”列表中，将标注值的显示单位设置为“无”，其他参数保持默认设置。最终效果如图 7-29 所示。

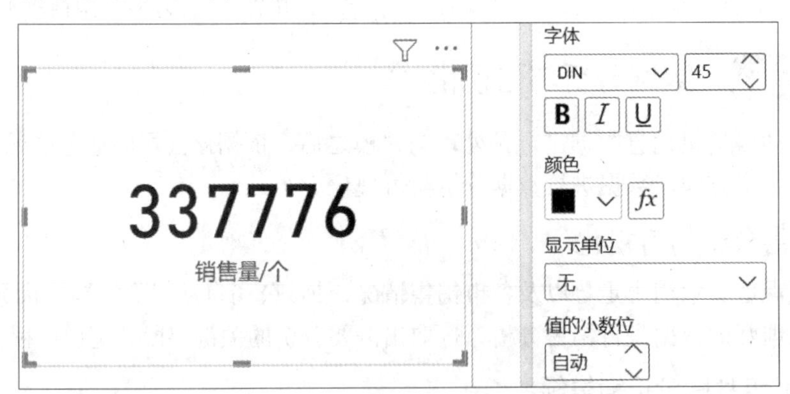

图 7-29　销售量卡片图

由图 7-29 可知，近 6 个月的总销售量为 337776 个。

3. 绘制卡片图分析订单量

使用卡片图展示近 6 个月的总订单量。单击“可视化”窗格中的“卡片图”图标123，在报表视图中会出现卡片图可视化效果，实现步骤如下。

（1）选中并拖曳相应字段。在“字段”窗格中，选中“订单表”的“订单量月汇总”字段，将其拖曳至“字段”存储桶。

（2）重命名字段。在“字段”存储桶中，单击“订单量月汇总”字段右侧的下拉按钮，选择“针对此视觉对象重命名”选项，输入“订单量/个”。

（3）调整单位。在“设置视觉对象格式”列表中，将标注值的显示单位设置为“无”，其他参数保持默认设置。最终效果如图 7-30 所示。

图 7-30 订单量卡片图

由图 7-30 可知，近 6 个月的总订单量为 269326 个。

4. 绘制卡片图分析总利润

使用卡片图展示近 6 个月的总利润。单击“可视化”窗格中的“卡片图”图标 123，在报表视图中会出现卡片图可视化效果，实现步骤如下。

（1）选中并拖曳相应字段。在“字段”窗格中，选中“商品表”的“利润月汇总”字段，将其拖曳至“字段”存储桶。

（2）重命名字段。在“字段”存储桶中，单击“利润月汇总”字段右侧的下拉按钮，选择“针对此视觉对象重命名”选项，输入“总利润/元”。

（3）调整单位。在“设置视觉对象格式”列表中，将标注值的显示单位设置为“无”，其他参数保持默认设置。最终效果如图 7-31 所示。

图 7-31 总利润卡片图

由图 7-31 可知，近 6 个月的总利润为 215952.14 元。

5. 绘制 KPI 图分析销售额达成指标

使用 KPI 图分析近 6 个月销售额的达标情况。单击“可视化”窗格中的“KPI”图标，在报表视图中会出现 KPI 图可视化效果，实现步骤如下。

（1）选中并拖曳相应字段。在“字段”窗格中，进行如下操作。

① 选中“订单表”的“总金额月汇总”字段，将其拖曳至“值”存储桶。

② 选中“订单表”的“月份”字段，将其拖曳至“走向轴”存储桶。

③ 选中“指标表”的“销售额指标”字段，将其拖曳至“目标”存储桶。

（2）调整 KPI 图。在“设置视觉对象格式”列表中，进行如下操作。

① 将标注值的显示单位设置为“无”。

② 将标题的文本设置为“销售额达成指标”，其他参数保持默认设置。最终效果如图 7-32 所示。

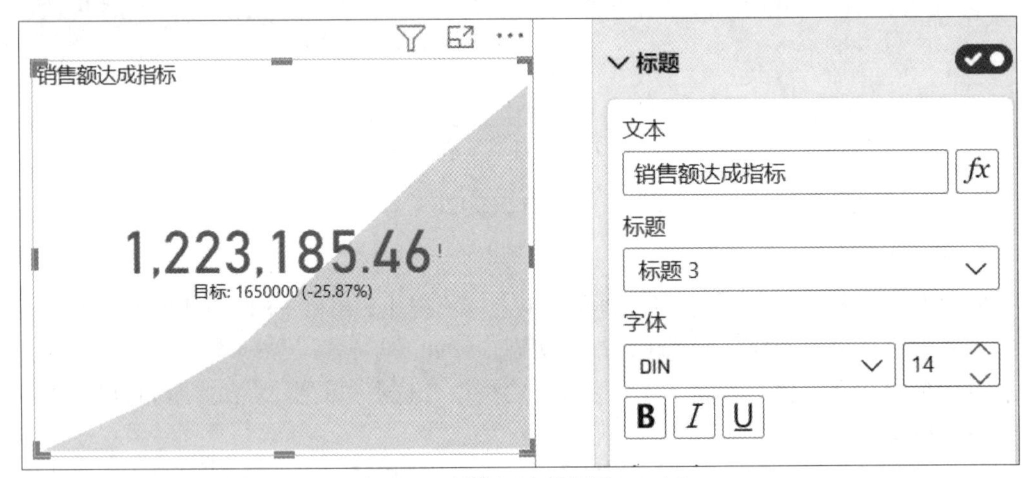

图 7-32　销售额达成指标 KPI 图

由图 7-32 中的填充面积可知，近 6 个月的销售额一直处于上升状态，总目标销售额为 1650000 元，实际达成 1223185.46 元，低于总目标销售额 25.87%。

6. 绘制 KPI 图分析订单量达成指标

使用 KPI 图分析近 6 个月中订单量的达标情况。单击“可视化”窗格中的“KPI”图标，在报表视图中会出现 KPI 图可视化效果，实现步骤如下。

（1）选中并拖曳相应字段。在“字段”窗格中，进行如下操作。

① 选中“订单表”的“订单量月汇总”字段，将其拖曳至“值”存储桶。

② 选中“订单表”的“月份”字段，将其拖曳至“走向轴”存储桶。

③ 选中“指标表”的“订单量指标”字段，将其拖曳至“目标”存储桶。

（2）调整 KPI 图。在“设置视觉对象格式”列表中，将标题的文本设置为“订单量达成指标”，其他参数保持默认设置。最终效果如图 7-33 所示。

由图 7-33 可知，近 6 个月的订单量一直处于上升状态，总目标订单量是 426000 个，实际达成订单量是 269326 个，总目标订单量的 36.78%还未达成。

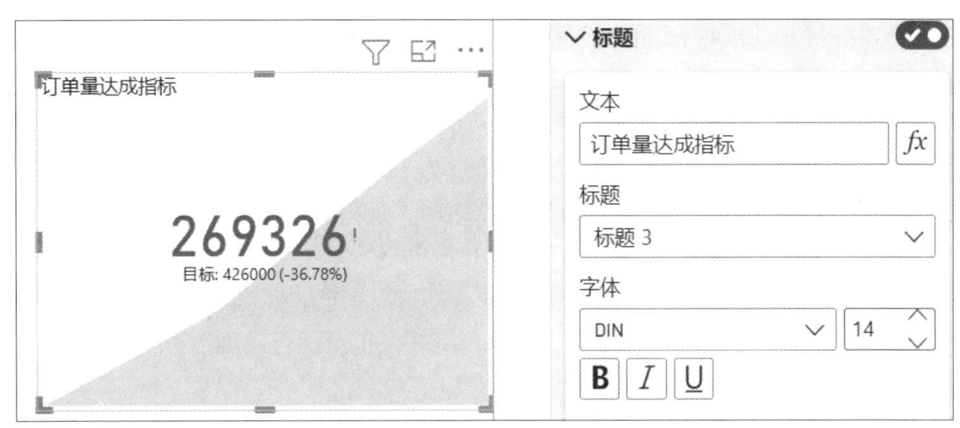

图 7-33　订单量达成指标 KPI 图

7. 绘制 KPI 图分析利润达成指标

使用 KPI 图分析近 6 个月利润的达成情况。单击"可视化"窗格中的"KPI"图标，在报表视图中会出现 KPI 图可视化效果，实现步骤如下。

（1）选中并拖曳相应字段。在"字段"窗格中，进行如下操作。

① 选中"商品表"的"利润月汇总"字段，将其拖曳至"值"存储桶。

② 选中"商品表"的"月份"字段，将其拖曳至"走向轴"存储桶。

③ 选中"指标表"的"总利润指标"字段，将其拖曳至"目标"存储桶。

（2）调整 KPI 图。在"设置视觉对象格式"列表中，进行如下操作。

① 将标注值的显示单位设置为"无"。

② 将标题的文本设置为"利润达成指标"，其他参数保持默认设置。最终效果如图 7-34 所示。

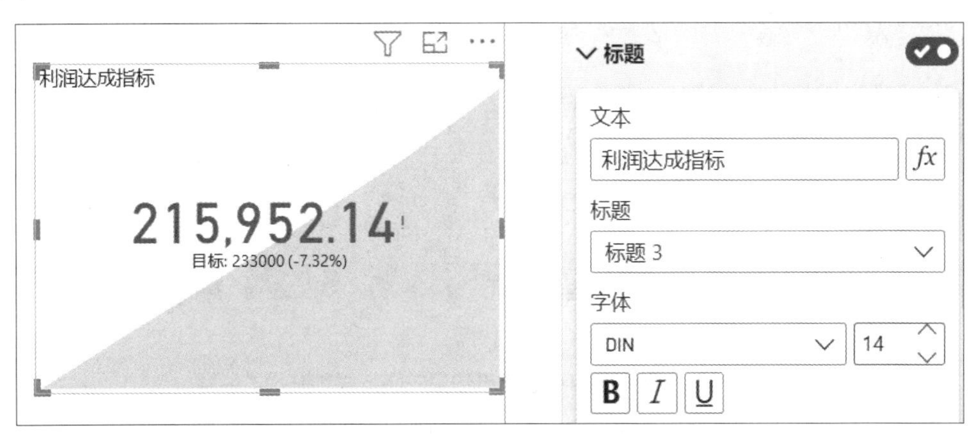

图 7-34　利润达成指标 KPI 图

由图 7-34 可知，近 6 个月的利润总体处于上升状态，总利润目标为 233000 元，实际达成 215952.14 元，低于总利润目标 7.32%。

将本页报表页名称重命名为"销售分析 1"，并单击报表视图底部的 + 按钮新建一页报表页，将新报表页名称重命名为"销售分析 2"。

8. 绘制折线和簇状柱形图分析销售额和自动售货机数量的关系

按时间走势，分析近 6 个月中销售额和自动售货机数量的关系，可以选择折线和簇状柱形图进行分析。单击“可视化”窗格中的“折线和簇状柱形图”图标，在报表视图中会出现折线和簇状柱形图可视化效果，实现步骤如下。

（1）选中并拖曳相应字段。在“字段”窗格中，进行如下操作。

① 选中“订单表”的“月份”字段，将其拖曳至“X 轴”存储桶。

② 选中“订单表”的“总金额/元”字段，将其拖曳至“列 y 轴”存储桶。

③ 选中“订单表”的“设备编号”字段，将其拖曳至“行 y 轴”存储桶。

（2）调整折线和簇状柱形图，进行如下操作。

① 在“行 y 轴”存储桶中，单击“设备编号 的总和”字段右侧的下拉按钮，选择“计数（非重复）”选项，同时将其重命名为“设备数量/个”。

② 在“列 y 轴”存储桶中，单击“总金额/元 的总和”字段右侧的下拉按钮，选择“针对此视觉对象重命名”选项，输入“总金额/元”。

③ 在“设置视觉对象格式”列表中，将 Y 轴的显示单位设置为“无”，将数据标签的状态设置为“开”。

④ 在“设置视觉对象格式”列表中，将标题的文本设置为“销售额和自动售货机数量关系”，最终效果如图 7-35 所示。

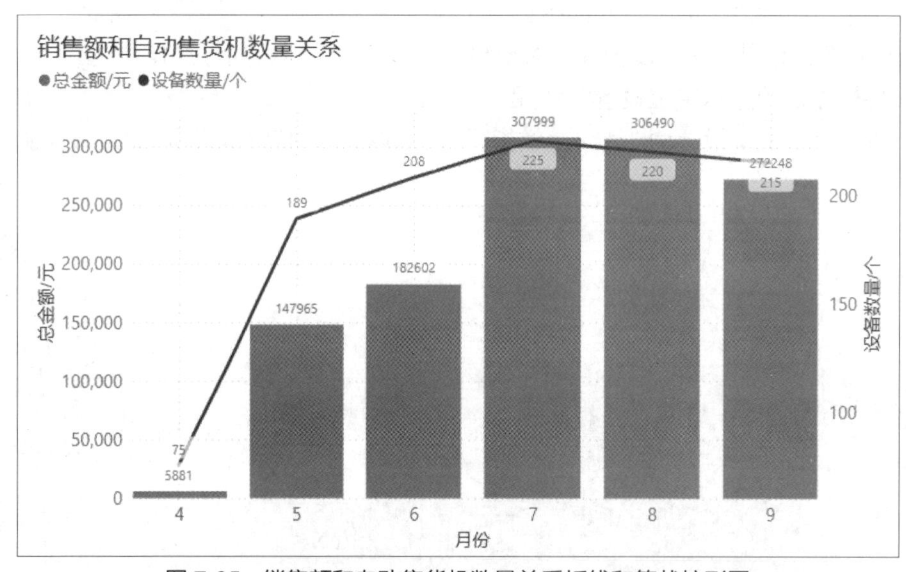

图 7-35　销售额和自动售货机数量关系折线和簇状柱形图

由图 7-35 可知，4～7 月的销售额和自动售货机数量明显上升，但在 7～9 月的时候，销售额和自动售货机数量呈现下降趋势，但其值还是比较高的。可能是因为在 7～9 月时，广东的天气较为炎热，人们对自动售货机中的水的需求更高，其销售额也较高。

9. 绘制折线图分析订单量和自动售货机数量的关系

分析近 6 个月中订单量和自动售货机数量的关系。按时间走势，分析订单量和自动售货机数量的关系时，可以选择折线图。单击“可视化”窗格中的“折线图”图标，在报表视图中会出现折线图可视化效果，实现步骤如下。

（1）选中并拖曳相应字段。在“字段”窗格中，进行如下操作。

① 选中“订单表”的“月份”字段，将其拖曳至“X 轴”存储桶。

② 选中“订单表”的“订单编号”字段，将其拖曳至“Y 轴”存储桶。

③ 选中“订单表”的“设备编号”字段，将其拖曳至“辅助 Y 轴”存储桶。

（2）调整折线图，进行如下操作。

① 在“辅助 Y 轴”存储桶中，单击“设备编号 的总和”字段右侧的下拉按钮，选择“计数（非重复）”选项，同时将其重命名为“设备数量/个”。

② 在“Y 轴”存储桶中，单击“订单编号 的计数”字段右侧的下拉按钮，选择“针对此视觉对象重命名”选项，输入“订单量/个”。

③ 在“设置视觉对象格式”列表中，将 Y 轴的显示单位设置为“无”。

④ 在“设置视觉对象格式”列表中，将标题的文本设置为“订单量和自动售货机数量关系”，最终效果如图 7-36 所示。

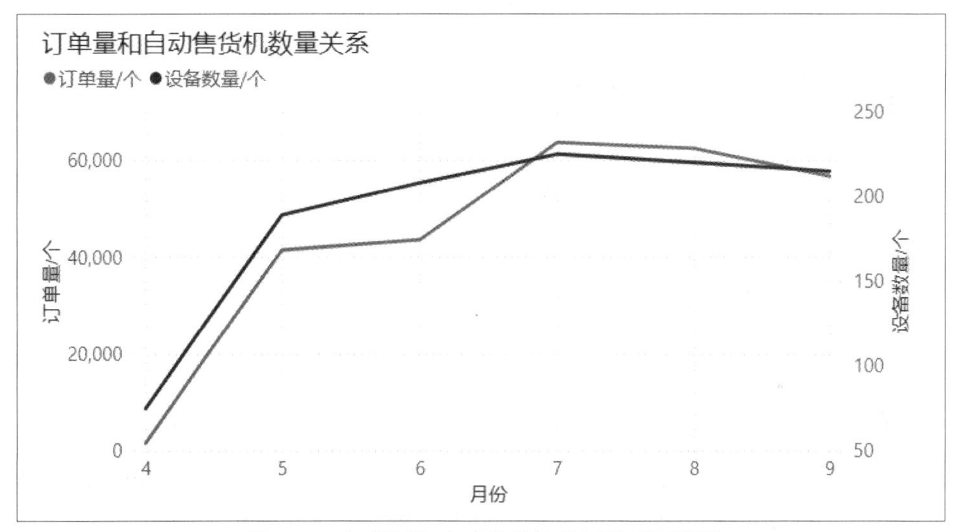

图 7-36 订单量和自动售货机数量关系折线图

由图 7-36 可知，4 月和 5 月的订单量和自动售货机数量上升趋势基本一致，从 6 月开始订单量快速上升，自动售货机数量缓慢上升，7 月后两者基本保持平稳。可以大致推断出，增加自动售货机数量，其订单量也会随之增加。

10. 绘制折线图分析各市销售额的月走势

分析近 6 个月各市的销售额走势。按时间走势，各市和销售额存在依存关系，对这两者进行的分析属于相关分析，需要使用 3 个字段“月份”“市”“总金额/元”，可选择使用折线图。单击“可视化”窗格中的“折线图”图标，在报表视图中会出现折线图可视化效果，实现步骤如下。

（1）选中并拖曳相应字段。在“字段”窗格中，进行如下操作。

① 选中“订单表”的“月份”字段，将其拖曳至“X 轴”存储桶。

② 选中“订单表”的“市”字段，将其拖曳至“图例”存储桶。

③ 选中“订单表”的“总金额/元”字段，将其拖曳至“Y 轴”存储桶。

（2）调整折线图。在“设置视觉对象格式”列表中，进行如下操作。

① 将 Y 轴的显示单位设为“无”，并将 Y 轴标题设置为“总金额/元”。

② 将标题的文本设置为“各市销售额月走势”，最终效果如图 7-37 所示。

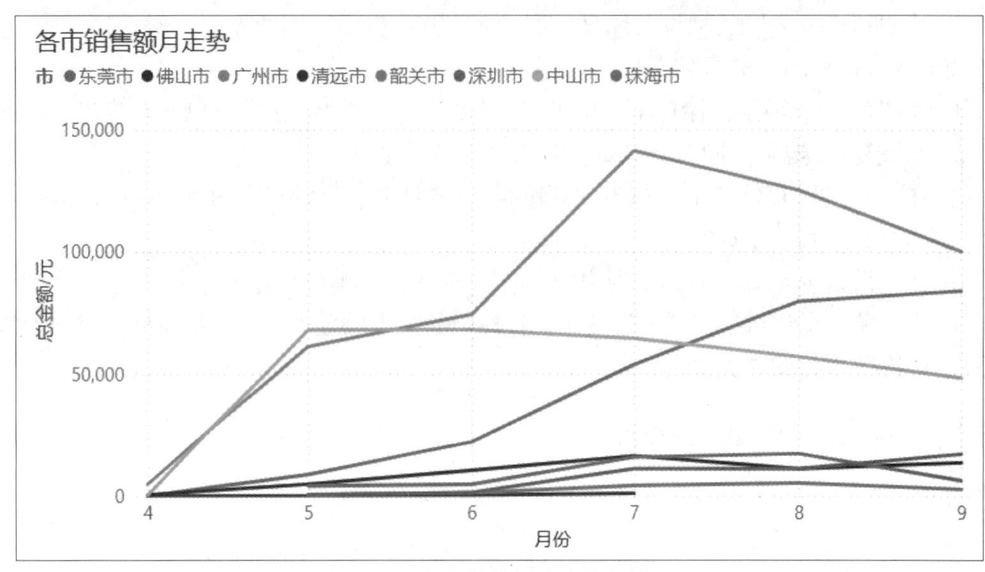

图 7-37　各市销售额月走势折线图

由图 7-37 可知，广州市的销售额一直比其他各市的销售额高（5 月除外），广州市的销售额在 7 月份达到最高点；中山市的销售额在 5 月达到最高点，而后 4 个月连续下降；东莞市的销售额一直都有明显的提高；其他各市的销售额变化情况均不显著。

11．绘制堆积条形图分析各市总销售额

对近 6 个月各市的总销售额进行对比。使用对比分析法，将各市的总销售额进行对比分析，可使用堆积条形图。通过单击“可视化”窗格中的“堆积条形图”图标绘制堆积条形图，此时，在报表视图中会出现堆积条形图可视化效果，实现步骤如下。

（1）选中并拖曳相应字段。在“字段”窗格中，进行如下操作。

① 选中“订单表”的“市”字段，将其分别拖曳至“Y 轴”和“图例”存储桶。

② 选中“订单表”的“总金额/元”字段，将其拖曳至“X 轴”存储桶。

（2）调整堆积条形图。在“设置视觉对象格式”列表中，进行如下操作。

① 将图例的状态设置为“关”。

② 将 X 轴的显示单位设置为“无”，并将 X 轴的标题设置为“总金额/元”。

③ 将数据标签的状态设置为“开”。

④ 将标题的文本设为“各市总销售额”，最终效果如图 7-38 所示。

由图 7-38 可知，近 6 个月广州市的总销售额是各市的总销售额中最高的，达到 506640 元，其次是中山市和东莞市的总销售额，分别为 306167 元和 248258 元，韶关市和清远市的总销售额是很低的。

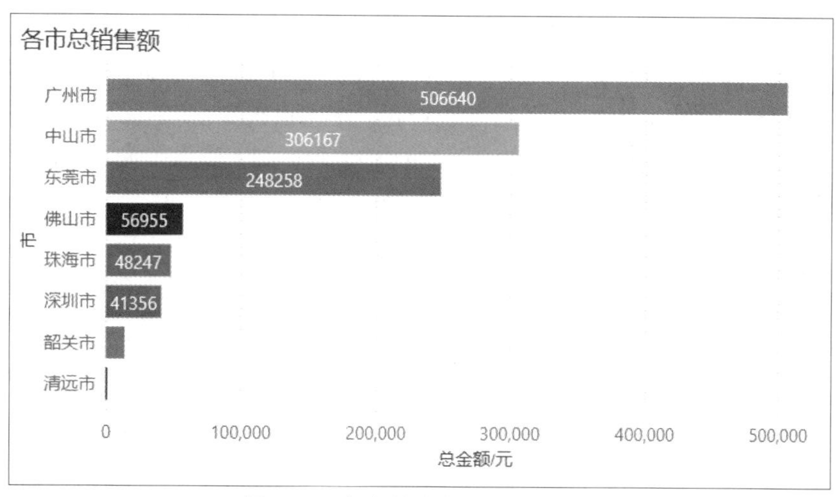

图 7-38 各市总销售额堆积条形图

12. 绘制簇状条形图分析畅销 Top 10 商品

分析近 6 个月总销售量最多的 10 种商品，可以选择使用簇状条形图。单击报表视图底部的 + 按钮新建报表页，将新报表页名称重命名为“销售分析 3”。通过单击“可视化”窗格中的“簇状条形图”图标绘制簇状条形图。此时，在报表视图中会出现簇状条形图可视化效果，实现步骤如下。

（1）选中并拖曳相应字段。在“字段”窗格中，单击“订单表”，进行如下操作。

① 选中“订单表”的“商品名称”字段，将其拖曳至“Y 轴”存储桶。

② 选中“订单表”的“购买数量/个”字段，将其拖曳至“X 轴”存储桶。

（2）调整簇状条形图，进行如下操作。

① 在“X 轴”存储桶中，单击“购买数量/个 的总和”字段右侧的下拉按钮，选择“针对此视觉对象重命名”选项，输入“销售量/个”。

② 在“筛选器”窗格中，将商品名称的“筛选类型”设置为“前 N 个”，将“显示项”设置为“上”，在“显示项”文本框中输入“10”，将“订单表”中的“购买数量/个”字段拖曳至“按值”存储桶，如图 7-39 所示，单击“应用筛选器”按钮。

图 7-39 设置畅销 Top 10 商品的筛选器

③ 在“设置视觉对象格式”列表中，将 X 轴的显示单位设置为“无”。

④ 在“设置视觉对象格式”列表中，单击“条形”中的 fx 按钮，在弹出的“默认颜色-条形”对话框中按图 7-40 所示进行颜色设置，单击设置颜色的下拉按钮选中“其他颜色”，设置“最大值”的颜色 HEX（Hexadecimal，十六进制）码设置为“#FD625E”，最小值的颜色 HEX 码设置为“#FEC0BF”，单击“确定”按钮。

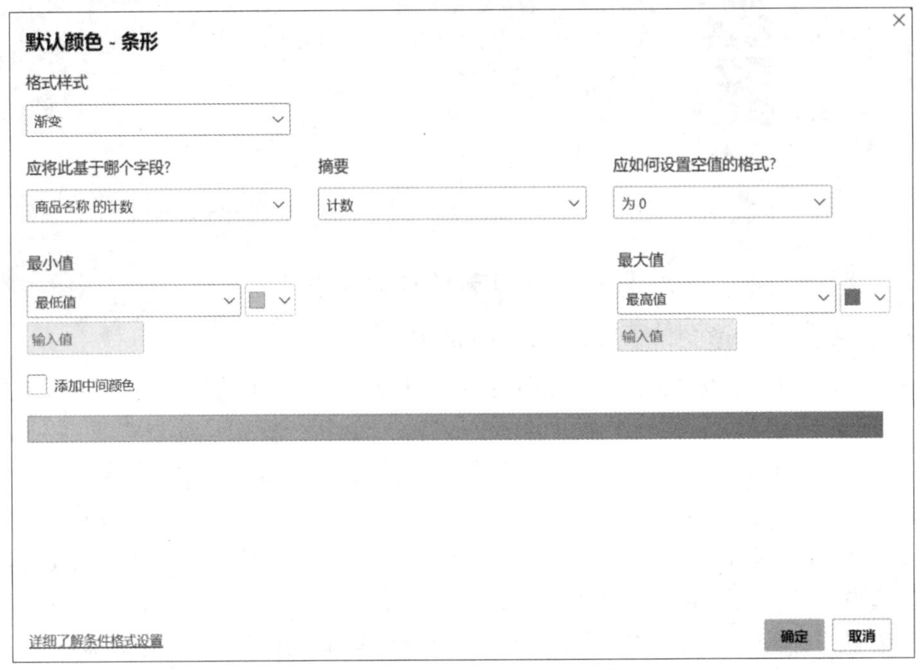

图 7-40　设置畅销 Top 10 商品的数据颜色

⑤ 在“设置视觉对象格式”列表中，将数据标签的状态设置为“开”，同时将图例的状态设置为“关”。

⑥ 在“设置视觉对象格式”列表中，将标题的文本设置为“畅销 Top 10 商品”，最终效果如图 7-41 所示。

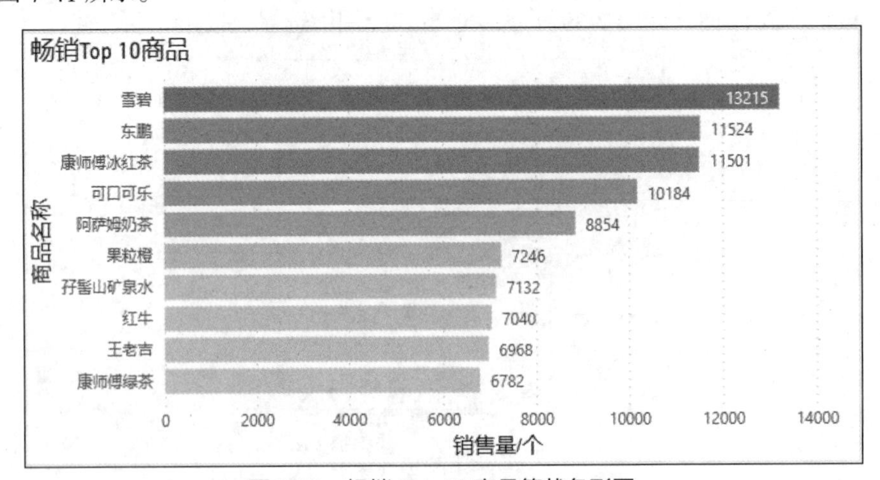

图 7-41　畅销 Top 10 商品簇状条形图

由图 7-41 可知，近 6 个月来最畅销的是雪碧，销售量为 13215 个，其次是东鹏、康师傅冰红茶、可口可乐和阿萨姆奶茶。

13. 绘制 Animated Bar Chart Race 图分析各商品销售额月动态

分析近 6 个月中各月份各商品的销售额，可以选择自定义可视化图表 Animated Bar Chart Race 进行分析。参照 5.1.3 小节的方法导入自定义可视化图表 Animated Bar Chart Race，单击“可视化”窗格中的“Animated Bar Chart Race”图标，在报表视图中会出现 Animated Bar Chart Race 可视化效果，实现步骤如下。

微课 7-3 分析各商品销售额月动态分布情况

（1）选中并拖曳相应字段。在“字段”窗格中，选中“订单表”，将“商品名称”字段拖曳至“Name”存储桶中，将“总金额/元”字段拖曳至“Value”存储桶中，将“月份”字段拖曳至“Period”存储桶中。

（2）调整 Animated Bar Chart Race 图。在“设置视觉对象格式”列表中，将标题的文本设置为“各商品销售额月动态”，最终效果如图 7-42 和图 7-43 所示。

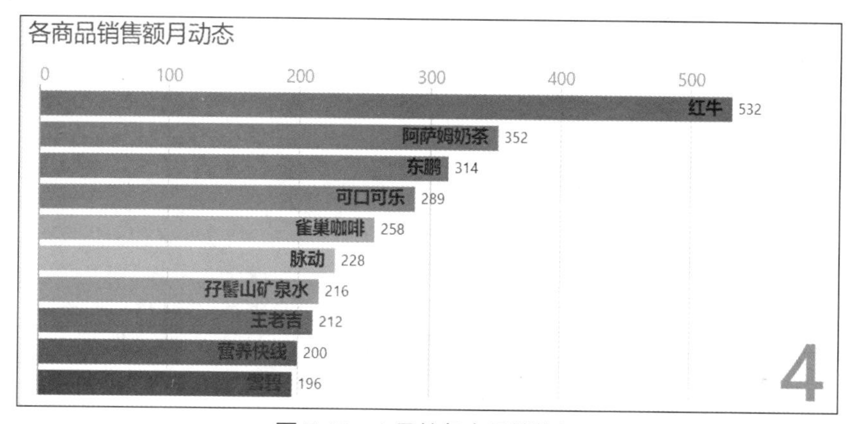

图 7-42 4 月份各商品销售额

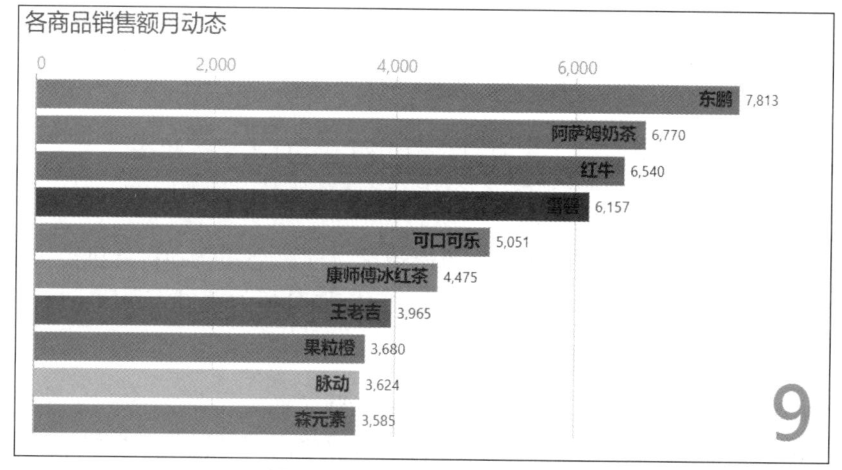

图 7-43 9 月份各商品销售额

由图 7-42 和图 7-43 可知，4 月份销售额最高的商品为红牛，9 月份销售额最高的商品为东鹏，而红牛销售额排名从 4 月的第一降到了 9 月的第三。

14. 绘制折线图预测销售额

在分析完近 6 个月的销售额后，为进一步查看未来 3 个月的销售情况，此时可使用折线图预测未来 3 个月的销售额。单击“可视化”窗格中的“折线图”图标，在报表视图中会出现折线图可视化效果，实现步骤如下。

（1）选中并拖曳相应字段。在“字段”窗格中，进行如下操作。

① 选中“订单表”的“月份”字段，将其拖曳至“X 轴”存储桶。

② 选中“订单表”的“总金额/元”字段，将其拖曳至“Y 轴”存储桶。

（2）调整折线图，进行如下操作。

① 在“Y 轴”存储桶中，单击“总金额/元 的总和”字段右侧的下拉按钮，选择“针对此视觉对象重命名”选项，输入“总金额/元”。

② 在“设置视觉对象格式”列表中，将 Y 轴的显示单位设置为“无”。

③ 在“设置视觉对象格式”列表中，将标题的文本设置为“销售额预测”。

④ 在“分析”列表中，将预测的状态设置为“开”，并将预测长度设置为“3”，单击“应用”按钮，最终效果如图 7-44 所示。

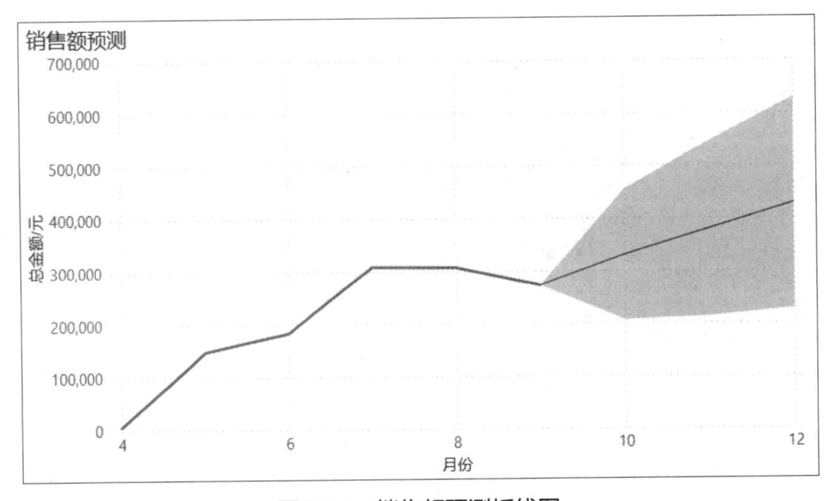

图 7-44　销售额预测折线图

由图 7-44 可知，预测的未来 3 个月总体销售额走势处于上升状态。

7.3.2　库存分析与可视化

为了直观地展示库存留存以及各商品流出情况，使该公司自动售货机销售状况更加清晰，需要利用处理好的数据进行库存分析，选取出需要分析的关键字段，完成可视化分析。

1. 绘制卡片图分析库存量

单击报表视图底部的按钮，在报表视图中新建页面。

分析近 6 个月的库存量，使用卡片图进行展示。单击“可视化”窗格中的“卡片图”图标，在报表视图中会出现卡片图可视化效果，实现步骤如下。

（1）选中并拖曳相应字段。在“字段”窗格中，选中“商品表”的“库存数量月汇总”字段，将其拖曳至“字段”存储桶。

（2）重命名字段。在“字段”存储桶中，双击“库存数量月汇总”字段，输入“库存量/个”。

（3）调整单位。在“设置视觉对象格式”列表中，将标注值的显示单位设置为“无”，最终效果如图 7-45 所示。

图 7-45 库存量卡片图

由图 7-45 可知，近 6 个月的库存量为 1168699 个。

2. 绘制 Grid By MAQ Software 图分析进货量、库存量和销售量月汇总

使用自定义可视化图表 Grid By MAQ Software 汇总分析近 6 个月的进货量、库存量和销售量。参照 5.1.3 小节中的方法导入自定义可视化图表 Grid By MAQ Software，单击“可视化”窗格中的“Grid By MAQ Software”图标，在报表视图中会出现 Grid By MAQ Software 可视化效果，实现步骤如下。

微课 7-4 分析各月份进货量、库存量和销售量情况

（1）选中并拖曳相应字段。在“字段”窗格中，选中“商品表”的“月份”“进货数量月汇总”“库存数量月汇总”“销售数量月汇总”字段，分别将其拖曳至“Values”存储桶。

（2）调整 Grid By MAQ Software 图。

① 在“Values”存储桶中，双击“进货数量月汇总”字段，输入“进货数量月汇总/个”，按同样的方法分别将“库存数量月汇总”“销售数量月汇总”修改为“库存数量月汇总/个”“销售数量月汇总/个”。

② 在“设置视觉对象格式”列表中，将 Grid configuration 设置选项的“Max rows”设置为“6”；将标题的状态设置为“关”，最终效果如图 7-46 所示。

月份 ▲	进货数量月汇总/个	库存数量月汇总/个	销售数量月汇总/个
4	11704	9145	1659
5	122394	118500	41233
6	341253	344356	80131
7	660819	601897	122236
8	1011381	929470	165146
9	1267638	1168699	212119

图 7-46 调整后的 Grid By MAQ Software 图

由图 7-46 可知，9 月份的进货量为 1267638 个，库存量为 1168699 个，销售量为 212119 个。

3. 绘制 Sparkline by OKViz 图分析进货量、库存量和销售量月走势

使用自定义可视化图表 Sparkline by OKViz 分析近 6 个月的进货量、库存量和销售量数据的走势。参照 5.1.3 小节导入自定义可视化图表 Sparkline by OKViz，单击“可视化”窗格中的“Sparkline by OKViz”图标，在报表视图中会出现 Sparkline by OKViz 可视化效果，实现步骤如下。

（1）选中并拖曳相应字段。在“字段”窗格中，选中“商品表”的“月份”字段，将其拖曳至“Axis”存储桶，选中“库存数量/个”“进货数量/个”“销售数量/个”字段，分别将其拖曳至“Values”存储桶。

（2）调整 Sparkline by OKViz 图，进行如下操作。

① 在“Values”存储桶中，双击“库存数量/个 的总和”字段，输入“库存数量/个”，按同样的方法分别将“进货数量/个 的总和”“销售数量/个 的总和”修改为“进货数量/个”“销售数量/个”。

② 单击 Sparkline by OKViz 右上角的“更多选项”按钮…，依次选择“排序 图例”→“月份”→“以升序排序”选项。

③ 在“设置视觉对象格式”列表中，将 Value Label 状态设置为“开”，Text size 设置为“10”，Display unit 设置为“无”。

④ 将标题的状态设置为“开”，并将图表标题设置为“进货量、库存量和销售量月走势”，最终效果如图 7-47 所示。

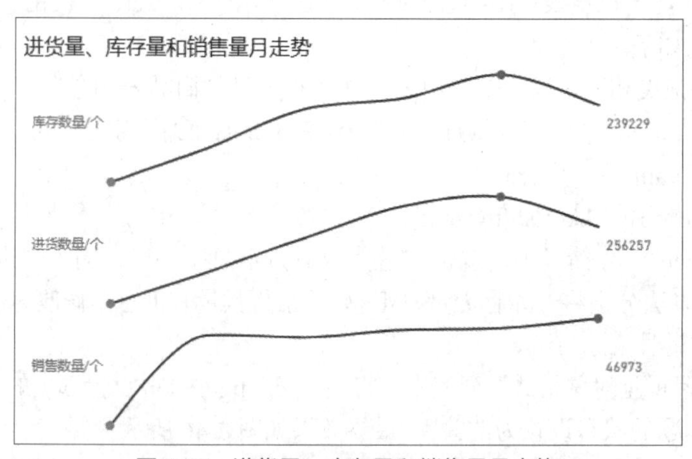

图 7-47 进货量、库存量和销售量月走势

由图 7-47 可知，库存量、进货量和销售量月走势基本保持一致，均处于上升趋势。

4. 绘制 KPI 图分析进货量达成指标

使用 KPI 图分析近 6 个月进货量的达标情况。单击“可视化”窗格中的“KPI”图标，在报表视图中会出现 KPI 可视化效果，实现步骤如下。

（1）选中并拖曳相应字段。在“字段”窗格中，进行如下操作。

① 选中“商品表”的“进货数量月汇总”字段，将其拖曳至“值”存储桶。

② 选中“商品表”的“月份”字段，将其拖曳至“走向轴”存储桶。

③ 选中“指标表”的“进货量指标”字段，将其拖曳至“目标”存储桶。

（2）调整 KPI 图。在“设置视觉对象格式”列表中，将标题的文本设置为“进货量达成指标”，最终效果如图 7-48 所示。

图 7-48 进货量达成指标 KPI 图

由图 7-48 可知，近 6 个月的进货量一直都是增加的，目标总量是 340000 个，实际达成 1267638 个，比目标总量增加了 272.83%，实际达成量明显高于目标总量。

5. 绘制百分比堆积条形图分析销售量和进货量比例

使用百分比堆积条形图分析近 6 个月进货量是否合理。单击“可视化”窗格中的“百分比堆积条形图”图标，在报表视图中会出现百分比堆积条形图可视化效果，实现步骤如下。

（1）选中并拖曳相应字段。在“字段”窗格中，进行如下操作。

① 选中“商品表”的“商品名称”字段，将其拖曳至“Y 轴”存储桶。

② 选中“商品表”的“销售量月汇总”“进货量月汇总”字段，将其拖曳至“X 轴”存储桶。

（2）调整百分比堆积条形图，进行如下操作。

① 在“筛选器”窗格中，将商品名称的“筛选类型”设置为“前 N 个”，将“显示项”设置为“上”，在“显示项”文本框中输入“10”，将“商品表”中的“商品名称”字段拖曳至“按值”存储桶，单击“商品名称”字段右侧的下拉按钮，选择“计数”选项，如图 7-49 所示，单击“应用筛选器”按钮。

② 在“分析”列表中，在恒定线设置选项中，单击“添加行”按钮；在直线设置选项中，将“值”设置为“0.5”，颜色更换成“黄色”。

③ 在“设置视觉对象格式”列表中，将数据标签的状态设置为“开”，将 X 轴标题改为“数量占比/%”。

④ 在“设置视觉对象格式”列表中，将标题的标题文本设置为“销售量和进货量比例”，最终效果如图 7-50 所示。

由图 7-50 可知，近 6 个月销售量处于前 4 的商品中，销售量占比都超过了 25%，但都比进货量要少。

图 7-49　设置筛选器

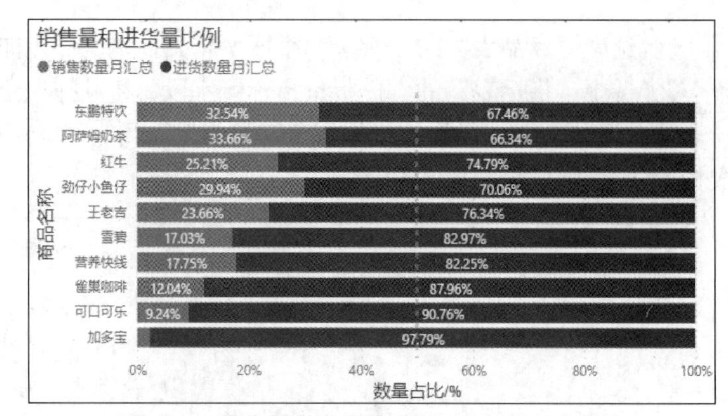

图 7-50　销售量和进货量比例百分比堆积条形图

6. 绘制 Cluster Map 图分析库存量和销售量

使用自定义可视化图表 Cluster Map 分析近 6 个月的库存量和销售量。参照 5.1.3 小节导入自定义可视化图表 Cluster Map，单击“可视化”窗格中的“Cluster Map”图标，在报表视图中会出现 Cluster Map 可视化效果，实现步骤如下。

（1）选中并拖曳相应字段。在“字段”窗格中，选中“商品表”，将“月份”字段分别拖曳至“Cluster ID”“Label”存储桶。选中“库存数量/个”字段，将其拖曳至“Count”存储桶，选中“销售数量/个”字段，将其拖曳至“Segmented By”存储桶。

（2）调整 Cluster Map 图。在“设置视觉对象格式”中，将标题的状态设置为“开”，标题的文本设置为“库存量和销售量”，最终效果如图 7-51 所示。

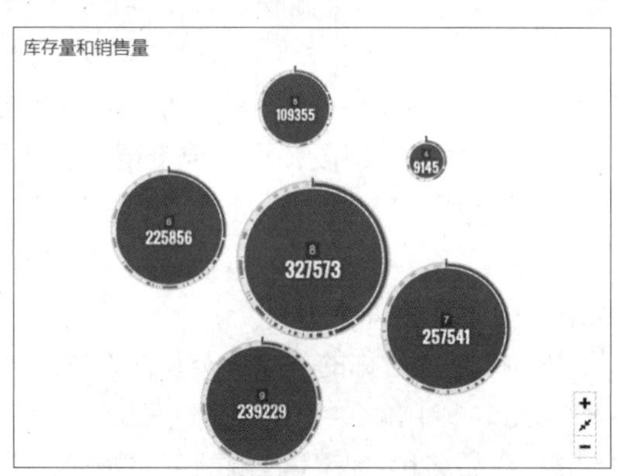

图 7-51　库存量和销售量 Cluster Map 图

由图 7-51 可知，8 月是近 6 个月中销售量最高的月份，该月销售量达到 327573 个，但也没有超过库存量的一半（从圆圈外侧的黑色占比程度可看出）。

将本页报表页名称重命名为“库存分析 1”，并单击报表视图底部的 + 按钮新建一页报表页，将新报表页名称重命名为“库存分析 2”。

7. 绘制 Animated Bar Chart Race 图分析各商品库存量月动态

使用自定义可视化图表 Animated Bar Chart Race 分析近 6 个月中各月份各商品的库存量。单击“可视化”窗格中的“Animated Bar Chart Race”图标，在报表视图中会出现 Animated Bar Chart Race 可视化效果，实现步骤如下。

（1）选中并拖曳相应字段。在“字段”窗格中，选中“商品表”的“商品名称”字段，将其拖曳至“Name”存储桶；选中“库存数量/个”字段，将其拖曳至“Value”存储桶；选中“月份”字段，将其拖曳至“Period”存储桶。

（2）调整 Animated Bar Chart Race 图。在“设置视觉对象格式”列表中，将标题的文本设置为“各商品库存量月动态”，最终效果如图 7-52 和图 7-53 所示。

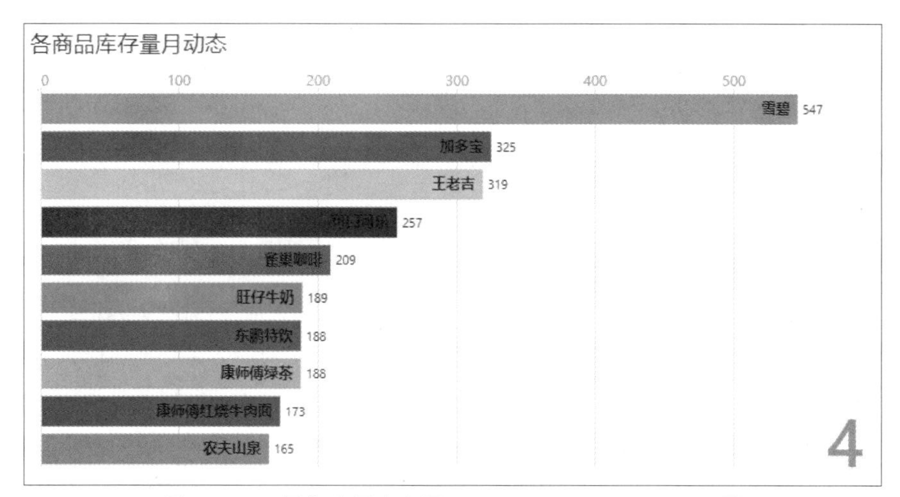

图 7-52 4 月各商品库存量 Animated Bar Chart Race 图

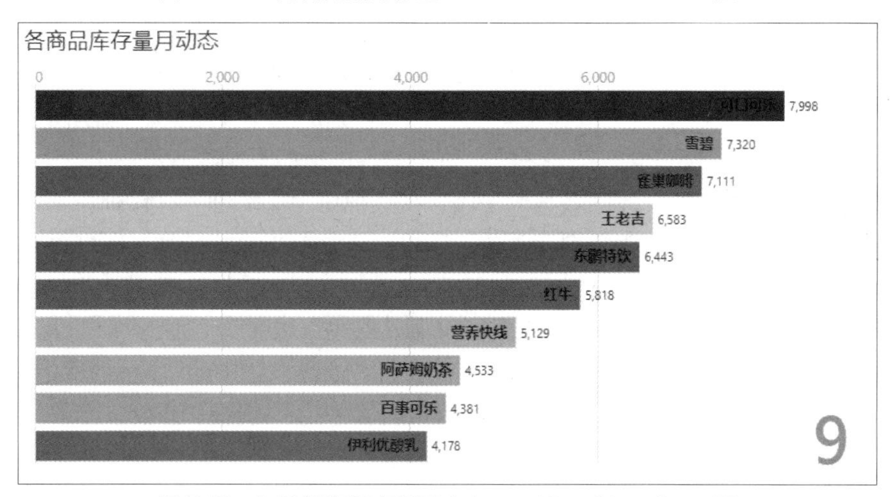

图 7-53 9 月各商品库存量 Animated Bar Chart Race 图

由图 7-52 和图 7-53 可知，4 月库存量排名第一的商品是雪碧，9 月库存量排名第一的商品是可口可乐，且可口可乐从 4 月排名第四上升到 9 月排名第一。

8. 绘制折线图分析售罄率

使用折线图分析近 6 个月商品整体的售罄率。单击“可视化”窗格中的“折线图”图标，在报表视图中会出现折线图可视化效果，实现步骤如下。

（1）选中并拖曳相应字段。在“字段”窗格中，进行如下操作。

① 选中“商品表”的“月份”字段，将其拖曳至“X 轴”存储桶。

② 选中“商品表”的“售罄率”字段，将其拖曳至“Y 轴”存储桶。

（2）调整折线图。在“设置视觉对象格式”中，进行如下操作。

① 将数据标签的状态设置为“开”，值的小数位设置为“2”。

② 将标题的文本设置为“售罄率分析”，最终效果如图 7-54 所示。

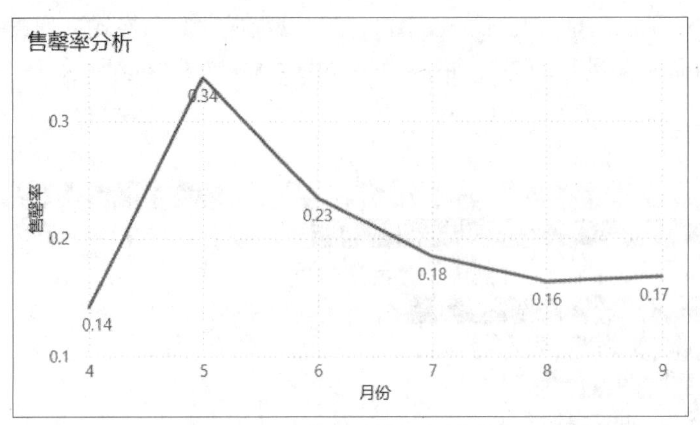

图 7-54　售罄率分析折线图

由图 7-54 可知，售罄率从 5 月到达 0.34 后就一直下降直到 8 月，在 8 月、9 月处于平稳趋势，但仍处于一个较低的水平，有很大的提升空间。

9. 绘制条形图分析存货周转天数 Top 10

微课 7-5　分析存货周转天数 Top10

使用条形图分析近 6 个月各类商品的存货周转天数。单击“可视化”窗格中的“簇状条形图图”图标，在报表视图中会出现簇状条形图可视化效果，实现步骤如下。

（1）选中并拖曳相应字段。在“字段”窗格中，进行如下操作。

① 选中“商品表”的“商品名称”字段，将其拖曳至“Y 轴”存储桶。

② 选中“商品表”的“存货周转天数”字段，将其拖曳至“X 轴”存储桶。

（2）调整条形图，进行如下操作。

① 在“筛选器”窗格中，将商品名称的“筛选类型”设置为“前 N 个”，将“显示项”设置为“上”在“显示项”文本框中输入“10”，将“商品表”中的“商品名称”字段拖曳至“按值”存储桶，单击“商品名称”字段右侧的下拉按钮，选择“计数”选项，如图 7-55 所示，单击“应用筛选器”按钮。

图 7-55　设置存货周转天数 Top 10 筛选器

② 在“设置视觉对象格式”列表中，将 X 轴标题改为“存货周转天数/天”，将数据标签状态设置为“开”，将标题的文本设置为“存货周转天数 Top 10”，最终效果如图 7-56 所示。

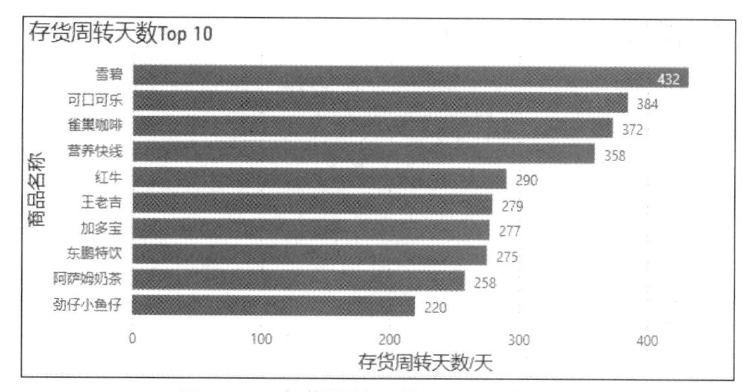

图 7-56 存货周转天数 Top 10 条形图

由图 7-56 可知，近 6 个月中，雪碧的存货周转天数是最多的，为 432 天，其次是可口可乐和雀巢咖啡，分别为 384 天和 372 天。

10. 绘制百分比堆积条形图分析订单出货状态

使用百分比堆积条形图分析近 6 个月的订单出货状态。单击“可视化”窗格中的“百分比堆积条形图”图标，在报表视图中会出现百分比堆积条形图可视化效果，实现步骤如下。

（1）选中并拖曳相应字段。在“字段”窗格中，进行如下操作。

① 选中“订单表”的“月份”字段，将其拖曳至“Y 轴”存储桶。

② 选中“订单表”的“出货状态”，将其拖曳至“图例”存储桶。

③ 选中“订单表”的“订单编号”，将其拖曳至“X 轴”存储桶。

（2）调整百分比堆积条形图。在“设置视觉对象格式”列表中，进行如下操作。

① 将 X 轴的标题改为“订单量占比/%”。

② 将数据标签的状态设置为“开”。

③ 将标题的文本设置为“订单出货状态”，最终效果如图 7-57 所示。

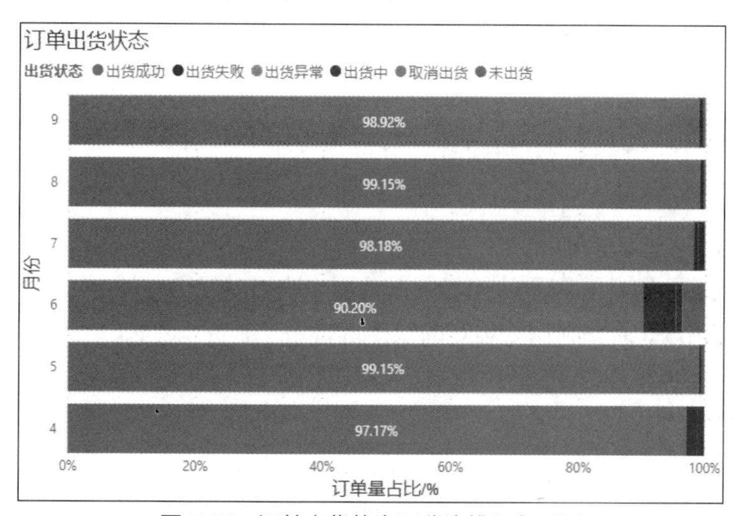

图 7-57 订单出货状态百分比堆积条形图

由图 7-57 可知，近 6 个月中，大部分月份的出货成功率在 97%以上，仅 6 月的出货成功率较低，为 90.20%。

11. 绘制百分比堆积柱形图分析设备容量和缺货容量的关系

使用百分比堆积柱形图分析近 6 个月的设备容量和缺货容量的关系。单击报表视图底部的 + 按钮新建报表页，将新报表页名称重命名为“库存分析 3”。单击“可视化”窗格中的“百分比堆积柱形图”图标，在报表视图中会出现百分比堆积柱形图可视化效果，实现步骤如下。

（1）选中并拖曳相应字段。在“字段”窗格中，进行如下操作。

① 选中“库存表”的“月份”字段，将其拖曳至“X 轴”存储桶。

② 分别选中“库存表”的“设备容量”“缺货容量”字段，将其拖曳至“Y 轴”存储桶。

（2）调整百分比堆积柱形图。在“设置视觉对象格式”中进行如下操作。

① 在“Y 轴”存储桶中，双击“设备容量 的总和”，将其修改为“设备容量”，按同样的方法，将“缺货容量 的总和”修改为“缺货容量”。

② 将数据标签的状态设置为“开”，并将 Y 轴标题设置为“容量占比/%”。

③ 将标题的文本设置为“设备容量和缺货容量的关系”，最终效果如图 7-58 所示。

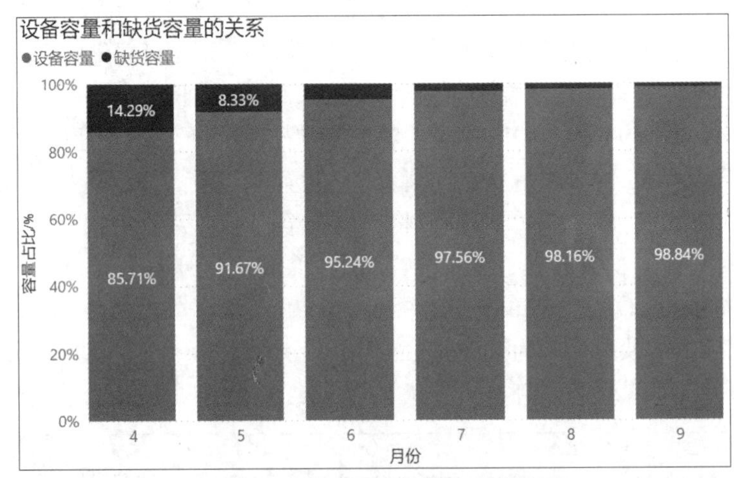

图 7-58 设备容量和缺货容量的关系

由图 7-58 可知，近 6 个月中设备缺货的情况有所好转，但 4 月份缺货容量占比较高，为 14.29%。

7.3.3 用户分析与可视化

为了直观地展示用户对商品的偏好，以及用户购买时间段等情况，使该公司自动售货机销售状况更加清晰，需要利用处理好的数据进行用户分析，选取出需要分析的关键字段，完成可视化分析。

1. 绘制卡片图分析用户数量

单击报表视图底部的 + 按钮，在报表视图中新建页面。

分析近 6 个月的用户数量，并使用卡片图展示。单击“可视化”窗格中的“卡片图”

图标，在报表视图中会出现卡片图可视化效果，实现步骤如下。

（1）选中并拖曳相应字段。在“字段”窗格中，选中“订单表”的“购买用户”字段，将其拖曳至“字段”存储桶。

（2）调整计数。在“字段”存储桶中，单击“购买用户”字段右侧的下拉按钮，选择“计数(非重复)”选项。

（3）重命名字段。在“字段”存储桶中，单击“购买用户的计数”字段右侧的下拉按钮，选择“针对此视觉对象重命名”选项，将其重命名为“用户数量/个”。最终效果如图 7-59 所示。

由图 7-59 可知，近 6 个月的用户数量为 4641 个。

图 7-59　用户数量卡片图

2. 绘制条形图分析各市用户数量

了解 6 个月中各市用户数量情况，并使用条形图进行分析。单击“可视化”窗格中的“簇状条形图”图标，在报表视图中会出现簇状条形图可视化效果，实现步骤如下。

（1）选中并拖曳相应字段。在“字段”窗格中，进行如下操作。

① 选中“订单表”的“市”字段，将其拖曳至“Y 轴”存储桶。

② 选中“订单表”的“购买用户”字段，将其拖曳至“X 轴”存储桶，单击“购买用户 的计数”字段右侧的下拉按钮，选择“计数(非重复)”选项。

（2）调整条形图。在“设置视觉对象格式”列表中，进行如下操作。

① 单击“条形”组“颜色”中的 fx 按钮，在弹出的“默认颜色-颜色”对话框中按图 7-60 所示的设置进行颜色设置，其中“最大值”的颜色 HEX 码设置为“#FD625E”，“最小值”的颜色 HEX 码设置为“#FEC0BF”，单击“确定”按钮。

图 7-60　设置数据颜色

② 将图例状态设置为“关闭”，将数据标签状态设置为“开”，将数据标签的显示单位设置为“无”。

③ 将 X 轴刻度单位修改为“无”，将 X 轴标题修改为“用户数量/个”。将标题的文本设置为“各市用户数量”，最终效果如图 7-61 所示。

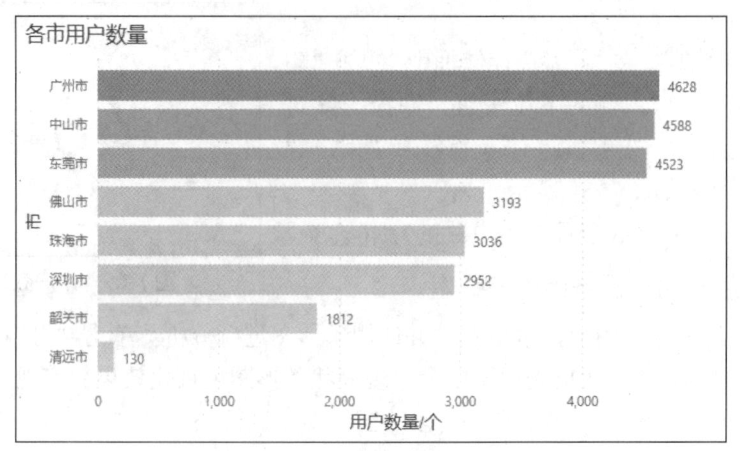

图 7-61　各市用户数量条形图

由图 7-61 可知，近 6 个月中广州市用户数量最多，有 4628 个用户，其次是中山市和东莞市，分别有 4588 个和 4523 个用户。人数相加大于总用户数量，这是因为用户可以在不同城市中使用自动售货机。

3. 绘制环形图分析用户类型

分析近 6 个月中各用户类型的占比，并使用环形图进行分析。单击“可视化”窗格中的“环形图”图标，在报表视图中会出现环形图可视化效果，实现步骤如下。

（1）选中并拖曳相应字段。在“字段”窗格中，选中“订单表”的“用户类型”字段，将其分别拖曳至“图例”和“值”存储桶。

（2）调整环形图。在“设置视觉对象格式”列表中，进行如下操作。

① 将详细信息标签的“标签内容”设置为“类别，总百分比”；“百分比小数位数”设置为“0”。

② 将标题的文本设置为“用户类型分析”，最终效果如图 7-62 所示。

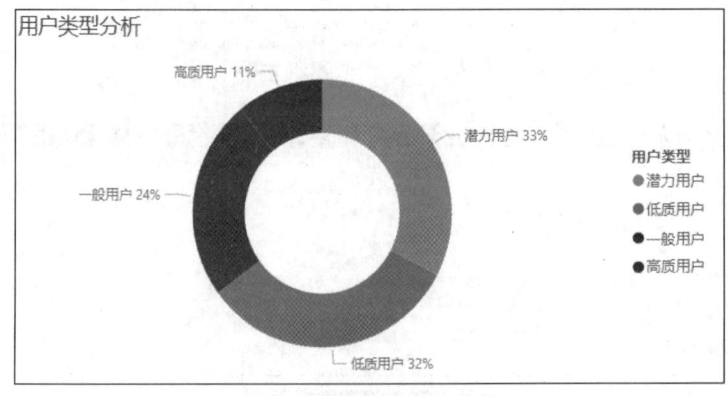

图 7-62　用户类型分析环形图

由图 7-62 可知，近 6 个月的潜力用户和低质用户的占比较大，分别为 33%和 32%。

4. 绘制 Animated Bar Chart Race 图分析用户类型月动态

使用自定义可视化图表 Animated Bar Chart Race 分析近 6 个月的 4 种用户类型月动态。单击“可视化”窗格中的“Animated Bar Chart Race”图标，在报表视图中会出现 Animated Bar Chart Race 可视化效果，实现步骤如下。

（1）选中并拖曳相应字段。在“字段”窗格中，选中“订单表”的“用户类型”字段，将其拖曳至“Name”存储桶；选中“购买用户”字段，将其拖曳至“Value”存储桶，选中“月份”字段，将其拖曳至“Period”存储桶。

（2）调整计数。在“Value”存储桶中，单击“购买用户”字段右侧的下拉按钮，选择“计数(非重复)”选项。

（3）调整 Animated Bar Chart Race。在“设置视觉对象格式”列表中，将标题的文本设置为“用户类型月动态”，最终效果如图 7-63 和图 7-64 所示。

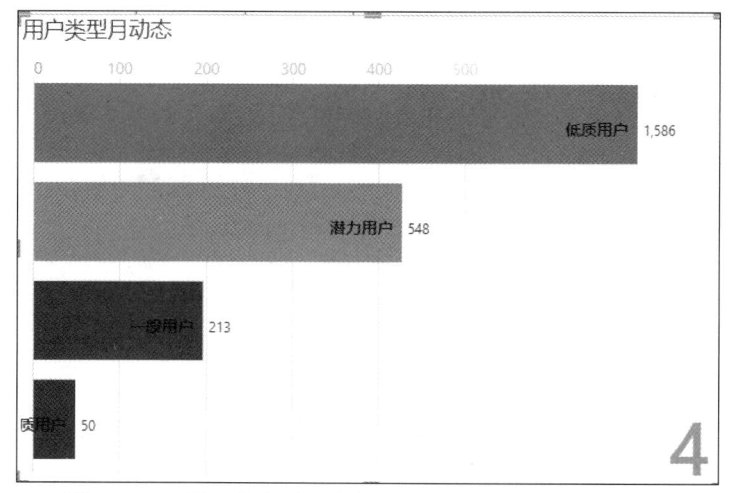

图 7-63　4 月用户类型月动态 Animated Bar Chart Race 图

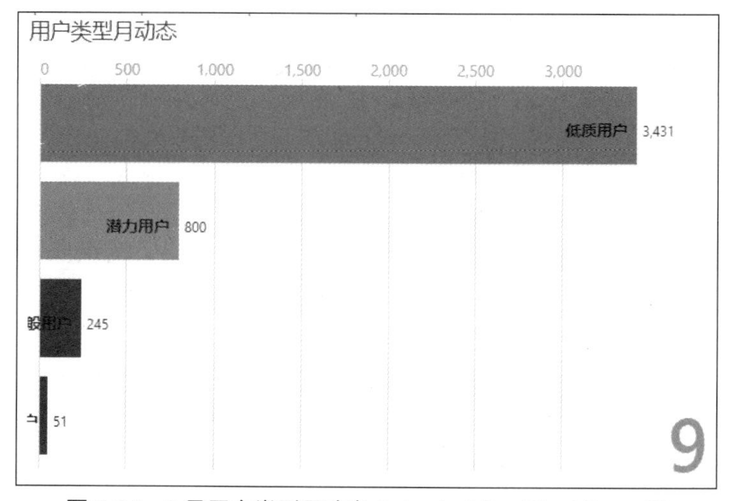

图 7-64　9 月用户类型月动态 Animated Bar Chart Race 图

由图 7-63 和图 7-64 可知， 每月活动用户绝大部分用户都是低质量用户。

将本页报表页名称重命名为“用户分析 1”，并单击报表视图底部的 + 按钮新建一页报表页，将新报表页名称重命名为“用户分析 2”。

5. 绘制折线图分析用户类型活跃度走势

使用折线图分析近 6 个月各用户类型活跃度走势。单击“可视化”窗格中的“折线图”图标，在报表视图中会出现折线图可视化效果，实现步骤如下。

（1）选中并拖曳相应字段。在“字段”窗格中，进行如下操作。

① 选中“订单表”的“月份”字段，将其拖曳至“X 轴”存储桶。

② 选中“订单表”的“用户类型”字段，将其拖曳至“图例”存储桶。

③ 选中“订单表”的“购买用户”字段，将其拖曳至“Y 轴”存储桶。

（2）调整折线图。在“设置视觉对象格式”列表中，进行如下操作。

① 将 Y 轴的显示单位设置为“无”，Y 轴标题设置为“用户数量/个”。

② 将标题的文本设置为“用户类型活跃度走势”，最终效果如图 7-65 所示。

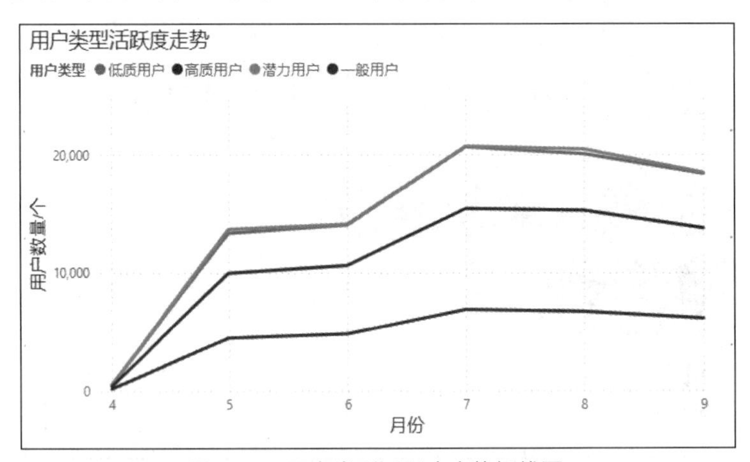

图 7-65 用户类型活跃度走势折线图

由图 7-65 可知，近 6 个月内，各个类型用户数量基本都在增长，4～5 月和 6～7 月为用户活跃度增长最为猛烈的时期，但高质用户的增长速度相较于其他类型用户的增长速度较为缓慢。

6. 绘制堆积柱形图分析用户支付方式

使用堆积柱形图分析近 6 个月的用户支付方式偏好。单击“可视化”窗格中的“堆积柱形图”图标，在报表视图中会出现堆积柱形图可视化效果，实现步骤如下。

（1）选中并拖曳相应字段。在“字段”窗格中，进行如下操作。

① 选中“订单表”的“支付状态”字段，将其拖曳至“X 轴”存储桶。

② 选中“订单表”的“用户类型”字段，将其拖曳至“图例”存储桶。

③ 选中“订单表”的“购买用户”字段，将其拖曳至“Y 轴”存储桶。

（2）调整堆积柱形图。在“设置视觉对象格式”列表中，进行如下操作。

① 将数据标签的状态设置为“开”，并将其显示单位设置为“无”。

② 将 Y 轴的显示单位设置为“无”，Y 轴标题设置为“使用次数/次”。

③ 将标题的文本设置为“用户支付方式”，最终效果如图 7-66 所示。

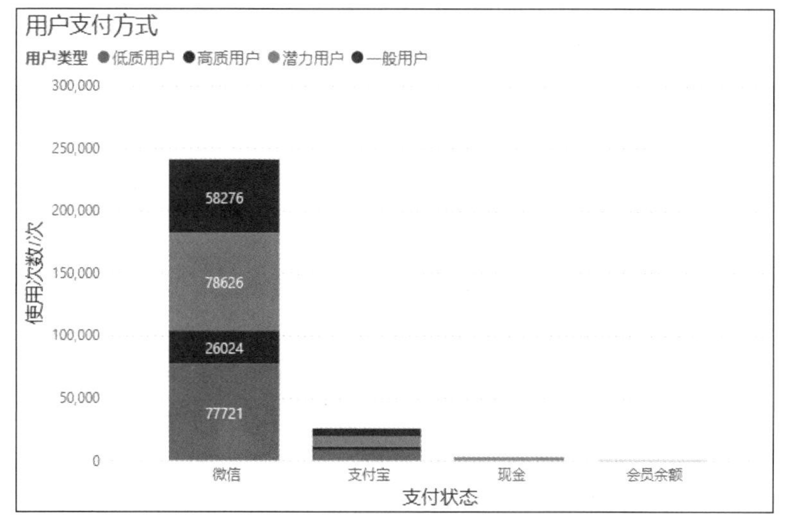

图 7-66 用户支付方式堆积柱形图

由图 7-66 可知，近 6 个月内，微信是用户最常用的支付方式，几乎没有用户使用会员余额支付。

微课 7-6 分析用户偏好的商品

7. 绘制 Word Cloud 图分析用户偏好的商品

使用自定义可视化图表 Word Cloud 分析近 6 个月用户对商品的偏好程度，实现步骤如下。

（1）导入自定义可视化图表 Word Cloud，进行如下操作。

① 在“可视化”窗格中单击 ··· 按钮，选择“获取更多视觉对象”选项。

② 在弹出的“Power BI 视觉对象”对话框中，选择“Word Cloud”选项，如图 7-67 所示，单击第一个视觉对象后单击“添加”按钮，开始导入 Word Cloud 视觉对象。

图 7-67 选择“Word Cloud”选项

③ 导入成功后，会弹出“已成功导入”提示对话框，如图 7-68 所示，单击“确定”按钮。

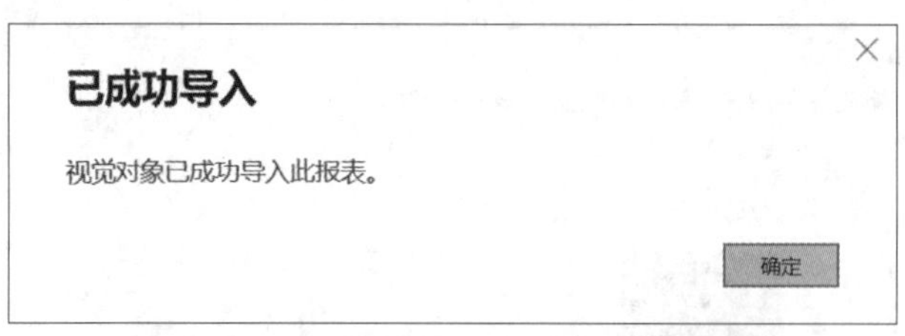

图 7-68　导入自定义视觉对象成功对话框

④ 单击“可视化”窗格中的“Word Cloud”图标，在报表视图中会出现 Word Cloud 可视化效果。

（2）选中并拖曳相应字段。在“字段”窗格中，进行如下操作。

① 选中“商品表”的“商品名称”字段，将其拖曳至“类别”存储桶。

② 选中“商品表”的“销售数量/个”字段，将其拖曳至“值”存储桶。

（3）调整 Word Cloud 图。进行如下操作。

① 在“此视觉对象上的筛选器”窗格中，将商品名称的“筛选类型”设置为“高级筛选”，将“显示值为以下内容的项”设置为“不为空”，单击“应用筛选器”按钮；将销售数量的“显示值为以下内容的项”设置为“大于或等于”，并在文本框中输入“500”，如图 7-69 所示，单击“应用筛选器”按钮。

图 7-69　设置用户偏好的商品筛选器

② 在“设置视觉对象格式”列表中，将标题的文本设置为“用户偏好商品”，最终效果如图 7-70 所示。

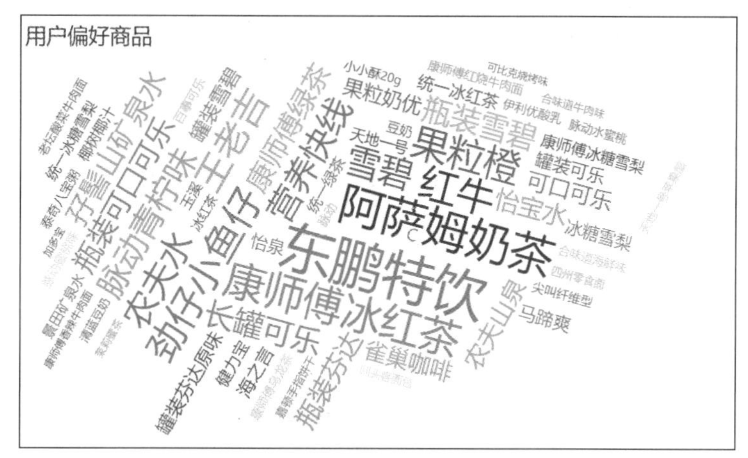

图 7-70　用户偏好商品 Word Cloud 图

由图 7-70 可知，近 6 个月中东鹏特饮、阿萨姆奶茶和康师傅冰红茶是用户较偏好的商品。

微课 7-7　分析用户的消费时间段

8．绘制堆积面积图分析用户的消费时间段

使用堆积面积图分析近 6 个月中各类型用户的消费时间段。单击“可视化”窗格中的“堆积面积图”图标，在报表视图中会出现堆积面积图可视化效果，实现步骤如下。

（1）选中并拖曳相应字段。在“字段”窗格中，进行如下操作。

① 选中“订单表”的“下单时间段”字段，将其拖曳至“X 轴”存储桶。

② 选中“订单表”的“用户类型”字段，分别将其拖曳至“图例”“Y 轴”存储桶。

（2）调整堆积面积图。在“设置视觉对象格式”列表中，进行如下操作。

① 将 Y 轴的显示单位设置为“无”，Y 轴标题设置为“用户数量/个”。

② 将数据标签的状态设置为“开”，并且设置显示单位为“无”。

③ 将标题的文本设置为“用户消费时间段”，最终效果如图 7-71 所示。

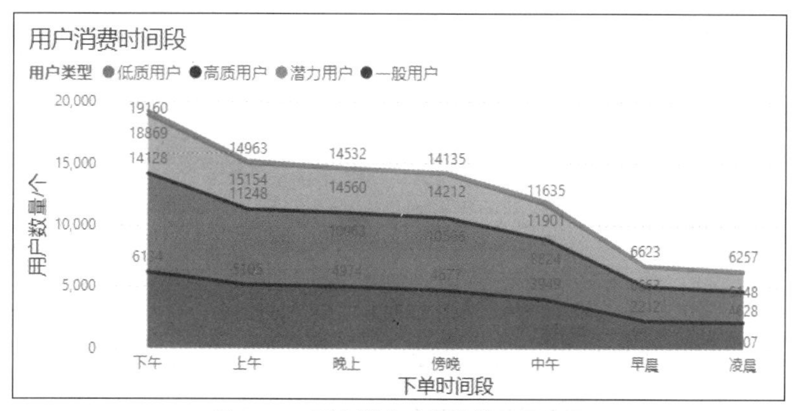

图 7-71　用户消费时间段堆积面积图

由图 7-71 可知，近 6 个月来，下午时间段是用户消费的高峰期，凌晨时间段消费的用户数量最少。

任务 7.4 数据发布

在对自动售货机销售数据进行数据分析与可视化后，依据数据可视化结果，将可视化图表整合成报表，并对报表进行发布。新建 3 个报表页，分别是“销售分析”“库存分析”和“用户分析”。将除了这 3 个报表的其他报表隐藏（右击其他报表名称，选择“隐藏页”），并设置页面导航器：在“插入”选项卡中，依次单击“按钮”→“导航器”→“页面导航器”，设置导航器视觉对象格式，将视觉对象选项卡的“页”显示隐藏页状态设置为“关闭”。生成的报表分析页面导航器如图 7-72 所示。

图 7-72　报表分析页面导航器

7.4.1　整合“销售分析”报表

微课 7-8　整合“销售分析”报表

添加标题文本框和相应切片器，整合“销售分析”报表，实现步骤如下。

（1）添加标题文本框。在“主页”选项卡的“插入”组中，单击“文本框”按钮，添加文本框。在文本框中输入“2023 年 4 月到 2023 年 9 月自动售货机销售数据”，如图 7-73 所示，编辑“销售分析”报表的标题，将字体大小修改为“24”且居中对齐。

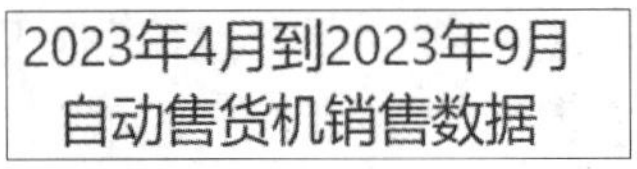

2023年4月到2023年9月
自动售货机销售数据

图 7-73　编辑标题文本框

（2）添加切片器，进行如下操作。

① 单击“可视化”窗格中的“切片器”，将“字段”窗格中“订单表”的“市”字段拖曳至“字段”存储桶中。

② 在“设置视觉对象格式”中，将切片器方向设置为“水平”；将切片器标头的状态设置为“关”；在“常规”的“效果”中，将视觉对象边框的状态设置为“开”，城市切片器最终效果如图 7-74 所示。以同样的方法使用“指标表”的“月份”字段添加月份切片器，最终效果如图 7-75 所示。

图 7-74　添加城市切片器

图 7-75　添加月份切片器

（3）整合“销售分析”报表。将所有可视化图表的标题字体颜色设置为“白色”，背景色设置为“黑色”，位置设置为“居中”。排列 7.3.1 小节中得到的销售额达成指标 KPI 图、订单量达成指标 KPI 图、利润达成指标 KPI 图、各市总销售额堆积条形图、各市销售额月走势折线图、畅销 Top 10 商品簇状条形图、销售额预测折线图、销售额和自动售货机数量关系折线和簇状柱形图，最终效果如图 7-76 所示。

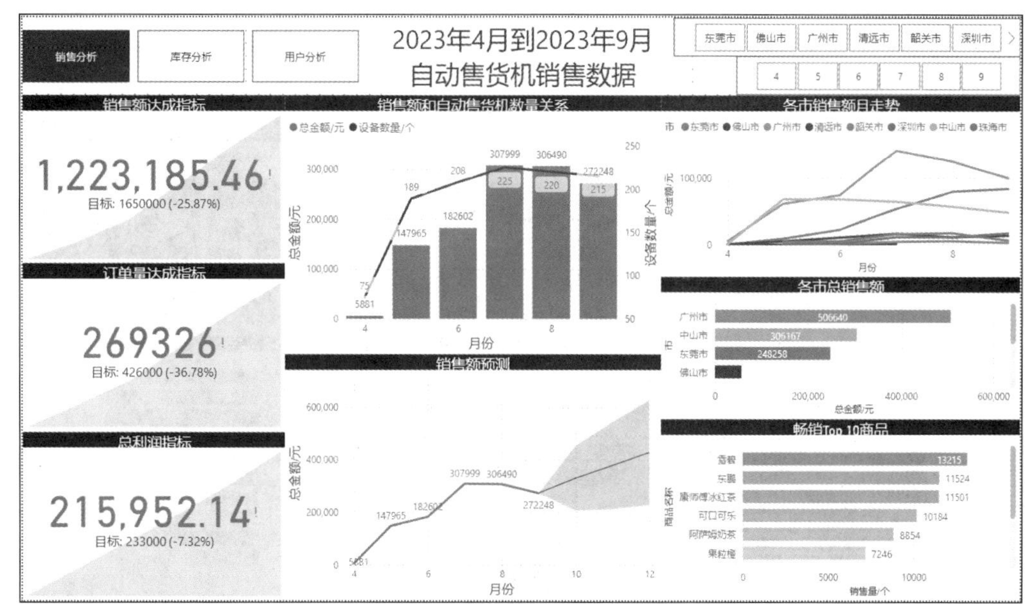

图 7-76 整合“销售分析”报表的最终效果

由图 7-76 可知，在最初的 5、6、7 月各市的销售状况并不统一，但广州市一直是广东省的主力军。销售额、订单量和利润都未达到目标值，畅销商品中排名靠前的主要是雪碧、东鹏等，商家应适当增加畅销商品的进货量，以增加销量。

7.4.2 整合“库存分析”和“用户分析”报表

按照与整合“销售分析”报表类似的方法添加标题文本框和相应切片器，整合“库存分析”报表，实现步骤如下。

（1）添加标题文本框。在“主页”选项卡的“插入”组中，单击“文本框”按钮，添加文本框。在文本框中输入“2023 年 4 月到 2023 年 9 月自动售货机销售数据”，如图 7-73 所示，编辑“库存分析”报表的标题，将字体大小修改为“24”且居中对齐。

（2）添加切片器。在“销售分析”页复制城市切片器并粘贴到本页，会弹出“同步视觉对象”对话框，如图 7-77 所示，单击“同步”按钮。按同样的方法添加月份切片器。

图 7-77 “同步视觉对象”对话框

（3）整合“库存分析”报表。把所有可视化图表的标题字体颜色设置为“白色”，背景色设置为“黑色”，位置设置为“居中”。排列 7.3.2 小节中得到的进货量、库存量和销售量月汇总表，进货量、库存量和销售量月走势 Sparkline by OKViz 图、销售量和进货量比例百分比堆积条形图、库存量和销售量 Cluster Map 图、存货周转天数 Top 10 条形图和设备容量和缺货容量的关系百分比堆积柱形图，最终效果如图 7-78 所示。

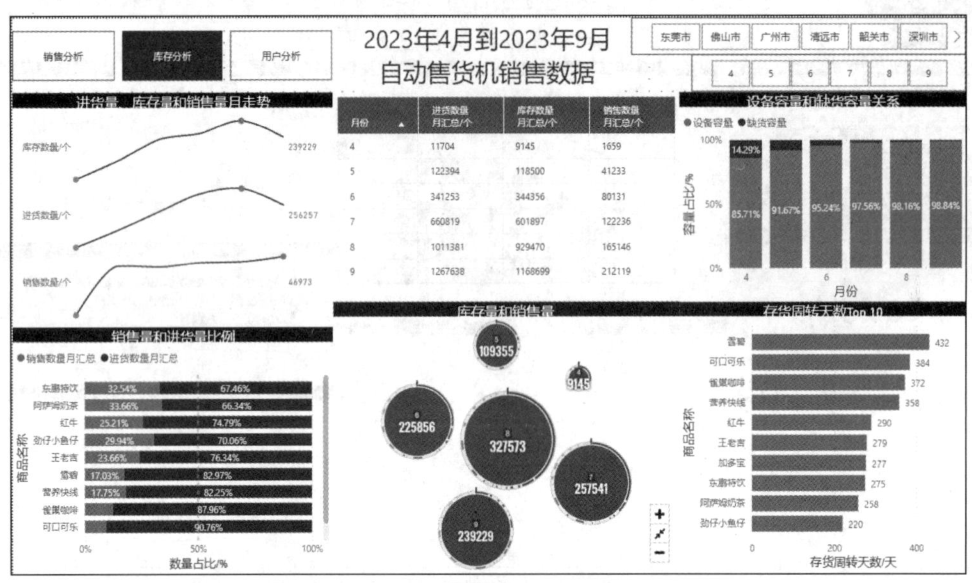

图 7-78　整合“库存分析”报表的最终效果

如图 7-78 所示，库存量和进货量整体一直都在上升，但销售量在 5 月后增速缓慢，且库存一直处于饱和状态，建议商家后续根据销售状态调整进货量。

（4）整合“用户分析”报表。按 7.4.1 小节的方法整合“用户分析”报表，最终效果如图 7-79 所示。

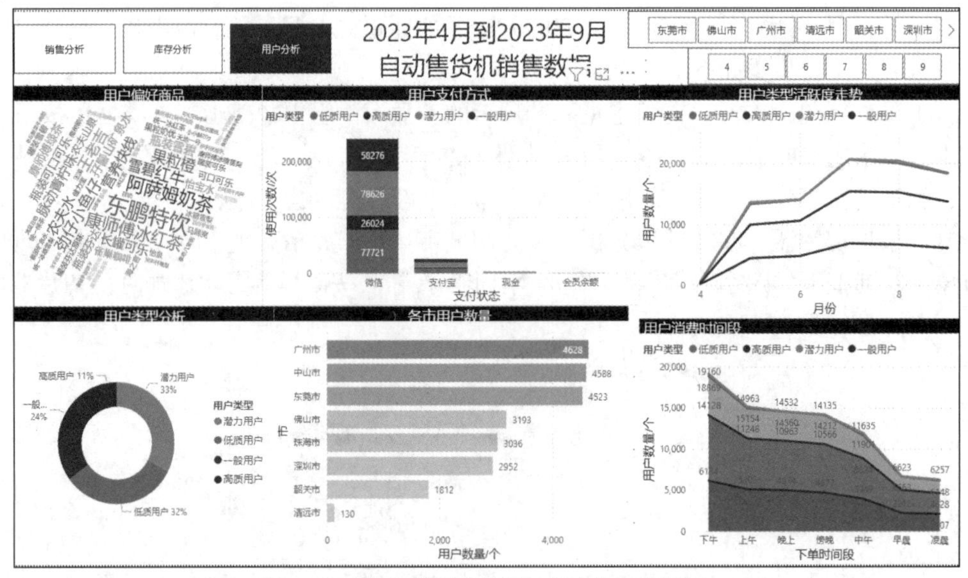

图 7-79　整合“用户分析”报表的最终效果

由图 7-79 可知，广州市是用户数量最多的城市；潜力用户和低质用户占所有用户的比例较高。所有支付方式中，用户使用微信支付的次数最多。下午时间段是用户购买的高峰期，建议在下午时间段推出促销活动。

7.4.3 发布自动售货机综合案例报表

把整合好的自动售货机综合案例报表发布到 Power BI 移动版中，实现步骤如下。

（1）单击“主页”选项卡中“共享”组的“发布”按钮，弹出“发布到 Power BI”对话框后，单击“选择”按钮。注意：发布时，需要先登录 Power BI 账号，而且发布的过程需要花费一些时间。

（2）发布成功后弹出提示对话框，如图 7-80 所示，单击“在 Power BI 中打开"自动售货机综合案例.pbix"”超链接。

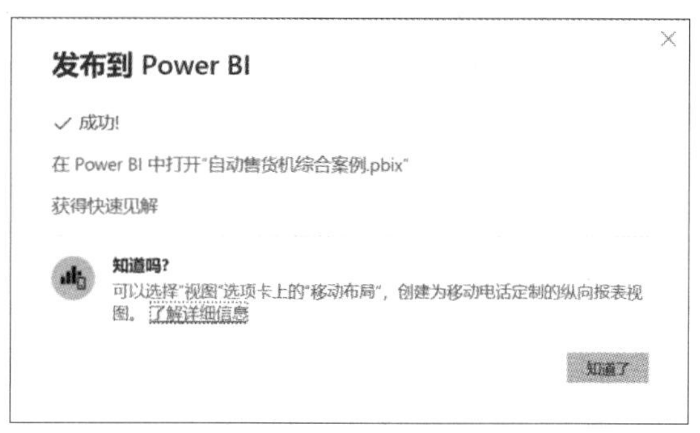

图 7-80 发布成功

（3）单击“我的工作区”，参照 6.2.2 小节的方法创建仪表板，将仪表板名称设置为“自动售货机综合案例”。

（4）单击“我的工作区”，打开“自动售货机综合案例”报表，在报表页面中，切换至“销售分析”报表。在页面的顶部，单击···按钮，选择“固定到仪表板”选项，弹出“固定到仪表板”对话框。如图 7-81 所示，选中“现有仪表板”单选按钮，在“选择现有仪表板”列表中选择“自动售货机综合案例”选项，单击“固定活动页”按钮。

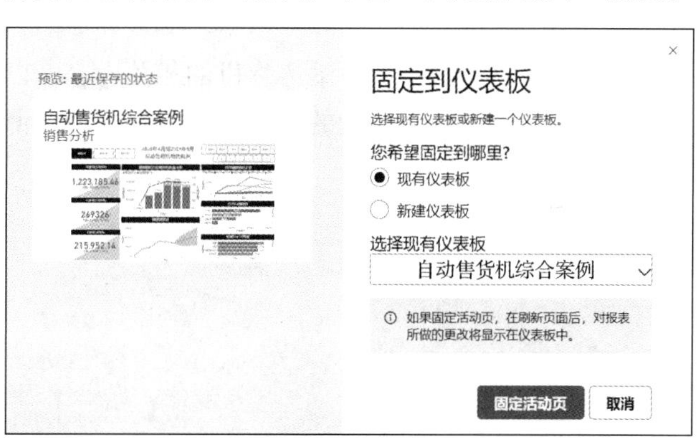

图 7-81 “固定到仪表板”对话框

（5）弹出“已固定至仪表板”对话框，如图 7-82 所示，单击“转至仪表板”按钮。在仪表板中已成功固定“销售分析”报表的内容，如图 7-83 所示。使用同样的方法将“库存分析”报表和“用户分析”报表固定至仪表板。

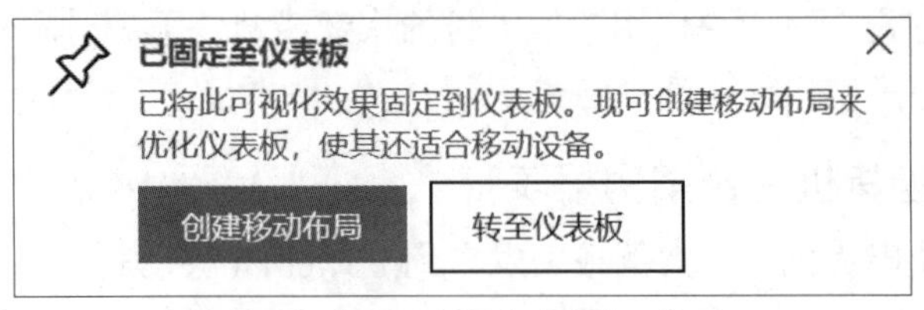

图 7-82 “已固定至仪表板”对话框

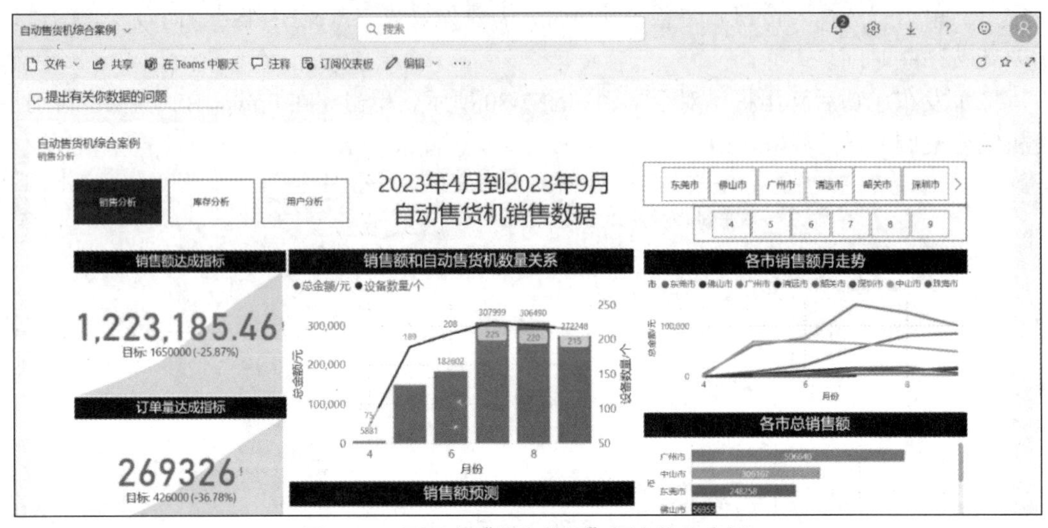

图 7-83 已固定“销售分析”报表的仪表板

【项目总结】

本项目详细介绍了自动售货机综合案例的操作过程。本项目的主要内容包括了解某公司自动售货机现状，熟悉案例分析的步骤和流程，预处理自动售货机综合案例数据并对必要字段进行建模，以零售行业为背景选取相关分析数据，从销售、库存和用户 3 个方向对数据进行可视化分析，整合和发布自动售货机综合案例报表，如“销售分析”报表、“库存分析”报表和“用户分析”报表。

通过对本项目的学习，学生可以认识到自动售货机的相关内容，以及完整案例的操作流程。同时在学习过程中，学生可以树立正确的消费观念，做到理性消费，并通过不断地学习、分析，提升自身的数据分析能力。